普通高等教育"十三五"电子信息类规划教材

可编程逻辑器件与 EDA 技术

丁山　编

机械工业出版社

本书由浅入深系统地介绍了常用的可编程逻辑器件的基本工作原理，详细介绍了 VHDL 硬件描述语言、新一代 FPGA 设计套件 Vivado 的性能和使用方法以及 FPGA 的开发方法。全书内容新颖，举例充实。读者通过本书的学习可以初步掌握 EDA 的基本内容及实用技术。

本书共 14 章，主要内容包括绪论、CPLD 与 FPGA 的结构原理、VHDL 入门基础、VHDL 硬件描述语言、有限状态机设计、VHDL 优化设计、Vivado 集成设计环境导论、Vivado 工程模式下设计基础、创建和封装用户 IP 核、数字电子系统的设计实现、键控流水灯实验设计、抢答器实验设计、数字钟实验设计、UART 实验设计，内容丰富，叙述上浅显易懂，程序实例具有典型性。本书免费提供所有例题的源代码、电子课件，有很大的参考价值，欢迎选用本书作为教材的教师登录 www.cmpedu.com 下载或发邮件到 wangkang_maizi9@126.com 索取。

本书可作为高等院校电子信息类、计算机类等相关专业的教材，也可以作为电子技术工程技术人员的参考用书。

图书在版编目（CIP）数据

可编程逻辑器件与 EDA 技术/丁山编 . —北京：机械工业出版社，2017.11
普通高等教育“十三五”电子信息类规划教材
ISBN 978-7-111-58375-2

Ⅰ.①可… Ⅱ.①丁… Ⅲ.①可编程逻辑器件-高等学校-教材 ②电子电路-电路设计-计算机辅助设计-高等学校-教材 Ⅳ.①TP332.1 ②TN702

中国版本图书馆 CIP 数据核字（2017）第 263582 号

机械工业出版社（北京市百万庄大街 22 号　邮政编码 100037）
策划编辑：王　康　责任编辑：王　康　刘丽敏
责任校对：潘　蕊　封面设计：张　静
责任印制：常天培
涿州市京南印刷厂印刷
2018 年 1 月第 1 版第 1 次印刷
184mm×260mm ·18 印张 ·437 千字
0001—3000 册
标准书号：ISBN 978-7-111-58375-2
定价：45.00 元

前　　言

随着半导体产业进入深纳米的时代，可编程逻辑器件向高密度、高速度、低价格方向迅速发展，EDA 技术在电子信息、通信、自动控制及计算机应用等领域的重要性日益突出。目前 EDA 技术已经成为电子信息类专业一门重要的专业基础课程，是电子信息类专业学生必须掌握的专业基础知识和基本技能。为了使学生掌握 EDA 基本设计工具和设计方法，在 EDA 开发软件上本书使用在 FPGA 市场占有率第一的 Xilinx 公司推出和发布的 Vivado 设计套件。该套件是一款基于业界标准的开放式开发环境，可以利用 Xilinx 公司推出的领先一代的硬件、软件和 I/O 全面可编程的 SoC – Zynq7000 系列实现数字系统、DSP 系统和嵌入式系统的设计。作者力图将 EDA 技术最新发展成果、现代电子设计最前沿理论和技术、国际上业界普遍接受和认可的 EDA 软硬件开发平台的使用方法奉献给广大读者。

本书力求全面、实用，对例题做到详细分析和解释，既可以帮助读者学习理解知识和概念，降低学习难度，又具有启发性，帮助读者更加轻松、迅速地理解和掌握本书内容。

本书在内容的组织上共分 14 章，各章的具体内容如下：

第 1 章为绪论，主要概述了 EDA 技术及其重要性，EDA 包含的知识体系结构，如 HDL、EDA 的工作软件等，比较了传统电子设计方法与 EDA 技术各自的特点。同时对 EDA 技术的发展历程、特点和优势，以及利用 EDA 进行工程设计的流程进行了简要介绍。

第 2 章主要介绍了可编程逻辑器件的基本结构和工作原理，以及相关的编程、测试和配置方法。首先对可编程逻辑器件进行了概述，主要介绍了可编程逻辑器件的发展历史，并对可编程逻辑器件通过不同的划分方式进行了分类；接着重点介绍了高密度可编程逻辑器件 CPLD 和 FPGA 的结构原理和工作特点；然后详细地阐述了 JTAG 边界扫描技术的硬件测试原理，并对 CPLD 的编程方法和配置方式进行了介绍；最后介绍了本书使用的 Basys3 开发板。

第 3 章主要讲述了 VHDL 语言的基本语法知识，是使用 VHDL 进行 EDA 设计的基础。首先介绍了 VHDL 程序的基本结构，一个完整的 VHDL 设计由库、程序包、实体、结构体和配置组成，其中实体和结构体是基本组成部分；然后介绍了 VHDL 语言中的文字规则、数据对象、数据类型和操作符等内容；最后介绍了 VHDL 中预定义的属性。

第 4 章主要讲述了 VHDL 语句的基本内容。VHDL 中的语句可以分为两大类：顺序语句和并行语句。在此基础上介绍了各种语句的语法以及使用方法、程序包的构成和配置、子程序的概念及其使用方法，并给出常用设计举例。

第 5 章主要讲述了有限状态机的基本概念、特点和基本结构等基础内容。在此基础上，对 Moore 型状态机和 Mealy 型状态机的结构、特性和设计方法进行了详细的举例说明；然后介绍了状态位置直接输出型编码、顺序编码、枚举类型编码及一位热码编码四种不同的状态编码方式，以及程序直接导引法及状态编码检测法两种安全状态机的设计方法；最后比较全面地对有限状态机进行了介绍。

第 6 章介绍了 EDA 的硬件系统设计中 VHDL 的优化设计。首先介绍了 FPGA/CPLD 的资源利用优化。资源优化主要包括资源共享、逻辑优化和串行化。由于对于大多数的设计来说，速度优化比资源优化更重要，所以介绍了速度优化，并依次阐述了流水线设计、寄存器配平、关键路径法、乒乓操作法和加法树法。最后详细介绍了如何排除和避免毛刺或随机干扰信号，主要包括延时方式去毛刺、逻辑方式去毛刺和定时方式去毛刺。

第 7 章介绍了 Vivado 设计套件的基本知识以及 Vivado 设计套件的界面信息。首先，简单介绍了 Vivado 设计套件的特性；其次介绍了使用 Vivado 设计套件的系统级设计流程；然后介绍了 Vivado 设计套件的安装过程；之后介绍了各个工程文件夹存放的文件类型以及网表文件的相关知识；最后介绍了 Vivado 设计套件的基本界面信息。

第 8 章介绍了在 Vivado 集成开发环境的工程模式下设计工程的基本设计实现流程。工程模式下的基本设计实现主要步骤包括：创建一个新的设计工程、创建并添加新的设计文件、RTL 详细描述和分析、设计综合、行为级仿真、建立约束、设计实现和分析、静态时序分析、设计时序仿真以及生成编程文件并下载到目标芯片。

第 9 章介绍了 Vivado 集成设计环境下创建和封装用户 IP 的基本流程。创建和封装用户 IP 的主要步骤包括：创建一个用于定制用户 IP 的工程、设置定制 IP 的库名和目录以及封装 IP。

第 10 章介绍了在 Vivado 集成开发环境下基于 IP 的简单系统的设计实现流程。基于 IP 的系统设计实现主要步骤包括：创建一个新的设计工程、创建基于 IP 的系统、行为级仿真、设计综合、建立约束、设计实现和分析、静态时序分析、设计时序仿真以及生成编程文件并下载到目标芯片。

第 11 章介绍了如何使用 Vivado 集成开发环境和 Basys3 开发板设计实现键控流水灯实验的设计。首先介绍了键控流水灯的设计要求和功能描述；其次介绍了键控流水灯的层次化设计方案，主要包括三部分内容，分别是分频模块；流水灯显示模块和按键控制模块；最后对键控流水灯设计进行了硬件测试。

第 12 章介绍了抢答器实验设计。首先介绍了抢答器的设计要求和功能描述；其次制订了三人抢答器的层次化设计方案，主要包括三部分内容，分别是分频器模块、抢答鉴别器模块和数码管显示模块；然后对抢答器进行了顶层设计和仿真；最后对抢答器的设计进行了硬件测试。

第 13 章主要介绍了一个简单的数字钟实验设计，首先介绍了数字钟的设计要求和功能描述；然后介绍了数字钟的层次化设计方案，主要包括三部分内容，分别是分频器模块、计数模块和数码管显示模块；之后对数字钟进行了顶层设计和仿真；最后对本次设计进行了硬件测试。

第 14 章介绍了如何使用 Vivado 集成开发环境和 Basys3 开发板进行简单的 UART 实验设计，实验分为两部分，一部分是接收器的设计实现，另一部分是发送器的设计实现。在两部分中分别介绍了接收器和发送器的层次化设计方案，并对其进行了硬件测试。

本书内容充实，系统全面，重点突出，阐述循序渐进，由浅入深。书中所有例题均在 Vivado 环境下运行通过。本书配有免费的电子课件，欢迎选用本书作为教材的教师登录 www.cmpedu.com 下载或发邮件到 wangkang_maizi9@126.com 索取。

参加本书编写、校对及程序测试工作的还有吴金辉、王辉等，在此表示感谢。

由于作者水平有限，书中难免有错误和不足之处，恳请各位专家和读者批评指正。

编　者

目　　录

第 1 章

绪　论

1.1　EDA 技术概要

1.1.1　EDA 技术的含义

电子设计自动化（Electronics Design Automation，EDA）是一种以计算机为基础的工作平台，是利用电子技术、计算机技术、智能化技术等多种应用学科的最新成果进行电子产品设计的自动设计技术；是一种帮助电子设计工程师从事电子元件产品和系统设计的综合技术。

1.1.2　EDA 技术的发展历程

在计算机技术的推动下，20 世纪末电子技术获得了飞速发展，现代电子产品几乎渗透于社会的各个领域，有力地推动了社会生产力的发展和社会信息化程度的提高，同时又促使现代电子产品性能的进一步提高，产品更新换代的节奏也越来越快。

EDA 技术作为现代电子设计技术的核心，它依赖功能强大的计算机，在 EDA 工具软件平台上，对以硬件描述语言（Hardware Description Language，HDL）为系统逻辑描述手段完成的设计文件，自动地完成逻辑简化、逻辑分割、逻辑综合、结构综合（布局布线），以及逻辑优化和仿真测试等功能，直至实现既定性能的电子线路系统功能。EDA 技术使得设计者的工作几乎仅限于利用软件的方式，即利用硬件描述语言 HDL 和 EDA 软件来完成对系统硬件功能的实现。

在现代高新电子产品的设计和生产中，微电子技术和现代电子设计技术是相互促进、相互推动又相互制约的两个技术环节。前者代表了物理层在广度和深度上硬件电路实现的发展，后者则反映了现代先进的电子理论、电子技术、仿真技术、设计工艺和设计技术与最新的计算机软件技术有机的融合和升华。因此，可以说 EDA 技术是这两者的结合。

EDA 技术在硬件方面融合了大规模集成电路制造技术、IC 版图设计技术、ASIC 测试和封装技术、FPGA（Field Programmable Gate Array）和 CPLD（Complex Programmable Logic Device）编程下载技术、自动测试技术等；在计算机辅助技术工程方面融合了计算机辅助设计（CAD）、计算机辅助制造（CAM）、计算机辅助测试（CAT）、计算机辅助工程（CAE）技术以及多种计算机语言的设计概念；而在现代电子学方面则容纳了更多的内容，如电子线路设计理论、数字信号处理技术、嵌入式系统和计算机设计技术、数字系统建模和优化技术及微波技术等。因此 EDA 技术为现代电子理论和设计的表达与实现提供了可能性。在现代技术的所有领域中，许多得以飞速发展的科学技术，多属计算机辅助技术，而非自动化技术。显然，最早进入真正的设计自动化的技术领域非电子技术莫属，这就是电子技术始终处于所有科学技术发展的最前列的原因之一。

EDA 技术融合多学科于一体，渗透于各学科之中，已不是某一学科的分支或某种新的技术，而是一门综合性学科。它打破了软硬件间的壁垒，使计算机的软件技术与硬件实现、软件性能和硬件指标、设计效率和产品性能合二为一，它代表了电子设计技术和应用技术的发展方向。

EDA 技术的发展经历了一个由浅入深的过程。EDA 技术伴随着计算机、集成电路、电子系统设计的发展，经历了计算机辅助设计（CAD）、计算机辅助工程设计（CAE）和电子系统设计自动化（ESDA）三个发展阶段。

20 世纪 70 年代到 80 年代初为 CAD 阶段，也是 EDA 技术发展的初级阶段。随着中小规模集成电路的开发应用，传统的手工制图设计印制电路板和集成电路的方法已无法满足设计精度和效率的要求，因此工程师们开始进行二维平面图形的计算机辅助设计，以便解脱复杂、机械的版图设计工作，这就产生了第一代 EDA 工具。这一阶段由于受到计算机的运行速度、存储量和图形功能等方面的限制，电子 CAD 和 EDA 技术没有形成系统，仅是一些孤立的软件程序。这些软件程序在逻辑仿真、印制电路板布局布线和 IC 版图编辑等方面取代了计算机辅助设计的概念。但这些软件一般只有简单的人机交互能力，能处理的电路规模不是很大，计算和绘图的速度都受到限制，而且由于没有采用统一的数据库管理技术，程序之间的数据传输和交换也不方便。

20 世纪 80 年代中后期为 CAE 阶段，也是 EDA 技术发展的中级阶段。这一阶段计算机与集成电路技术得到了高速发展，CAD 软件主要用来实现模拟与数字电路仿真、集成电路的布线布局、IC 版图参数提取与验证、印制电路板的布图与检验、设计文档制作等各设计阶段的自动设计。将这些工具软件集成为一个有机的 EDA 系统，在工作站或超级微机上运行，它具有直观、友好的图形界面，可以用电路原理图的形式输入，以图形菜单的方式选择各种仿真工具和不同的规模功能。每个工具软件都有自己的元器件库，工具之间由统一的数据库进行数据存放、传输和管理。与初期的 CAD 相比，这一阶段的软件除了能进行纯粹的图形绘制功能外，又增加了电路功能设计和结构设计，并且通过电气连接网络表将两者结合在一起，以实现工程设计，这就是计算机辅助工程（CAE）的概念。

20 世纪 90 年代以后是设计自动化阶段，也是 EDA 技术发展的高级阶段。这个时期微电子技术以惊人的速度发展，一个芯片上可以集成几千万只晶体管，超高速数字集成电路的工作效率已经达到 10Gbit/s，射频集成电路的最高工作频率已超过 6GHz，电子系统朝着多功能、高速度、智能化的趋势发展。另一方面，随着集成度的提高，一个复杂的电子系统可以在一个集成电路芯片上实现，这就要求 EDA 系统能够从电子系统的功能和行为描述开始，综合设计出逻辑电路，并自动地映射成可供生产的 IC 版图，这一过程称为集成电路的高级设计。因此，20 世纪 90 年代后的 EDA 系统真正具有了自动化设计能力，EDA 技术被推向成熟和实用，用户只要给出电路的性能指标要求，EDA 系统就能对电路结构和参数进行自动化处理和综合，寻找最佳设计方案，通过自动布局布线功能将电路直接形成集成的电路版图，并对版图的面积及电路延时特性进行优化处理。

EDA 技术在进入 21 世纪后，得到了更大的发展，突出表现在以下几个方面：

（1）使电子设计成果以自主知识产权（Intellectual Property，IP）的方式得以明确表达和确认成为可能。系统芯片的设计思想有别于普通的 IC 设计，它是以 IP 核为基础，以硬件描述语言 HDL 为主要设计手段，借助于以计算机为平台的 EDA 工具而进行的。IP 的原来含义是知识产权、著作权等。在 IC 设计领域可将其理解为实现某种功能的设计。美国著名的 Dataquest 咨询公司则将半导体产业的 IP 定义为用于 ASIC 或 FPGA/CPLD 中的预先设计好的电路功能模块。

随着信息技术的飞速发展，用传统的手段来设计高复杂度的系统级芯片，设计周期将变得冗长，设计效率降低。解决这一设计危机的有效方法是复用以前的设计模块，即充分利用已有的或第三方的功能模块作为宏单元，进行系统集成，形成一个完整的系统，这就是集成电路设计复用的概念。这些已有的或由第三方提供的具有知识产权的模块（或内核）称为 IP 核，它在现代 EDA 技术和开发中具有十分重要的地位。

（2）在仿真验证和设计两方面都支持标准硬件描述语言的功能强大的 EDA 软件不断推出。

（3）电子技术全方位进入 EDA 时代。除了日益成熟的数字技术外，传统的电路系统设计建模理念发生了重大的改变：软件无线电技术的崛起；模拟电路系统硬件描述语言的表达和设计的标准化；系统可编程模拟器件的出现；软硬件技术；软硬件功能机器结构的进一步融合等。

（4）EDA 使得电子技术领域各学科的界限更加模糊，学科之间更加包容，如模拟与数字、软件与硬件、系统与器件、ASIC 与 FPGA 等。

（5）更大规模的 FPGA 和 CPLD 器件的不断推出。

（6）基于 EDA 工具的同于 ASIC 设计的标准单元已涵盖大规模电子系统及复杂 IP 核模块。

（7）软硬件 IP 核在电子行业的产业领域、技术领域和设计应用领域得到了广泛的应用。

（8）SoC 高效低成本设计技术的成熟。

（9）系统级、行为验证级硬件描述语言，如 SystemC、System Verilog 等的出现，使复杂电子系统的设计，特别是验证趋于更加高效和简单。

1.1.3 EDA 的基本特征

现代 EDA 技术的基本特征是采用高级语言描述，具有系统级仿真和综合能力、开放式的设计环境、丰富的元器件模型库等。EDA 技术就是依赖功能强大的计算机，在 EDA 工具软件的平台上，对以硬件描述语言 HDL 为系统逻辑描述手段完成的设计文件，自动完成逻辑编译、逻辑化简、逻辑分割、逻辑综合、布局布线和仿真测试，直至实现既定的电子线路系统功能。EDA 技术使得设计者的工作仅限于利用软件的方式，即利用硬件描述语言和 EDA 软件来完成对系统硬件功能的实现。

1. 硬件描述语言设计输入

用硬件描述语言进行电路与系统的设计是当前 EDA 技术的一个重要特征，硬件描述语言输入是现代 EDA 系统的主要输入方式。统计资料表明，在硬件描述语言和原理图两种输入方式中，前者约占 70% 以上，并且这个趋势还在继续增长。与传统的原理图输入设计方法相比，硬件描述语言更适用于规模日益增大的电子系统，它还是进行逻辑综合优化的重要工具。硬件描述语言使得设计者在比较抽象的层次上描述设计的结构和内部特征，其突出优点是：语言的公开可利用性；设计与工艺的无关性；宽范围的描述能力；便于组织大规模系统的设计；便于设计的复用和继承等。

2. "自顶向下"设计方法

近10年来，电子系统的设计方法发生了很大的变化。过去，电子产品设计的基本思路一直是先选用标准通用集成电路芯片，再用这些芯片和其他元器件自上而下地构成电路、子系统和系统。这样设计出的电子系统所用元器件的种类和数量均较多、体积功耗大、可靠性差。随着集成电路技术的不断进步，半导体集成电路也由早期的单元集成、部件电路集成，发展到整机电路集成和系统电路集成。电子系统的设计方法也由过去的集成电路厂家提供芯片，整机系统用户采用这些芯片组成电子系统的自底向上（Bottom-up）设计方法改变为一种新的自顶向下（Top-down）设计方法。在这种新的设计方法中，由整机系统用户对整个系统进行方案设计和功能划分，系统的关键电路用一片或几片专用集成电路来实现，而且这些专用集成电路是由系统和电路设计师亲自参与设计的，直至完成电路到芯片版图的设计，再交由IC工厂投片加工，或者用可编程ASIC（CPLD和FPGA）现场编程实现。如图1.1所示为电子系统两种不同的设计步骤。

"自顶向下"法是一种概念驱动的设计方法。该方法要求在整个设计过程中尽量运用概念（即抽象）去描述和分析设计对象，而不要过早地考虑实现该设计具体电路、元器件和工艺，以便抓住主要矛盾，避免纠缠在具体细节上，这样才能控制住设计的复杂性。整个设计在概念上的演化从顶层到底层应当逐步由概括到展开，由粗略到精细。只有当整个设计在概念上得到验证与优化后，才能考虑具体问题。

在进行"自顶向下"的设计时，首先从系统级设计入手，在顶层进行功能框图的划分和结构设计；在框图一级进行仿真、纠错，并用

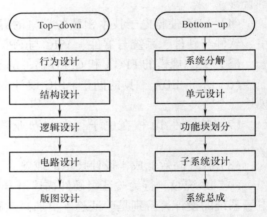

图1.1　"自顶向下"与"自底向上"设计

硬件描述语言对高层次的系统行为进行描述；在功能一级进行验证，然后用逻辑综合优化工具生成具体的门级逻辑电路的网表，其对应的物理实现级可以是印制电路板或专用集成电路。而"自底向上"的设计方法一般是在系统划分和分解的基础上先进行单元设计，在单元的精心设计后逐步向上进行功能块设计，然后进行子系统的设计，最后完成系统的总体设计。"自顶向下"的设计方法有利于在早期发现结构设计中的错误，提高设计的一次成功率，因而在现代EDA系统中被广泛采用。

3. 逻辑综合与优化

逻辑综合是20世纪90年代电子学领域兴起的一种新的设计方法，是以系统级设计为核心的高层次设计。逻辑综合是将最新的算法与工程界多年积累的设计经验结合起来，自动地将用真值表、状态图或VHDL硬件描述语言等所描述的数字系统转化为满足设计性能指标要求的逻辑电路，并对电路进行速度、面积等方面的优化。

逻辑综合的作用是根据一个系统的逻辑功能与性能要求，在一个包含众多结构、功能和

性能均已知的逻辑元器件的逻辑单元库的支持下，寻找出一个逻辑网络结构最佳的实现方案。

逻辑综合的过程主要包含以下两个方面。

（1）逻辑结构的生成与优化：主要是进行逻辑简化与优化，达到尽可能地用较少的元器件和连线形成一个逻辑网络结构（逻辑图），满足系统逻辑功能的要求。

（2）逻辑网络的性能优化：利用给定的逻辑单元库，对已生成的逻辑网络进行元器件配置，进而估算实现该逻辑网络的芯片的性能与成本。性能主要指芯片的速度，成本主要指芯片的面积与功耗。速度与面积或速度与功耗是矛盾的。这里有一步，允许使用者对速度与面积或速度与功耗相矛盾的指标进行性能与成本的折中，以确定合适的元器件配置，完成最终的、符合要求的逻辑网络结构。

4. 开放性和标准化

开放式的设计环境也称为框架结构（Framework）。框架是一种软件平台结构，它在 EDA 系统中负责协调设计过程和管理设计数据，实现数据与工具的双向流动，为 EDA 工具提供合适的操作环境。框架结构的核心是可以提供与硬件平台无关的图形用户界面，工具之间的通信、设计数据和设计流程的管理等，以及各种与数据库相关的服务项目。

任何一个 EDA 系统只要建立一个符合标准的开放式框架结构，就可以接纳其他厂家的 EDA 工具一起进行设计工作。框架结构的出现，使国际上许多优秀的 EDA 工具可以合并到一个统一的计算机平台上，成为一个完整的 EDA 系统，充分发挥每个设计工具的技术优势，实现资源共享。在这种环境下，设计者可以更有效地运用各种工具，提高设计质量和效率。

近年来，随着硬件描述语言等设计数据格式的逐步标准化，不同设计风格和应用的要求导致各具特色的 EDA 工具被集成在同一个工作站上，从而使 EDA 框架标准化。新的 EDA 系统不仅能够实现高层次的自动逻辑综合、版图综合和测试码生成，而且可以使各个仿真器对同一个设计进行协同仿真，从而进一步提高 EDA 系统的工作效率和设计的正确性。

5. 库

EDA 工具必须配有丰富的库，包括元器件图形符号库、元器件模型库、工艺参数库、标准单元库、可复用的电路模块库、IP 库等，才能够具有强大的设计能力和较高的设计效率。

在电路设计的每个阶段，EDA 系统需要各种不同层次、不同种类的元器件模型库的支持。例如：原理图输入时需要元器件外形库；逻辑仿真时需要逻辑单元的功能模型库；电路仿真时需要模拟单元和器件的模型库；版图生成时需要使用不同层次和不同工艺的底层版图库；测试综合时需要各种测试向量库等。每一种库又分为不同层次的单元或元素库，例如，逻辑仿真的库又按照行为级、寄存器级和门级分别设库。而 VHDL 输入所需的库更为庞大和齐全，几乎包含了上述所有库的内容。各种模拟库的规模和功能是衡量 EDA 工具优劣的一个重要标识。

1.1.4 EDA 技术的优势

传统的数字电子系统或 IC 设计中，手工设计占了较大的比例。手工设计一般先按电子系统的具体功能要求进行功能划分，然后对每个子模块画出真值表，用卡诺图进行手工逻辑简化，写出布尔表达式，画出相应的逻辑线路图，再据此选择元器件和设计电路板，最后进行实测与调试。手工设计方法的缺点包括：

（1）复杂电路的设计和调试都十分困难。

（2）由于无法进行硬件系统仿真，如果某一过程存在错误，则查找和修改都十分困难。

（3）设计过程中产生大量文档，不易管理。

（4）对于 IC 设计而言，设计实现过程与具体生产工艺直接相关，因此可移植性差。

（5）只有在设计出样机或生产出芯片后才能进行实测。

相比之下，采用 EDA 技术进行电子系统的设计有很大的优势。

（1）用 HDL 对数字系统进行抽象的行为与功能描述以及具体的内容线路结构描述，从而可以在电子设计的各个阶段、各个层次进行计算机模拟验证，保证设计过程的正确性，可以大大地降低设计成本、缩短设计周期。

（2）EDA 工具之所以能够完成各种自动设计过程，关键是有各类库的支持，如逻辑仿真时的模拟库、逻辑综合时的综合库、版图综合时的版图库、测试综合时的测试库等。这些库都是 EDA 公司与半导体生产厂商紧密合作、共同开发的。

（3）某些 HDL 也是文档型的语言（如 VHDL），极大地简化了设计文档的管理。

（4）EDA 技术中最为瞩目的功能，即最具现代电子设计技术特征的功能是日益强大的逻辑设计仿真测试技术。EDA 仿真测试技术只需通过计算机就能对所设计的电子系统从各种不同层次的系统性能特点完成一系列准确的测试与仿真操作，在完成实际系统的安装后，还能对系统上的目标器件进行逻辑边界扫描测试。这一切都极大地提高了大规模系统电子设计的自动化程度。

（5）无论传统的应用电子系统设计得如何完美，使用了多么先进的功能器件，都掩盖不了一个无情的事实，即该系统对于设计者来说，没有任何自主知识产权可言，因为系统中的关键性器件往往并非出自设计者之手，这将导致该系统在许多情况下的应用直接受到限制。基于 EDA 技术的设计则不同，由于 HDL 表达成功的专用功能设计在实现目标方面有很大的可选性，它既可以用不同来源的通用 FPGA/CPLD 实现，也可以直接以 ASIC 来实现，设计者拥有完全的自主权。

（6）传统的电子设计方法至今没有任何标准规范加以约束，因此，设计效率低、系统性能差、开发成本高、市场竞争小。而 EDA 技术的设计语言是标准化的，不会由于设计对象的不同而改变；它的开发工具是规范化的，EDA 软件平台支持任何标准化的设计语言；它的设计成果是通用性的，IP 核具有规范的接口协议。良好的可移植与可测试性为系统开发提供了可靠的保证。

（7）从电子设计方法学来看，EDA 技术最大的优势就是能将所有设计环节纳入统一的自顶向下的设计方案中。

（8）EDA 不但在整个设计流程上充分利用计算机的自动设计能力、在各个设计层次上利用计算机完成不同内容的仿真模拟，而且在系统板设计结束后仍可利用计算机对硬件系统进行完整全面的测试。而传统的设计方法，如单片机仿真器，只能在最后完成的系统上进行局部的且仅限于软件的仿真调试，而在整个设计的过程是无能为力的。至于硬件系统测试，由于现在的许多系统主板层数多，而且许多器件是 BGA（Ball - Grid Array）封装，所有引脚都在芯片的内部，焊接后普通的仪器仪表无法接触到所需的信号点，因此无法测试。

1.2 EDA 技术的实现目标

一般地，利用 EDA 技术进行电子系统设计，最后的目标是完成专用集成电路（ASIC）或印制电路板（PCB）的设计与实现。其中 PCB 设计指的是电子系统的印制电路板设计，从电路原理图到 PCB 上元件的布局、布线、阻抗匹配、信号完整性分析及板级仿真，到最后的电路板机械加工文件生成，这些都需要相应的计算机 EDA 工具软件辅助设计者来完成，这是早期 EDA 技术最基本的应用。ASIC 作为最终的物理平台，集中容纳了用户通过 EDA 技术将电子应用系统的既定功能和技术具体实现的硬件实体。一般而言，专用集成电路就是具有专门用途和特定功能的独立集成电路器件。根据这个定义，作为 EDA 技术最终实现目标的 ASIC，可以通过三种途径完成，如图 1.2 所示。

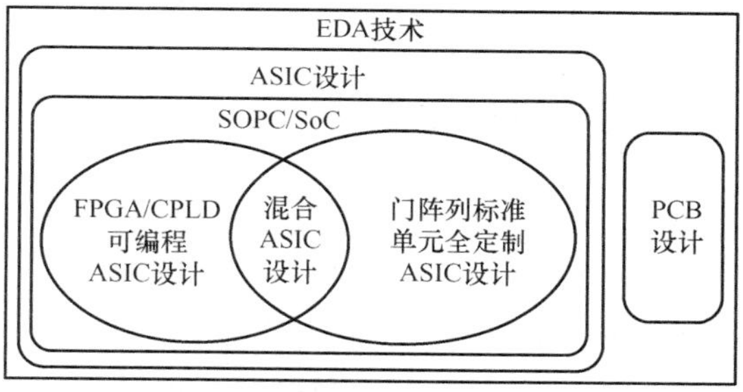

图 1.2 EDA 技术实现目标

1. 超大规模可编程逻辑器件

FPGA 和 CPLD 是实现这一途径的主流器件，其特点是直接面向用户、具有极大的灵活性和通用性、使用方便、硬件测试和实现快捷、开发效率高、成本低、技术维护简单、工作可靠性高等。FPGA 和 CPLD 的应用是 EDA 技术有机融合软硬件电子设计技术、SoC 和 ASIC 设计，以及对自动化设计与自动实现最经典的诠释。由于 FPGA 和 CPLD 的开发工具、开发流程和使用方法与 ASIC 有类似之处，因此这类器件通常也被称为可编程专用 IC 或可编程 ASIC。

2. 半定制或全定制 ASIC

基于 EDA 设计技术的半定制或全定制 ASIC，根据其实现工艺，可统称为掩膜 ASIC，或直接称 ASIC。可编程 ASIC 与掩膜 ASIC 相比，不同之处在于前者具有面向用户的灵活多样的可编程性。

掩膜 ASIC 大致分为门阵列 ASIC、标准单元 ASIC 和全定制 ASIC。

（1）门阵列 ASIC 门阵列芯片包括预定制的相连的 PMOS 和 NMOS 晶体管行。设计中，用户可以借助 EDA 工具将原理图或硬件描述语言模型映射为相应门阵列晶体管配置，创建一个指定金属互联路径文件，从而完成门阵列 ASIC 的开发。由于有掩膜的创建过程，门阵列有时也称掩膜可编程逻辑门阵列（MPGA）。但是 MPGA 本身与 FPGA 完全不同，它不是用户可编程的，也不属于可编程逻辑范畴，而是实际的 ASIC。MPGA 出现在 FPGA 之前，FPGA 技术源自 MPGA。

（2）标准单元 ASIC 目前大部分 ASIC 是使用库中不同大小的标准单元设计的，这类芯片一般称作基于单元的集成电路（CBIC）。在设计者一级，库包括不同复杂性的逻辑元件：SSI 逻辑块、MSI 逻辑块、数据通道模块、储存器、IP 乃至系统级模块。库包含每个逻辑单元在硅片级的完整布局，使用者只需利用 EDA 软件工具与逻辑块描述打交道即可，完全不必关心深层次电路布局的细节。标准单元布局中，所有扩散、接触点、过孔、多晶通道及金属通道都已完全确定。当该单元用于设计时，通过 EDA 软件产生的网表文件将单元布局块

"粘贴"到芯片布局之上的单元行上。标准单元 ASIC 设计与 FPGA 设计的开发流程相近。

（3）全定制芯片　全定制芯片中，在针对特定工艺建立的设计规则下，设计者对于电路的设计有完全的控制权，如线的间隔和晶体管大小的确定。该领域的一个例外是混合信号设计，使用通信电路的 ASIC 可以定制设计其模拟部分。

3. 混合 ASIC

混合 ASIC（不是指数模混合 ASIC）主要指既具有面向用户的 FPGA 可编程功能和逻辑资源，同时也含有可方便调用和配置的硬件标准单元模块，如 CPU、RAM、ROM、硬件加法器、乘法器、锁相环等。

1.3　硬件描述语言

硬件描述语言（HDL）就是可以描述硬件电路的功能、信号连接关系及定时（时序）关系的语言，也是一种用形式化方法来描述数字电路和设计数字系统的语言。数字系统的设计者可以利用这种语言来描述自己的设计思想，然后利用 EDA 工具进行仿真，自动综合到门级电路，再用 ASIC 或 FPGA 实现其功能。

HDL 的发展至今已有 30 多年的历史，它是 EDA 技术的重要组成部分，也是 EDA 技术发展到高级阶段的一个重要标志。目前已经存在许多硬件描述语言，其中 VHDL 和 Verilog HDL 是影响最为广泛的两种，并已成为 IEEE 的工业标准硬件描述语言，得到众多 EDA 公司的支持，在电子工程领域，已经成为事实上的通用硬件描述语言。

1.3.1　VHDL

VHDL 诞生于 1983 年，由美国国防部（DOD）发起创建。后来 IEEE（The Institute of Electrical and Electronics Engineers）对其进一步发展，于 1987 年作为"IEEE 标准 1076"发布，从而正式成为硬件描述语言的业界标准之一。随着 VHDL 标准版本（IEEE Std 1076）的公布，各 EDA 公司相继推出了自己的 VHDL 设计环境，或宣布自己的设计工具可以使用和支持 VHDL。此后，VHDL 在电子设计领域得到了广泛应用，并逐步取代了原有的非标准硬件描述语言。1993 年，IEEE 对 VHDL 进行了修订，从更高的抽象层次和系统描述能力上扩展了 VHDL 的内容，公布了新版本 VHDL，即 IEEE1076—1993 版本。现在公布的最新 VHDL 标准版本是 IEEE1076—2008。

VHDL 主要用于描述数字系统的结构、行为、功能和接口。除了含有许多具有硬件特征的语句外，VHDL 的语言形式和描述风格与句法与一般的计算机高级语言十分类似。应用 VHDL 进行工程设计的优点是多方面的，具体如下。

（1）与其他的硬件描述语言相比，VHDL 具有更强的行为描述能力，从而决定了它成为系统设计领域最佳的硬件描述语言。强大的行为描述能力是避开具体的器件结构，从逻辑行为上描述和设计大规模电子系统的重要保证。

（2）VHDL 最初是作为一种仿真标准格式出现的，因此 VHDL 既是一种硬件电路描述和设计语言，也是一种标准的网表格式，还是一种仿真语言。它有丰富的仿真语句和库函数，设计者可以在任何系统的设计早期随时对设计进行仿真模拟，查验所设计系统的功能特性，从而对整个工程设计的结构和功能的可行性做出决策。

（3）VHDL 语句的行为描述能力和程序结构决定了它具有支持大规模设计和分解已有设计的再利用功能，满足了大规模系统设计要由多人甚至多个开发组共同并行工作来实现的市场需求。VHDL 中设计实体的概念、程序包的概念、设计库的概念为设计的分解和并行工作提供了有力的支持。

（4）对于用 VHDL 完成的一个确定的设计，可以利用 EDA 工具进行逻辑综合和优化，并自动地把 VHDL 描述设计转变成门级网表，生成一个更高效、更高速的电路系统。此外，设计者还可以很容易地从综合优化后的电路获得设计信息，再返回去更新修改 VHDL 的设计描述，使之更为完善。这种方式突破了门级设计的瓶颈，极大地减少了电路设计的时间和可能发生的错误，降低了开发成本。

（5）VHDL 对设计的描述具有相对独立性，设计者可以不懂硬件的结构，也不必管最终设计实现的目标器件是什么，而进行独立的设计。正因为 VHDL 的硬件描述语言与具体的工艺技术和硬件结构无关，VHDL 设计程序的硬件实现目标器件有广阔的选择范围，其中包括各系列的 CPLD、FPGA 及各种门阵列实现目标。

（6）由于 VHDL 具有类属描述语句和子程序调用等功能，对于已完成的设计，在不改变源程序的条件下，只需改变端口类属参量或函数，就能轻易地改变设计的规模和结构。

1.3.2 Verilog HDL

Verilog HDL 是在 C 语言的基础上发展而来的硬件描述语言，具有简洁、高效、易用的特点，是目前应用最为广泛的硬件描述语言之一。Verilog HDL 可以用来进行各种层次的逻辑设计，也可以用它进行数字逻辑系统的仿真验证、时序分析和逻辑综合等。在 ASIC 设计领域，Verilog HDL 已经成为了事实上的标准。

Verilog HDL 于 1983 年由 GDA（GateWay Design Automation）公司的 Phil Moorby 首创，1989 年 Cadence 公司收购了 GDA 公司，Verilog HDL 成为了 Cadence 公司的私有财产。1990 年，Cadence 公司决定公开 Verilog HDL，于是成立了 OVI（Open Verilog International）组织来负责 Verilog HDL 的发展。基于 Verilog HDL 的优越性，IEEE 先后推出了两个 Verilog 标准，即 IEEE Std. 1364—1995（Verilog—1995）和 IEEE Std. 1364—2001（Verilog—2001），后者在前者的基础上对 Verilog HDL 进行了若干改进和扩充，使其功能更强、使用更方便。

Verilog HDL 适合算法级（Algorithm – level）、寄存器传输级（Register Transfer Level, RTL）、门级（Gate – level）和版图级（Layout – level）等各个层次的设计和描述。

在采用 Verilog HDL 进行设计时，由于 Verilog HDL 的标准化，可以很容易地把完成的设计移植到不同厂家的不同芯片中去。用 Verilog HDL 所完成的设计，其信号参数是很容易改变的，可以任意修改，以适应不同规模的应用。在仿真验证时，测试向量也可以用该语言来描述。此外，采用 Verilog HDL 进行设计还具有与工艺无关性的优点，这使得工程师在功能设计、逻辑验证阶段可以不必过多地考虑门级及工艺实现的具体细节，只需要利用系统设计时对芯片的需要，施加不同约束条件，即可设计出实际电路。

1.3.3 VHDL 和 Verilog HDL 的比较

一般硬件描述语言可以在三个层次上进行电路描述，其描述层次依次可分为行为级、RTL 级和门电路级。VHDL 的特点决定了它更适用于行为级（也包括 RTL 级）的描述，有人将它称为行为描述语言；而 Verilog HDL 属于 RTL 级硬件描述语言，通常只适用于 RTL 级和更低层次的门电路级描述。

由于任何一种硬件描述语言的源程序始终都要转化成门电路级才能被布线器或适配器所接受，因此，VHDL 源程序的综合通常要经过行为级到 RTL 级再到门电路级的转化；而 Verilog HDL 源程序的综合过程要稍简单些，只需要经过 RTL 级到门电路级的转化。

与 Verilog HDL 相比，VHDL 是一种高级描述语言，适用于电路高级建模，比较适合于 FPGA/CPLD 目标器件的设计或间接方式的 ASIC 设计；而 Verilog HDL 则是一种较低级的描述语言，更适用于描述门级电路，易于控制电路资源，因此更适合于直接的集成电路或 ASIC 设计。

VHDL 与 Verilog HDL 的共同特点是：能形式化地抽象表示电路的结构和行为；支持逻辑设计中层次与领域的描述；可借用高级语言的精巧结构来简化电路的描述，具有电路仿真与验证机制以保证设计的正确性；支持电路描述由高层到底层的综合转换；便于文档管理；易于理解和设计重用。VHDL 与 Verilog HDL 的主要区别在于逻辑表达的描述级别。VHDL 虽然也可以直接描述门电路，但这方面的能力却不如 Verilog HDL，而 Verilog HDL 在高级描述方面不如 VHDL。Verilog HDL 的描述风格接近于电路原理图，从某种意义上说，它是电路原理图的高级文本表示方式；VHDL 最适于描述电路的行为，然后由综合器根据功能要求来生成符合要求的电路网表。

Verilog HDL 的最大优点是易学易用、入门容易，只要有 C 语言的编程基础，设计者可以在 2～3 个月的时间内掌握这种设计技术；VHDL 入门相对较难，一般很难在短时间内真正的掌握其设计技术，但在熟悉以后，其设计效率明显高于 Verilog HDL，生成的电路性能也与 Verilog HDL 生成的电路不相上下。

由于 VHDL 和 Verilog HDL 各有所长，所以市场占有量相差不多。在美国 Verilog HDL 和 VHDL 的应用比例是 60% 和 40%，在中国台湾地区各为 50%，在中国大陆地区则为 10% 和 90%。中国大陆和美国相比，有较大差距的原因，是由于 VHDL 在语言风格上具有规范、严谨的特点，再加上引入到国内的时间较早，因此国内高校普遍都以 VHDL 作为主要授课内容；相反，由于 Verilog HDL 在编程风格上具有灵活、简洁的特点，更适合美国人的口味，在美国的许多著名高校如斯坦福大学、南加州大学等都以 Verilog HDL 作为主要授课内容。

目前，大多数高档 EDA 软件都支持 VHDL 和 Verilog HDL 混合设计，因而在工程应用中，有些电路模块可以用 VHDL 设计，其他电路模块则可以用 Verilog HDL 设计。各取所长，已成为 EDA 应用技术发展的一个重要趋势。

1.4　常用的 EDA 工具

EDA 工具在 EDA 技术应用中占据极其重要的位置。EDA 的核心是利用计算机实现电子设计的全部自动化，因此，基于计算机环境的 EDA 软件的支持是必不可少的。

由于 EDA 整个流程设计不同技术环节，每一个环节中必须有对应的软件包或专用 EDA 工具独立处理，包括对电路模型及对 VHDL 进行描述的逻辑综合等。因此，单个 EDA 工具往往只涉及 EDA 流程中的某一步骤。这里就以 EDA 设计流程中涉及的主要软件包为 EDA

工具分类，并做简单介绍。EDA 工具大致可以分为 5 个模块：①设计输入编辑器；②HDL 综合器；③仿真器；④适配器；⑤下载器。

当然这种分类不是绝对的，现在也有集成的 EDA 开发环境，如 Xilinx 公司的 Vivado 开发环境。

1.4.1 设计输入编辑器

在 FPGA/CPLD 设计中的设计输入编辑器或称设计输入环境，可以接受不同的设计输入表达方式，如原理图输入方式、状态图输入方式、波形输入方式以及 HDL 的文本输入方式。在各可编程逻辑器件厂商提供的 EDA 开发工具中一般都含有这类输入编辑器。

通常，专业的 EDA 工具供应商也提供相应的设计输入工具，这些工具一般与该公司的其他电路设计软件整合，这一点尤其体现在原理图输入环境上。如 Innovada 的 eProduct Designer 中的原理图输入管理工具 DxDesigner，既可作为 PCB 设计的原理图输入，又可作为 IC 设计、模拟仿真和 FPGA 设计的原理图输入环境。比较常见的还有 Cadence 的 OrCAD 产品中的 Capture 工具等。这一类的工具一般都设计成通用型的原理图输入工具。由于针对 FPGA/CPLD 设计的原理图要含有特殊原理图库（含原理图中的 Symbol 原件）的支持，因此其输出并不与 EDA 流程的下一步设计工具直接相连，而要通过网表文件（如 EDIF 文件）来传递。

由于 HDL（包含 VHDL、Verilog – HDL 等）的输入方式是文本格式，所以它的输入实现要比原理图输入简单得多，用普通的文本编辑器即可完成。如果要求 HDL 输入时有语法色彩提示，可用带语法提示功能的通用文本编辑器，如 UltraEdit \ Vim \ XEmaces 等。当然，EDA 工具中提供的 HDL 编辑器会更好用些，如 Aldec 的 Active HDL 中的 HDL 编辑器、Altium 的 Altium Designer 中的 HDL 编辑器。另一方面，由于可编程逻辑器件规模的增大，涉及可选性大为增加，需要有完善的输入文档管理，Mentor 的 HDL Designer Series 就是此类工具的一个典型代表。

有的 EDA 设计输入工具把图形设计与 HDL 文本设计相结合，如在提供 HDL 文本编辑器的同时提供状态机编辑器，用户可用图形（状态机）来描述状态机，最后生成 HDL 文本输出。如 Mentor 公司的 FPGA Advantage（含 HDLDesigner Series）、Active HDL 中的 Active State 等。尤其是 HDL Designer Series 中的各种输入编辑器，可以接受诸如原理图、状态图、表和图等输入形式，并将它们转成 VHDL /Verilog 文本表达方式，很好地解决了通用性（HDL 输入的优点）与易用性（图形法的优点）之间的矛盾。

设计输入编辑器在多样性、易用性和通用性方面的功能不断增强，标志着 EDA 技术中自动化设计程度的不断提高。

1.4.2 综合器

由于目前通用的 HDL 语言为 VHDL 和 Verilog – HDL，这里介绍的 HDL 综合器主要是针对这两种语言的。

硬件描述语言诞生的初衷是用于电路逻辑的建模和仿真，但直到 Synopsys 公司推出了 HDL 综合器后，才改变了人们的看法，于是可以将 HDL 直接用于电路的设计。

由于 HDL 综合器是目标器件硬件结构细节、数字电路设计技术、化简优化算法以及计算机软件的复杂综合体，而且 HDL 可综合子集迟迟未能标准化，所以相比于形式多样的设计输入工具，成熟的 HDL 综合器并不多。比较常用的性能良好的 FPGA/CPLD 设计的 HDL 综合器有如下 3 种：

（1）Synopsys 公司的 FPGAcompoter、FPGAexpress 综合器。

（2）Synplicity 公司的 Synplify pro 综合器。

（3）Mentor 子公司 Exemplar Logic 的 Leonardo spectrum 综合器。

较早推出综合器的是 Synopsys 公司，它为 FPGA/CPLD 开发推出的综合器是 FPGAexpress 及 FPGA compiler，两者差别不是很大。为了处理方便，最初由 Synopsys 公司在综合器中增加了一些用户自定义类型，如 Std_ logic 等，后被纳入 IEEE 标准。对于其他综合器也是都只能支持 VHDL 中的可综合子集。FPGA compiler 中带有一个原理图生成浏览器，可以把综合出的网表用原理图的方式画出来，便于验证设计，还附带有强大的延时分析器，可以对关键路径进行简单分析。

Synplicity 公司的 Synplify pro 综合器除了有原理图生成器、延时分析器外，还带有一个 FSM compiler（有限状态机编辑器），可以从提交的 VHDL/Verilog 设计文本中提出存在的有限状态机设计模块，并用状态图的方式显示出来，用表格说明状态的转移条件及输出。Synplify pro 的原理图浏览器可以定位于原理图中原件中 VHDL/Verilog 源文件的对应语句，便于调试。

Exemplar 公司的 Leonardo spectrum 综合器也是一个很好的 HDL 综合器，它同时可用于 FPGA/CPLD 和 ASIC 设计两类工程目标。Leonardo spectrum 作为 Mentor 公司的 FPGAadvantage 中的组成部分，可以与 FPGAadvantage 的设计输入管理工具和仿真工具很好的结合。

当然也有应用于 ASIC 设计的 HDL 综合器，如 Synopsys 的 Design Compiler、Synplicity 的 SynplifyASIC 和 Cadence 的 synergy 等。

HDL 综合器在把可综合的 VHDL/Verilog 语言转化为硬件电路时，一般要经过两个步骤：

第一步，HDL 综合器对 VHDL/Verilog 进行分析处理，这个过程是一个通用电路原理图形成的过程。

第二步，对实现目标器件的结构进行优化，使之满足各种约束条件，并优化关键路径等。

HDL 综合器的输出文件一般是网表文件，如 EDIF 格式（Electronic Design Interchange Format），文件后缀是 .edf，是一种用于设计数据交换的工业标准文件格式的文件，或是直接用 VHDL/Verilog 语言表达标准格式的网表文件，或是应对 FPGA 器件厂商的网表文件，如 Xilinx 的 XNF 网表文件和 Altera 的 VQM 网表文件。

由于综合器只能完成 EDA 设计流程中的一个独立设计步骤，所以它往往被其他 EDA 环境调用，以完成全部流程。它的调用方式一般有两种：另一种是前台模式，再被调用时，显示的是最常见的窗口界面；另一种称为后台模式或控制台模式，被调用是不出现图形界面，就在后台运行。

综合器的使用也有两种模式：图形模式和命令行模式（shell 模式）。

1.4.3 仿真器

仿真器有基于元件（逻辑门）的仿真器和 HDL 语言的仿真器之分，基于元件的仿真器缺乏 HDL 仿真器的灵活性和通用性。在此主要介绍 HDL 仿真器。

在 EDA 设计技术中，仿真的地位十分重要。行为模型的表达、电子系统的建模、逻辑电路的验证乃至门级系统的测试，每一步都离不开仿真器的模拟检测。在 EDA 发展的初期，快速进行电路逻辑仿真是当时的核心问题，即使在现在，各设计环节的仿真仍然是整个 EDA 工程流程中最耗时间的一个步骤。因此仿真器的仿真速度、仿真的准确性及易用性成为衡量仿真器的重要指标。按仿真器对设计语言不同的处理方式分类，可分为编译型仿真器和解释型仿真器。

编译型仿真器的仿真速度很快，但需要预处理，因此不便即时修改；解释型仿真器的仿真速度一般，可随时修改仿真环境和条件。

按处理的硬件描述语言类型分，HDL 仿真器可分为：①VHDL 仿真器；②Verilog 仿真器；③MixedHDL 仿真器（混合 HDL 仿真器，同时处理 VHDL 和 Verilog）；④其他 HDL 仿真器（针对其他 HDL 语言的仿真）。

Model Technology 的 ModelSim 是一个出色的 VHDL/Verilog 混合仿真器。它也属于编译型仿真器，仿真执行速度快。

Cadence 公司的 Verilog - XL 是最好的 Verilog 仿真器之一，Verilog - XL 的前身与 Verilog 语言一起诞生。

按仿真电路描述级别的不同，HDL 仿真器可以单独或综合完成以下各仿真步骤：系统级仿真、行为级仿真、RTL 级仿真、门级时序仿真。

按仿真时是否考虑硬件延时分类，可分为功能仿真和时序仿真。根据输入仿真文件的不同，可以由不同的仿真器完成，也可由同一个仿真器完成。

几乎各个 EDA 厂商都提供基于 VHDL/Verilog 的仿真器，常用的 HDL 仿真器除上面提及的 ModelSim 与 Verilog - XL 外，还有 Aldec 的 Active HDL、Synopsys 的 VCS、Cadence 的 NC - Sim 等。

1.4.4 适配器

适配器（布局布线器）的任务是完成目标系统在器件上的布局布线。适配即结构综合，通常都由可编程逻辑器件的厂商提供的专门针对器件开发的软件来完成，这些软件可以单独存在或嵌入在厂商的针对自己产品的集成 EDA 开发环境中。例如 Lattice 公司在其 ispEXPERT Compiler；而 Altera 公司的 EDA 集成开发环境 Quartus II 中都含有嵌入的适配器；Xilinx 的 ISE 和 Vivado 中也同样含有自己的适配器。适配器最后输出的是各厂商自己定义的下载文件，以下载到器件中实现设计。适配器输出如下多种用途的文件：

（1）时序仿真文件，如 MAX + Plus II 的 SCF 文件等。

（2）适配技术报告文件。

（3）面向第三方 EDA 工具的输出文件，如 EDIF、Verilog 或 VHDL 格式的文件。

（4）FPGA/CPLD 编程下载文件，如用于 CPLD 编程的 JEDEC、POF、ISP 等格式的文件和用于 FPGA 配置的 SOF、JAM、BIT、POF 等格式的文件。

1.4.5　编程下载

下载器（编程器）的功能是把设计下载到对应的实际器件，实现硬件设计。软件部分一般都由可编程逻辑器件的厂商提供的专门针对器件下载或编程软件来完成。

1.5　EDA 的工程设计流程

完整地了解利用 EDA 技术进行设计开发的流程对于正确选择和使用 EDA 软件、优化设计项目、提高设计效率十分有益。一个完整的 EDA 设计流程既是自顶向下设计方法的具体实施途径，也是 EDA 工具软件本身的组成结构。在实践中进一步了解支持这一设计流程的诸多设计工具，有利于有效地排除设计中出现的问题，提高设计质量和总结设计经验。本节主要介绍 FPGA 开发设计流程。EDA 的工程设计流程如图 1.3 所示。

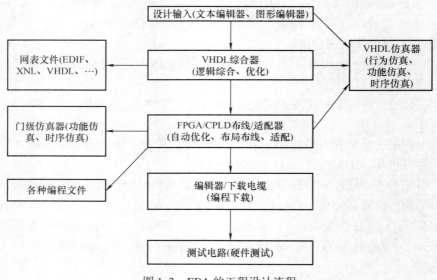

图 1.3　EDA 的工程设计流程

1. 设计输入

将电路系统以一定的表达方式输入计算机，是在 EDA 软件平台上对 FPGA/CPLD 开发的最初步骤。通常，使用 EDA 工具的设计输入为图形输入和 HDL 文本输入。

图形输入通常包括原理图输入、状态图输入和波形图输入 3 种常用方法。

状态图输入方法就是根据电路的控制条件和不同的转换方式，用绘图的方法，在 EDA 工具的状态图编辑器上绘出状态图，然后由 EDA 编译器和综合器将此状态变化流程图形编译综合成电路网表。

波形图输入方法则是将待设计的电路看成是一个黑盒子，只需要告诉 EDA 工具黑盒子电路的输入和输出时序波形图。EDA 工具即能据此完成黑盒子电路设计。

这里主要讨论原理图输入设计方法。这是一种类似于传统电子设计方法的原理图编辑输入方式，即在 EDA 软件的图形编辑界面上绘制能完成特定功能的电路原理图。原理图由逻辑器件（符号）和连接线构成，图中的逻辑器件可以是 EDA 软件库中预制功能模块，如与门、非门、或门、触发器以及各种含 74 系列器件功能的宏功能块，甚至还有一些类似于 IP 的功能块。当原理图编辑绘制完成后，原理图编辑器将对输入的图形文件进行排错，之后再将其编译成适用于逻辑综合的网表文件。

用原理图表达的输入方法的优点主要在于不需要增加新的相关知识（诸如 HDL 等）；设计过程形象直观，适用于初学或者教学演示等。然而，其缺点同样十分明显。

（1）由于图形设计并未标准化，不同的 EDA 图形处理工具对图形的设计规则、存档格式和图形编译方式都不同，因此图形文件兼容性差，难以交换和管理。

（2）随着电路设计规模的扩大，原理图输入描述方式必然引起一系列难以克服的困难，如电路功能原理的易读性下降，错误排查困难，整体调整和结构升级困难。例如，将一个 4 位的单片机设计升级为 8 位单片机几乎难以在短时间内实现。

（3）由于在原理图中已确定了设计系统的基本电路结构和元件，留给综合器和适配器的优化选择的空间已十分有限，因此难以实现用户所希望的面积、速度以及不同风格和综合优化。显然，原理图的设计方法明显偏离了电子设计自动化最本质的含义。

（4）在设计中，由于必须直接面对硬件模块的选用，因此行为模块的建立将无从谈起，从而无法实现真实意义上的自顶向下的设计方案。

HDL 文本输入与传统的计算机软件语言编辑输入基本一致。就是将使用了某种硬件描述语言的电路设计文本，如 VHDL 或 Verilog HDL 的源程序，进行编辑输入。

可以说，应用 HDL 的文本输入方法克服了上述原理图输入法的所有弊端，为 EDA 技术的应用和发展打开了一个广阔的天地。当然在一定的条件下，情况会有所改变。目前有些 EDA 输入工具可以把图形的直观与 HDL 的优势结合起来。如状态图输入的编辑方式，即用图形化状态机输入工具，用图形的方式表示状态图。当填好时钟信号名、状态转换条件、状态机类型等要素后，就可以自动生成 VHDL/Verilog 程序。又如，在原理图输入方式中，连接用 HDL 描述的各个电路模块，直观地表述系统的总体框架，再用自动 HDL 生成工具生成相应的 VHDL 或 Verilog 程序。

总体来看，纯 HDL 输入设计仍然是最基本、最有效和最通用的输入方法。

2. 综合

前面已经对综合的概念做了介绍。一般来说，综合是仅对 HDL 而言的。利用 HDL 综合器对设计进行综合是十分重要的一步，因为综合过程将把软件设计的 HDL 描述与硬件结构挂钩，是将软件转化为硬件电路的关键步骤，是文字描述与硬件实现的一座桥梁。综合就是将电路的高级语言（如行为描述）转换成低级的，可与 FPGA/CPLD 的基本结构相映射的网表文件或程序。当输入的 HDL 文件在 EDA 工具中检测无误后，首先面临的是逻辑综合，因此要求 HDL 源文件中的语句都是可综合的。

在综合后，综合器一般都可以生成一种或多种文件格式网表文件，如 EDIF、VHDL、Verilog、VQM 等标准格式，在这种网表文件中用各自的格式描述电路的结构。如在 VHDL 网表文件采用 VHDL 的语法，用结构描述的风格重新诠释综合后的电路和结构。

整个综合过程就是将设计者在 EDA 平台上编辑输入 HDL 文本、原理图或状态图形描述，依据给定的硬件结构组件和约束控制条件进行编译、优化、转化和综合，最终获得门级电路甚至更底层的电路描述网表文件。由此可见，综合器工作前，必须给定最后实现的硬件结构参数，它的功能就是将软件描述与给定的硬件结构用某种网表文件的方式对应起来，成为相应的映射关系。如果把综合理解为映射过程，那么显然这种映射不是唯一的，并且综合的优化也不是单方向的。为达到速度、面积、性能的要求，往往需要对综合加以约束，称为综合约束。

3．布局布线

布局布线的输入文件是综合后的网表文件，Quartus II 软件中布局布线包含分析布局布线、优化布局布线、增量布局布线和通过反标保留分配等。

4．时序仿真与功能仿真

在编程下载前必须利用 EDA 工具对适配生成的结果进行模拟测试，就是所谓的仿真。仿真就是让计算机根据一定的算法和一定的仿真库对 EDA 设计进行模拟测试，以验证设计，排除错误。仿真是在 EDA 设计过程中的重要步骤。时序与功能门级仿真通常有 PLD 公司的 EDA 开发工具直接提供（当然也可以选用第三方的专业仿真工具），它可以完成两种不同级别的仿真测试：

（1）时序仿真，就是接近真实器件运行特性的仿真，仿真文件中包含了器件硬件特性参数，因而，仿真精度高。但时序仿真的仿真文件必须来自针对具体器件的综合器与适配器。综合后所得的 EDIF、VQM 等网表文件通常作为 FPGA 适配器的输入文件，产生的仿真网表文件中包含了精确的硬件延迟信息。

（2）功能仿真，是直接对 HDL、原理图描述或其他形式的逻辑功能进行测试模拟，以了解其实现的功能是否满足原设计要求。仿真过程不可涉及任何具体器件的硬件特性。甚至不经历综合与适配阶段，在设计项目编辑编译后即可进入门级仿真进行模拟测试。直接进行功能仿真的好处是设计耗时短，对硬件库、综合器等没有任何要求。对于规模比较大的设计项目，综合与适配在计算机上的耗时是十分可观的，如果每一次修改后的模拟都必须进行时序仿真，显然会极大地降低开发效率。因此，通常的做法是，首先进行功能仿真，待确定设计文件所表达的功能接近或满足设计者原有的意图时，即逻辑功能满足要求后，再进行综合、适配和时序仿真，以便把握设计项目在硬件条件下的运行情况。

如果仅限于 Quartus II 本身的仿真器，即使功能仿真，其设计文件也必须是可综合的，且需经历综合器的综合。只有使用 ModelSim 等专业仿真器才能实现对 HDL 设计代码不经综合的直接功能仿真。

5．适配

适配器也称为结构综合器，它的功能是将由综合器产生的网表文件配置于指定的目标器件中，使之产生最终的下载文件，如 SOF、JAM、JEDEC、POF 等格式的文件。适配所选定的目标器件必须属于原综合器指定的目标器件系列。通常，EDA 软件中的综合器可有专业的第三方 EDA 公司提供，而适配器则需由 FPGA/CPLD 供应商提供。因为适配器的适配对象直接与器件的结构细节相对应。

适配器将综合后的网表文件针对某一具体的目标器件进行逻辑映射操作，其中包括底层器件配置、逻辑分割、逻辑优化、逻辑布局布线操作。适配完成后可以利用适配所产生的仿真文件做精确的时序仿真测试，同时产生可用于编程的文件。

6．编程下载

把适配后生成的下载或配置文件，通过编程器或编程电缆向 FPGA 或 CPLD 下载，以便进行硬件调试和验证。通常，将对 CPLD 的下载称为编程，对 FPGA 中的 SRAM 进行直接下载的方式称为配置，但对于反熔丝结构和 Flash 结构的 FPGA 的下载和对 FPGA 的专用配置ROM 的下载仍称为编程。当然也有根据下载方式分类的。

7. 硬件测试

最后是将含有载入了设计文件的 FPGA 或 CPLD 的硬件系统进行统一测试，以便最终验证设计项目在目标系统上的实际工作情况，以排除错误，改进设计。

1.6 Vivado 概述

由于本书给出的实验和设计多是基于 Vivado 的，所以在此对它做一些介绍。

美国 Xilinx（赛灵思）公司是全球领先的可编程逻辑完整解决方案的供应商，研发、制造并销售应用范围广泛的高级集成电路、软件设计工具以及定义系统功能的 IP 核，长期以来一直推动着 FPGA 的发展。

Xilinx 公司于 2012 年发布了新一代 Vivado 集成开发环境，使得新一代 FPGA 的设计环境和设计方法发生了重大变化。Xilinx 公司的 Vivado 设计套件包含了高度集成的设计环境和新一代系统到 IC 级别的工具，这些均建立在共享的可扩展数据模型和通用调试环境基础上。Vivado 设计套件采用了用于快速综合和验证 C 语言算法 IP 的 ESL 设计，实现重用的标准算法和 RTL IP 封装技术，标准 IP 封装和各类系统构建模块的系统集成以提高系统仿真速度。Vivado 工具也可将各类可编程技术结合在一起，扩展实现多达 1 亿个等效ASIC 门的设计。

2014 年年初，Xilinx 新一代 UltraScale 结构的 FPGA 也进入量产阶段。这些都标志着未来在高性能数据处理方面 FPGA 将发挥越来越重要的作用。Xilinx 新一代开发环境 Vivado 突出基于知识产权（Intellectual Property，IP）核的设计方法，更加体现系统级设计的思想，进一步增强了设计者对 FPGA 底层布局和布线的干预能力，以及允许设计者通过选择不同的设计策略，对不同的实现方法进行探索，从中找到最佳的解决方案。这些设计思想和设计方法，大大提高了 FPGA 的设计效率。

1.7 EDA 技术的发展趋势

随着 Xilinx 等公司几十万门规模的 FPGA 的上市，以及大规模的芯片组和高速、高密度印制电路板的应用，EDA 技术在仿真、时序分析、集成电路自动测试、高速印制电路板设计及操作平台的扩展等方面面临着新的巨大挑战。这些就是新一代的 EDA 技术未来的发展趋势。新一代 EDA 技术将向着功能强大、简单易学、使用方便的方向发展。

1. 开发工具的发展趋势

面对当今飞速发展的电子产品市场，电子设计人员需要更加实用、快捷的开发工具，使用统一的集成化设计环境，改变优先考虑具体物理实现方式的传统设计思路，将精力集中到设计构思、方案比较和寻找优化设计等方面，以最快的速度开发出性能优良、质量一流的电子产品。开发工具的发展趋势如下。

（1）具有混合信号处理能力　由于数字电路和模拟电路的不同特性，模拟集成电路EDA工具的发展远远落后于数字电路EDA开发工具。但是，由于物理量本身多以模拟形式存在，实现高性能复杂电子系统的设计必然离不开模拟信号。20世纪90年代以来，EDA工具厂商都比较重视数模混合信号设计工具的开发。美国Cadence、Synopsys等公司开发的EDA工具已经具有了数模混合设计能力，这些EDA开发工具能完成含有模-数转换、数字信号处理、专用集成电路宏单元、数-模转换和各种压控振荡器在内的混合系统设计。

（2）高效的仿真工具　在整个电子系统设计过程中，仿真是花费时间最多的工作，也是占用EDA工具时间最多的一个环节。可以将电子系统设计的仿真过程分为两个阶段：设计前期的系统级仿真和设计过程中的电路级仿真。系统级仿真主要验证系统的功能，如验证设计的有效性等；电路级仿真主要验证系统的性能，决定怎样实现设计，如测试设计的精度、处理和保证设计要求等。要提高仿真的效率，一方面要建立合理的仿真算法；另一方面要更好地解决系统级仿真中系统模型的建模和电路级仿真中电路模型的建模技术。在未来的EDA技术中，仿真工具将有较大的发展空间。

（3）理想的逻辑综合、优化工具　逻辑综合功能是将高层次系统行为设计自动翻译成门级逻辑的电路描述，做到了实际与工艺的独立。优化则是对于上述综合生成的电路网表，根据逻辑方程功能等效的原则，用更小、更快的综合结果替代一些复杂的逻辑电路单元，根据指定目标库映射成新的网表。随着电子系统的集成规模越来越大，几乎不可能直接面向电路图做设计，要将设计者的精力从烦琐的逻辑图设计和分析中转移到设计前期算法开发上。逻辑综合、优化工具就是要把设计者的算法完整高效地生成电路网表。

2. 系统描述方式的发展趋势

（1）描述方式简便化　20世纪80年代，电子设计开始采用新的综合工具，设计工作由逻辑图设计描述转向以各种硬件描述语言为主的编程方式。用硬件描述语言设计，更接近系统行为描述，且便于综合，更适于传递和修改设计信息，还可以建立独立于工艺的设计文件；不便之处是不太直观，要求设计师具有硬件语言描述能力，但是编程能力需要长时间的培养。

到了20世纪90年代，一些EDA公司相继推出了一批图形化的设计输入工具。这些输入工具允许设计师用他们最方便并熟悉的设计方式（如框图、状态图、真值表和逻辑方程）建立设计文件，然后用EDA工具自动生成综合所需的硬件描述语言文件。图形化的描述方式具有简单直观、容易掌握的优点，是未来主要的发展趋势。

（2）描述语言高效化和统一化　C/C++语言是软件工程师在开发商业软件时的标准语言，也是使用最为广泛的高级语言。许多公司已经提出了不少方案，尝试在C语言的基础上设计下一代硬件描述语言。随着算法描述抽象层次的提高，使用C/C++语言设计系统的优势将更加明显，设计者可以快速而简洁地构建功能函数，通过标准库和函数调用技术，创建更庞大、更复杂和更高速的系统。

但是，目前的C/C++语言描述方式与硬件描述语言之间还有一段距离，还有待于更多EDA软件厂家和可编程逻辑器件公司的支持。随着EDA技术的不断成熟，软件和硬件的概念将日益模糊，使用单一的高级语言直接设计整个系统将是一个统一化的发展趋势。

● **本章小结**

　　本章主要讲述了 EDA 技术及其重要性，EDA 包含的知识体系结构，如 HDL、EDA 的工作软件等，比较了传统电子设计方法与 EDA 技术各自的特点。同时对 EDA 技术的发展历程、特点和优势，以及利用 EDA 进行工程设计的流程进行简要介绍。

　　EDA 技术是以计算机为工作平台，以 HDL 为逻辑描述的表达方式，以 EDA 工具软件为开发环境，以 FPGA/CPLD 为设计载体，以 ASIC、SoC 芯片为目标器件，以电子系统设计为应用方向的电子产品自动化设计过程。EDA 技术是现代电子设计技术的发展方向和核心，其内容丰富，涉及广泛，从教学和应用的角度出发，应掌握以下几个方面的知识点：掌握 EDA 工具概念和发展历程；了解 EDA 技术的主要应用领域；掌握 EDA 工具的设计流程；了解常用的 EDA 集成开发环境；掌握 EDA 的学习重点和学习方法。

● **习　　题**

　　1.1　简述 EDA 技术的发展历程。
　　1.2　EDA 技术与 ASIC 设计和 FPGA 开发有什么关系？
　　1.3　与软件描述语言相比，VHDL 有什么特点？
　　1.4　EDA 设计流程包含哪几个步骤？
　　1.5　EDA 设计工具有哪些主要模块？
　　1.6　简述在 EDA 技术中，自顶向下的设计方法的优点。
　　1.7　简述 IP 在 EDA 技术的应用和发展中所起的作用。

第 2 章
CPLD与FPGA的结构原理

可编程逻辑器件与 EDA 技术的结合，改变了现代电子系统的设计方式。随着微电子技术的发展，单片集成电路的集成度越来越高，这也使得 PLD 的内部结构越来越复杂。现在的 PLD 内部的功能模块越来越丰富，具备了传统的 PLD 所没有的片内存储器（ROM 和 RAM）、锁相环（PLL）、数字信号处理（DSP）、定时器、嵌入式微处理器（CPU）等模块。所以，了解和掌握 PLD 的内部结构和工作原理变得比较困难。但是由于 EDA 软件已经发展到相当完善，用户可以在不必详细了解 PLD 内部结构的情况下，使用原理图输入或 HDL 语言等方法来完成自己的 PLD 设计。对于初学者，应该了解 PLD 开发软件和开发流程，不过了解 PLD 的内部结构，可以让我们合理地使用其内部功能模块和布线资源，有助于提高设计的效率和可靠性。

2.1　PLD 概述

可编程逻辑器件（Programmable Logic Device，PLD）是一种半定制集成电路，用户可以通过编程实现自己所需要的功能。PLD 是现代数字电子系统向着超高集成度、超低功耗、超小型封装和专用化方向发展的重要基础。对于 PLD，设计人员可利用价格低廉的软件工具快速开发、仿真和测试其设计。然后，可快速将设计编程到器件中，并立即在实际运行的电路中对设计进行测试。

2.1.1　PLD 入门

PLD 采用的是 CMOS 工艺，其内部集成了大量功能独立的分立元件，它们可以是基本逻辑门、由基本逻辑门构成的宏单元，以及与阵列、或阵列等。依据不同需求，芯片内元件的种类、数量可以有不同的设置。此外，芯片内还有大量可配置的连线，在器件出厂时，芯片内的各个元件、单元相互间没有连接，芯片暂不具有任何逻辑功能。芯片内的各个元件、单元如何连接，由用户根据自身设计的电路功能要求通过计算机编程决定。

从 20 世纪 70 年代发展起来的 PLD 经历了从低密度的 PLD 到逻辑规模较大的高密度 PLD 的发展历程。在此发展历程当中，PLD 产生了多种结构，形成了不同的产品。

20 世纪 70 年代，采用熔丝编程的只读存储器（Programmable Read—Only Memories，PROM）和可编程逻辑阵列（Programmable Logic Array，PLA）可以称作是最早的 PLD，它可以根据用户的需要写入相应的信息来完成一定的逻辑功能。

20 世纪 70 年代末，AMD 公司推出了可编程逻辑器件（Programmable Array Logic，PAL），并对 PLA 器件进行了改进。

20 世纪 80 年代初，Lattice 公司推出了另外一种新型的可编程逻辑器件（Generic—

Programmable Array Logic，GAL），采用了电可擦写工艺，克服了 PAL 器件存在的缺点，应用起来更加灵活和方便。

1985 年，美国 Xilinx 公司首家推出的一种新型的可编程逻辑器件（Field Programmable Gate Array，FPGA）。1986 年，Altera 公司推出了一种新型可擦除、可编程的逻辑器件（Erasable Programmable Logic Device，EPLD），可以用紫外线或电擦除。

20 世纪 80 年代末，Lattice 公司又提出了在系统可编程技术（In System Programmable，ISP）技术，与此同时，Lattice 公司推出了一系列具备在系统可编程能力的 CPLD 器件，使 CPLD 的应用领域得到了巨大的扩展。

20 世纪 90 年代后，由于半导体工艺的发展，PLD 飞速发展，以 FPGA 和 CPLD 为代表的 PLD 不断涌现。目前 PLD 的规模越来越大、速度越来越快、电路结构越来越灵活，并且出现了集成了微处理器、数字信号处理单元和存储器等的内嵌复杂功能块的 PLD。PLD 的发展使得一个数字系统已经可以装配在一块 PLD 芯片上，即所谓的片上系统 SoC。

PLD 的出现和发展大大改变了传统的系统设计方法，这种方法使得电子系统设计变得更加简单方便、灵活快速。因此，掌握可编程逻辑器件和相应的设计技术已经成为从事电子系统设计的设计工程师和科研人员的一项重要设计手段和技能。

2.1.2　常见的 PLD

目前生产 PLD 的厂家有很多，其中主要包括 Xilinx、Altera、Lattice、Atmel、Actel、AMD、Intel 等。各个厂家又有不同的系列和产品名称，器件的种类和分类更是大不相同。常见的分类方式有按互连结构分类、按编程工艺分类、按器件结构分类、按集成度分类。

1. 按互连结构分类

PLD 按照互连结构分类可以分为确定型 PLD 和统计型 PLD。确定型 PLD 是指互连结构每次用相同的互连线来实现布线，所以线路的时延是可以预测的。包括简单的 PLD 器件和 CPLD 器件。目前除了 FPGA 以外的器件，基本上都属于这一类结构。统计型 PLD 是指设计系统每次执行相同的功能，但是却能给出不同的布线模式，我们无法预知确切的线路时延，统计型 PLD 的代表是 FPGA。

2. 按编程工艺分类

由于 PLD 在编程工艺上存在很大差别，所以可以按照编程工艺划分为以下几类。

熔丝开关是最早的可编程元件，由熔断丝组成，根据设计的熔丝图的文件来烧断对应的熔丝，达到编程的目的。

反熔丝型技术是对熔丝技术的改进，编程时，在需要连接处的反熔丝开关元件两端加上编程电压，反熔丝将由高阻抗变为低阻抗，实现两点间的连接，编程后器件内的反熔丝模式决定了相应器件的逻辑功能。

以上两种结构在进行编程后不能修改，只能进行一次编程，因此又被称为一次可编程 OTP（One Time Programmable，OTP）器件。熔丝型器件的缺点是占用面积大、要求大电流、难于测试。

UEPROM 型器件又被称为紫外线擦除/电可编程器件。使用者需要用较高的编程电压进行编程，当需要进行再次编程时，可以利用紫外线对其进行擦除。因此，UEPROM 型器件可以进行多次编程。

E²PROM 编程器件又被称为电可擦写编程器件，可以采用电擦除，而不再需要紫外线对其进行擦除。

SRAM 型器件又被称为 SRAM 查找表结构的器件。SRAM 型器件使用静态存储器 SRAM 存储配置数据，这种 SRAM 配置存储器具有很强的抗干扰能力，每次掉电后配置的存储数据会消失，在每次上电后又会重新进行配置。

3. 按器件结构分类

PLD 按照与阵列和或阵列的编程情况可以将可编程逻辑器件分成以下 4 类。

第一类是与阵列固定、或阵列可编程的 PLD，其中以可编程只读存储器 PROM 为代表。可编程只读存储器 PROM 是组合逻辑阵列，它包含一个固定的与阵列和一个可编程的或阵列。

第二类是与阵列和或阵列都可以进行编程的 PLD，其中以 PLA 作为这类可编程逻辑器件的代表。与 PROM 相同的是，PLA 也是组合型逻辑阵列，但是 PLA 的两个逻辑阵列均可以进行编程。

第三类是与阵列可编程、或阵列固定的 PLD，其中以 PAL 作为这类 PLD 的代表。

第四类是具有可编程输出逻辑宏单元的通用 PLD，以通用型可编程阵列逻辑 GAL 器件为主要代表。

4. 按集成度分类

如果从集成度上分类，可以分为低密度 PLD（LDPLD）和高密度 PLD（HDPLD），如图 2.1 所示。通常，当 PLD 中集成度不超过 500 门时，则认为它是低密度 PLD，反之则为高密度 PLD。依照这个标准，PROM、PLA、PAL 和 GAL 器件属于低密度 PLD，而 EPLD、CPLD 和 FPGA 属于高密度 PLD。

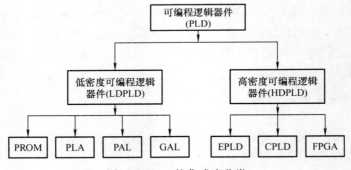

图 2.1　PLD 按集成度分类

2.1.3　PLD 的优点

尽管 PLD 在制作工艺、结构和性能等方面存在很大的不同之处，但是它们都是由用户通过编程来决定其最终功能的逻辑器件。随着科技的不断发展和制作工艺的不断进步，PLD 在性能上有了巨大地提升。PLD 的出现和发展使得传统的电子系统设计方法得以改变，并在现代电子系统的设计当中发挥着重要的作用。由于 PLD 自身的特点，所以它具有不同于固定逻辑器件的优点。

1. 研制周期短

对于固定逻辑器件，设计人员根据器件复杂性的不同，从设计、原型到最终生产所需要的时间可从数月至 1 年多不等。如果器件工作不符合要求，或者应用要求发生了变化，那么开发者需要重新开发全新的设计。而对于 PLD，设计人员可利用价格低廉的软件工具快速开发、仿真和测试其设计，这使得 PLD 的设计非常便捷，能够在短时间内达到我们的编程目标，从而缩短了产品的研制周期。

2. 设计成本低

固定逻辑器件在从芯片制造厂制造出来以前，客户需要投入的所有成本，这些成本包括工程资源、昂贵的软件设计工具、用来制造芯片不同金属层的昂贵光刻掩膜组，以及初始原型器件的生产成本。这些费用动辄数万元，并且只有在生产批量很大的情况下才有价值。在生产时，如果器件工作不符合要求或者应用要求发生变化，那么会产生巨额的损失。相比较而言，如果采用 PLD，设计者可快速将设计编程到器件中，并立即在实际运行的电路中对设计进行测试，从而降低了投资风险。在设计阶段，设计者可以根据客户的需求通过编程修改电路，直到对设计工作感到满意为止。一旦设计完成，便能立即进行生产，这也比采用固定逻辑器件的成本要低。

3. 设计具有灵活性

PLD 在设计过程中具有很大的灵活性，因为对于 PLD 的设计者来说，设计者只需要反复地对编程文件进行简单的修改就可以了，而且设计改变的结果可立即在工作器件中看到，因此设计者可以及时发现设计当中的问题，便于设计者对设计进行完善。事实上，由于有了 PLD，设计者甚至可以为已经安装在现场的产品增加新功能或者进行升级。要实现这一点，只需要通过因特网将新的编程文件下载到 PLD 当中就可以在系统中创建出新的硬件逻辑。

2.1.4　PLD 的发展趋势

随着市场对大量精密但相对成本较低的终端产品的需求日益增加，设计工程师需要利用速度更快、密度更高和相对更经济的 IC 产品，这使得 PLD 在现代电子系统设计当中的位置越来越重要。在未来的发展当中，PLD 主要朝着以下几个方向发展。

1. 高密度、低压、低功耗

由于当今社会对便携式应用产品的需求越来越大，对 PLD 的高密度、低压、低功耗要求越来越高。随着集成电路制造技术的不断发展，PLD 已经从最初的几百门发展到了现在的几百万门，而且 PLD 还在不断地向着更高密度的水平发展。伴随着节能潮流的兴起，很多公司也把降低功耗作为产品设计的目标。如 Xilinx 公司把越来越多的硬核加入到 FPGA 之中，以此来改进 PLD 的性能，从而提高速度、降低功耗。

2. IP 内核库更完善，IP 内核的重用更加成熟

由于通信系统越来越复杂，PLD 的设计也越来越复杂，这要求 IP 库的资源能够高效地完成复杂片上系统设计，因此就要求 IP 核进一步的完善。而 IP 内核的重用又是 SOPC 发展的重要条件，IP 内核丰富与重用是以后 PLD 追求的一个目标。

3. 向系统可重构的方向发展

系统内可重构是指可编程 ASIC 在置入用户系统后仍可以具有改变内部功能的能力。我们可以像软件那样通过编程来改变系统内部的硬件功能，这样便会使得电子系统的设计和升级变得非常简单，进一步增强了电子系统的灵活性和适应性，从而给现代复杂的电子系统设计和实现提供更加便利的途径。

4. 向高速可预测延时器件的方向发展

随着信息化的到来，现代电子系统需要处理越来越多的数据，这就要求数字系统需要具备大的数据吞吐量和高速数据处理能力。只有具备高速的硬件系统和高速的系统时钟，电子系统才能完成对多媒体数字图像的处理。因此，PLD 朝着高速发展是必然的趋势。又因为用户在进行系统重构时，可能会因为重新布线而导致系统的延时特性发生改变，从而造成重构后的系统不稳定，而不稳定的系统带来的损失也是无法想象的，所以为了保证高速系统的稳定性，PLD 的延时预测性也是十分重要的。

5. 向混合编程技术发展

自 PLD 发展以来，有关 PLD 的研究和开发大部分都是针对数字逻辑电路，在未来几年这一局面将有所改变，模拟电路和数模混合电路的可编程技术将得到进一步的发展。将系统可编程模拟技术引进模拟电路的应用领域，为现代电路与系统的设计开拓了更为广阔的前景。与实现逻辑功能的数字在系统可编程大规模集成电路一样，设计者通过使用电子设计自动化软件在计算机上设计、修改模拟电路、进行电路特性的仿真，最后将编程文件下载到芯片当中。PLD 的出现节省了试验和开发的时间，提高了设计的效率，使得模拟电子系统的设计和数字系统的设计变得一样简便，将成为今后模拟电子电路设计的一个发展方向。

2.2　简单 PLD 的结构原理

简单的 PLD（SPLD）主要包括 PROM、PLA、PAL 和 GAL 等早期出现的一些低密度 PLD，这些逻辑器件的主要特点是易于编程，对开发软件的要求低，逻辑规模比较小，在 20 世纪 80 年代得到了广泛的应用。

PLD 的基本结构是由与阵列、或阵列、输入电路和输出电路组成，如图 2.2 所示。其中，与阵列和或阵列是电路的主体，主要用来实现组合逻辑函数。输入电路主要是对输入信号进行预处理，输入电路使输入信号具有足够的驱动能力，并产生互补输入信号。输出电路主要用来对输出信号进行处理，它可以提供不同的输出方式。

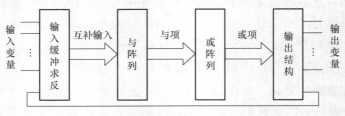

图 2.2　PLD 的基本结构

2.2.1 逻辑符号表示方法

为了更为方便地介绍简单 PLD 器件的结构原理，我们首先了解一些常用的电路符号。由于 PLD 的特殊结构，表示内部结构的符号和通用的逻辑门符号之间存在一定的差别。基于 PLD 电路设计的需要，我们分别来介绍输入互补缓冲器电路符号、与门的表示方法以及或门的表示方法。在 PLD 电路设计中，存在 3 种连接表示方法，用于表示固定连接、编程连接和没有连接，若列线与行线相交的交叉处有"·"，表示有一个耦合元件固定连接（即不可编程）；若有"×"，则表示是编程连接（即可编程）；若交叉处无标记，则表示没有进行连接，如图 2.3 所示。

图 2.4 所示是 PLD 电路中最简单和常用的输入互补缓冲器电路符号，输入信号 A 经过输入缓冲电路后，提供原始变量 B 和反变量 C。

固定连接　　编程连接　　没有连接

图 2.3　电路连接表示　　　　　　　图 2.4　PLD 的互补缓冲器

与门的输出称为乘积项，图 2.5 中与门输出为 $P = ABD$。

或门也可以采用类似的方法表示，也可以采用传统的方法表示，图 2.6 中的或门输出为 $Y = P_1 + P_3 + P_4$。

图 2.5　与门的表示方法　　　　　　图 2.6　或门的表示方法

2.2.2 PROM 的结构原理

可编程只读存储器是 20 世纪 70 年代初期出现的第一代 PLD，它除了可以用作只读存储器，也可以用作 PLD 使用。

PROM 的内部结构由固定的与阵列和可编程的或阵列组成。在 PROM 基础上，先后出现了紫外线擦除可编程只读存储器 EPROM 和电擦写可编程只读存储器 E^2PROM。

PROM 作为 PLD 阵列时其逻辑阵列如图 2.7 所示。A_0、A_1、A_2 是输入信号，经过输入缓冲电路，产生互补信号。PROM 经过 8 个不可编程的与阵列分别产生 A_0、A_1、A_2 最小项，然后再经过可编程的或阵列选择需要的最小项进行或运算。例如要实现 $F_1 = A_0A_2$，则经过编程的 PROM 结构如图 2.8 所示。

若 PROM 有 n 个输入变量，则 PROM 会产生 2^n 个最小项（乘积项），随着输入变量的增加，PROM 阵列的规模按 2 的幂次增加。因此 PROM 受到结构的限制，多输入变量的组合逻辑函数不适合用单个 PROM 来编程表达。

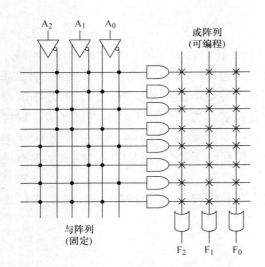

图 2.7　PROM 阵列结构

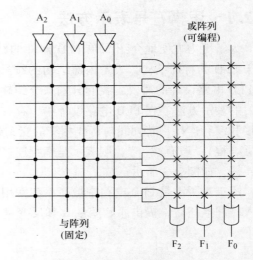

图 2.8　用 PROM 实现组合逻辑功能

2.2.3　PLA 的结构原理

用 PROM 实现组合逻辑函数，输入变量的增加会引起存储容量的增加，芯片的利用率大大降低。因此，在 PROM 等 PLD 器件以后，出现了结构更加灵活的可编程逻辑器件，产品主要是可编程逻辑阵列（Programmable Logic Array，PLA）。PLA 对 PROM 进行了改进，能够完成各种数字逻辑功能。

与 PROM 不同，PLA 的与阵列和或阵列都可以编程，PLA 的阵列结构如图 2.9 所示。PLA 使用时需要有逻辑函数的最简与或表达式，虽然这使得芯片的利用率很高，但是对于多输出函数需要提取、利用公共的与项，涉及的软件算法比较复杂，尤其对多输入多输出逻辑函数的处理上就更加困难。除此之外，由于 PLA 的两个阵列均需要编程，将不可避免地使编程后器件的运行速度降低，因此，受到限制的 PLA 只可以在小规模逻辑上应用。如今，PLA 的芯片已经被淘汰了，但在全定制 ASIC 设计中仍然借鉴其面积利用率较高的优势，逻辑函数的化简则由设计者手工完成。

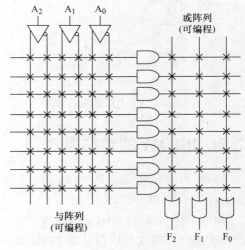

图 2.9　PLA 的阵列结构

2.2.4　PAL 的结构原理

虽然 PLA 的芯片利用率很高，但是其与阵列和或阵列都可以编程的特点造成软件算法过于复杂，运行速度慢。人们在 PLA 之后又推出了可编程阵列逻辑（Programmable Array Logic，PAL）。与 PLA 的结构相似，PAL 的结构中也包含与阵列、或阵列，不同的是 PAL 的或阵列是固定的，与阵列是可编程的。PAL 的阵列结构如图 2.10 所示。

1. PAL器件的基本结构

PAL的与阵列可编程、或阵列的固定结构，避免了PLA存在的一些问题，大大简化了设计的算法，运行速度得到了提高。PAL的阵列结构使得送到或门的乘积项数目是固定的，这不但大大简化了设计的算法，也使得单输出的乘积项数有限。

与阵列和或阵列只能实现组合逻辑电路，而对于时序电路却无能为力。因为时序电路是由组合电路以及存储单元（锁存器、触发器等）构成，所以我们只要在已经解决的组合电路部分之上加上锁存器和触发器等就可以实现时序电路。因此，PAL在输出电路部分增加了寄存器单元用于完成时序电路功能。

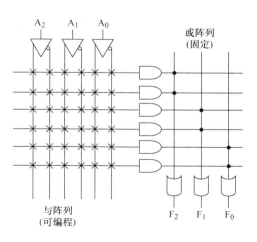

图2.10 PAL的阵列结构

PAL器件是在PLA器件之后第一个具有典型实际意义的可编程逻辑器件。PAL和SSI（Small-Scale Integration）、MSI（Middle-Scale Integration）通用标准器件相比具有以下优点：

（1）提高了功能密度，节省了空间。通用一片PAL可以代替4~12片SSI或2~4片MSI。

（2）提高了设计的灵活性，并且编程和使用都比较方便。

（3）在器件中加入了上电复位功能和加密功能，可以防止非法复制。

不同型号的PAL具有不同的I/O结构，因此，PAL的应用设计者在设计不同功能的电路时，需要根据功能的不同来选择不同I/O结构的PAL，这种情况使得PAL的生产和使用很不方便。此外，PAL采用熔丝编程技术的工艺进行生产，只可以进行一次编程，使得修改很不方便。现在PAL芯片在实际应用当中已经遭到淘汰，在中小规模的应用中，取而代之的是GAL。

一般PAL器件具有固定的输出和反馈结构，不同型号的PAL器件有不同的输出和反馈结构，可以适用于各种组合逻辑电路和时序逻辑电路的设计。

2. PAL器件输出和反馈结构

PAL器件根据输出及反馈电路的结构可分为几种基本类型，即专用输出的基本门阵列结构、可编程I/O结构、寄存（时序）输出结构、"异或"结构和算术选通反馈结构。

（1）专用输出的基本门阵列结构 专用输出结构如图2.11所示，组合逻辑宜采用这种结构。图中的输出部分采用"或非"门，因而也被称为低电平有效器件；若输出采用"或"门，则称为高电平有效器件；若将输出部分的"或非"门改为互补输出的"或"门，则称为互补输出器件。PAL器件输出高电平有效，记号为H，输出低电平有效，记号为L；互补输出，记号为C。

在目前常见的PAL器件当中，PAL10H8和PAL14H4为"或"门输出结构，PAL10L8和PAL10L4为"或非"门输出结构，PAL16C1为互补输出结构。

（2）可编程I/O结构 异步可编程I/O结构如图2.12所示。该电路的"或"门将7个乘积项相加，器件输出通过一个三态缓冲器接I/O端。三态缓冲器的控制端由最上面一个"与"门来控制。当这个"与"门输出为'1'时，三态门被选通，"或"门的输出可以通过缓冲器输出，此时的I/O端口作为输出端用，并利用其下方的缓冲器将输出信号反馈到

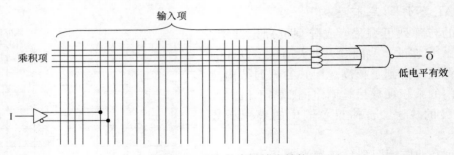

图 2.11　PAL 的专用输出结构

"与"阵列；当"与"门输出作为'0'时，三态门禁止，即成高阻状态，此时的 I/O 端口只能作为输入端用，外部信号可以通过下面的缓冲器输入到"与"阵列。因此这种结构的引脚既可以作为输出用，又可以作为输入用。另外，在一个 PAL 器件中，两组"与"门的最上面"与"门的输出不一定相同，从而输出函数在时间上可能不一致，此性能称为"异步"。

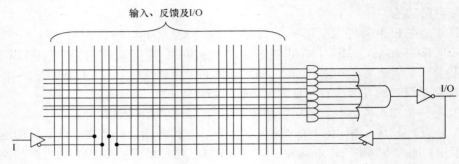

图 2.12　异步可编程 I/O 结构

目前具有可编程 I/O 结构的 PAL 主要有 PAL16L8、PAL20L10 等。

（3）寄存（时序）输出结构　寄存（时序）输出结构如图 2.13 所示。这种结构的 PAL 适用于时序电路，与组合输出结构不同的是："或"门输出到后面一个 D 触发器（上升沿触发），未直接送回"与"阵列。当系统时钟上升沿到来时，"或"门的输出存入 D 触发器，D 触发器的 Q 端通过三态缓冲器到达输出端，输出端又通过下方的缓冲器反馈到"与"门阵列，这样就使得 PAL 能记忆原先的状态，从而实现时序逻辑功能。另外，该结构中的 D 触发器受系统时钟控制，三态缓冲器受同一系统使能信号控制，所以这种结构容易实现同步逻辑。

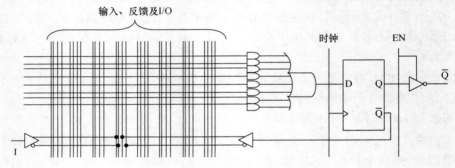

图 2.13　寄存（时序）输出结构

具有这种结构的 PAL 主要有 PAL16R8、PAL16R6、PAL16R4 等。PAL16R8 中 8 个输出端都为寄存器型，不含组合输出结构，8 个寄存器输出端同步，属于 Moore 型电路。PAL16R6 中的中间 6 个输出端口属于寄存器结构，因此这 6 个输出端同步，而上下两个输出为组合型，这样 PAL16R6 中既有组合输出结构，又有时序输出结构，可实现 Mealy 型时序逻辑。

（4）"异或"结构 "异或"结构如图 2.14 所示。它的特点是把乘积项分成两个和项，并在寄存器型的基础上增加了一个"异或"门。两个和项经过"异或"门进行"异或"（XOR）运算后，在系统时钟的上升沿时存入 D 触发器，再从 Q 端经三态缓冲输出。

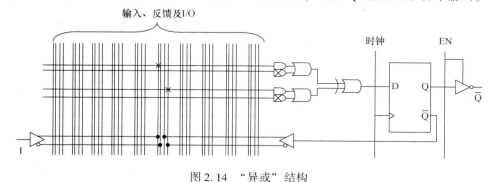

图 2.14 "异或"结构

属于"异或"输出结构的 PAL 主要有 PAL20X4、PAL20X8、PAL20X10 等。用这种结构的 PAL 可以很方便地实现计数器等。

（5）算术选通反馈结构 算术选通反馈结构如图 2.15 所示。这种结构是在"异或"结构的基础上加入反馈选通电路。该电路可以对反馈信号 A 和输入信号 B 进行逻辑运算，产生 4 种不同形式的"或"门输出分别为（A + B）、（A + $\bar{B}$）、（$\bar{A}$ + B）和（$\bar{A}$ + $\bar{B}$），把这 4 种逻辑的结果送到"与"阵列中，使得"与"阵列中的输入含有"或"运算因子，最后通过"与"阵列的编程，可以获得 16 种可能的逻辑组合。图 2.16 表示如何对 PAL 的门阵列编程，以获得 16 种可能的值。

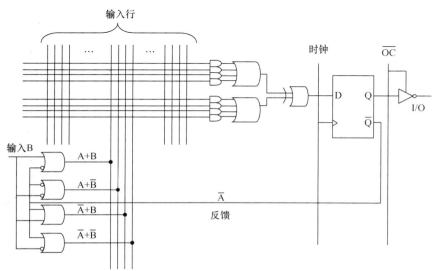

图 2.15 算术选通反馈结构

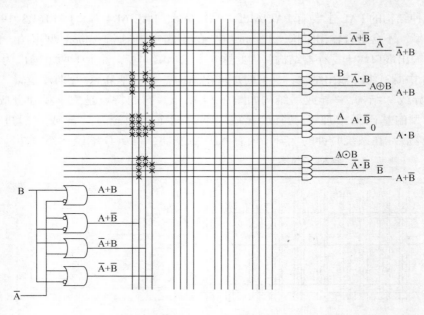

图 2.16 算术选通电路

算术选通反馈结构的 PAL 器件对实现快速算术操作（如加、减、大于、小于等）很方便。典型的产品有 PAL16A4（8 个输入、4 个寄存器输出、4 个可编程 I/O 输出、4 个反馈输入、4 个算术选通反馈输入）。此外，PAL 还有乘积项公用输出型，宏单元输出型等输出电路结构类型。

3. PAL 器件的命名符号

图 2.17 所示为典型 PAL 器件的符号，各个符号代表着不同的意义：

① 生产厂家对 PAL 器件的命名，前面一半还有厂家的标志。

$$\underline{\text{PAL}}_{①} \quad \underline{\text{C}}_{②} \quad \underline{16}_{③} \quad \underline{\text{R}}_{④} \quad \underline{8}_{⑤} \quad \underline{\times\times\times\times}_{⑥}$$

图 2.17 典型 PAL 器件的符号

② 代表制造工艺：空白代表 TTL，C 代表 CMOS。

③ 代表 PAL 器件的最大阵列输入数。

④ 代表输出电路类型，如 H 代表高电平输出有效；R 代表带寄存器输出。

⑤ 代表最大的组合输出端数目或最大的寄存器数目。

⑥ 表示器件功耗级别、速度等级、封装形式等信息。

4. PAL 器件编号

一般 PAL 器件根据输入输出端口数以及输出结构进行编号，根据 PAL 器件编号的输出结构代码，就可以确定 PAL 器件的输出结构特性。表 2.1 列出了常用的 PAL 器件编号。例如，编号为 PAL16L8 表示该 PAL 器件有 16 个输入端和 8 个输出端的可编程逻辑输入输出组合型，并且为输出端口低电平有效。在有些结构复杂的器件中，还可以采用复合表示法。例如，PAL22RXP10 表示为带有"异或"结构的寄存器输出器件，并且输出极性可编程。

表 2.1 常用的 PAL 器件编号

结 构 代 码	含 义	器 件 编 号
H	高电平输出有效	PAL10H8
L	低电平输出有效	PAL16L8
P	输出极性可编程	PAL16P8
C	互补输出	PAL16C1
X	带"异或"门输出或算术选通反馈	PAL20X10，PAL16X4
R	带寄存器输出	PAL16R8
S	带乘积项公用	PAL20S10
V	单元乘积项数目不同或宏单元输出	PALCE16V8
RA	带异步寄存器输出	PAL16RA8
MA	带异步宏单元	PALCE29MA16

2.2.5 GAL 的结构原理

1985 年，在 PAL 的基础上，Lattice 公司设计出了通用阵列逻辑器件（Generic Array Logic，GAL）。GAL 在 PAL 之上主要进行了两点改进。首先，GAL 采用了 E^2PROM 工艺，具有电可擦除重复编程的特点，从根本上解决了熔丝型可编程逻辑器件一次可编程的问题；其次，GAL 对输出 I/O 结构做了很大的改进，其输出部分增加了输出逻辑宏单元（Output Logic Macro Cell，OLMC）。OLMC 设有多种组态，可以配置成为专用组合输出、专用输入、组合双向口，寄存器输出、寄存器输出双向口等，为逻辑电路设计提供了极大的灵活性。

OLMC 作为一种灵活的、可编程的输出结构主要由 1 个或门、1 个异或门，1 个 D 触发器和 4 个数据选择器（MUX）组成。或门有 8 个输入端，可以对 8 个乘积项进行或运算；异或门可以对输出的极性进行选择；D 触发器主要用于存储输出状态和实现时序逻辑功能；数据选择器分别为乘积项选择器（PTMUX）、三态缓冲器使能信号选择器（TSMUX）、输出类型选择器（OMUX）和反馈源选择器（FMUX）。因此，OLMC 可以通过不同的选择方式产生不同类型的输出结构。

1. GAL 的基本结构

GAL 器件具有基本相同的电路结构，图 2.18 所示为型号为 GAL16V8 器件的结构图。此器件包含了可编程的与阵列、输入三态缓冲器、输出三态缓冲器、输出逻辑宏单元 OLMC、输出反馈/输入缓冲器。其中，与阵列由 8×8 个与门构成，每个与门有 32 个输入端；一个与门对应一个乘积项，共可形成 64 个乘积项；输入三态缓冲器和输出三态缓冲器都有 8 个缓冲器；输出反馈/输入缓冲器也有 8 个缓冲器，分别与 8 个输出逻辑宏单元 OLMC 相连。其中，在此结构中，还包括系统时钟和三态输出选通信号 OE 的输入缓冲器。

在 GAL16V8 中，除了 8 个引脚（2～9）固定作为输入外，它还可能有其他 8 个引脚（1、11、12、13、14、17、18、19）配置成输入模式，此时只能有两个引脚（15、16）作为输出。因此，这类芯片最多可有 16 个引脚作为输入引脚，而输出引脚最多为 8 个（12～19），这就是 GAL16V8 中 16 和 8 这两个数字的含义。

由于 GAL 是在 PAL 基础上设计的，与很多 PAL 器件保持兼容性，一个 GAL 器件能替代多片 PAL 器件，大大方便了应用厂商对现有的产品进行升级，因此，GAL 器件目前仍然被使用。

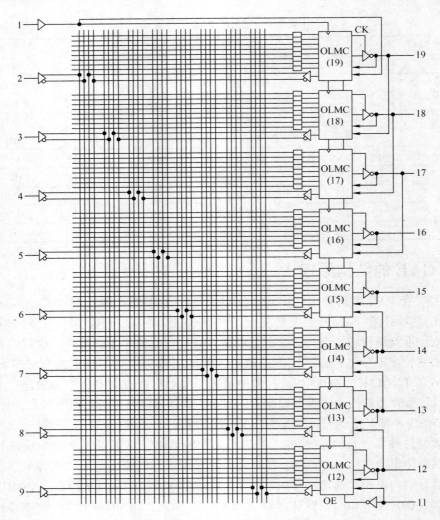

图 2.18　GAL16V8 器件的结构图

2. 输出逻辑宏单元

具有输出逻辑宏单元（OLMC）是 GAL 器件的一大特点。分析和讨论 OLMC 如何配置将有助于更加深刻地理解 GAL 器件。应当指出的是，OLMC 配置的具体实现是由开发工具和软件完成的，并对用户是完全透明的。OLMC 的内部结构如图 2.19 所示。

每个 OLMC 包含"或"门阵列中的 1 个"或"门。1 个"或"门有 8 个输入端，和来自"与"阵列的 8 个乘积项（PT）相对应。其中 7 个直接相连，第一个乘积项与 PTMUX 相连，"或"门输出为有关乘积项之和。"异或"门用于控制输出函数的极性。当结构控制字中 XOR（n）字段为 1 时，"异或"门的输出和"或"门的输出相反。XOR（n）是控制字的一位，n 为引脚号。D 触发器（寄存器）对"异或"门的输出状态起记忆（存储）作用，使 GAL 适用于时序逻辑电路。4 个多路开关（MUX）在结构控制字段作用下设定输出逻辑宏单元的组态。其作用分别为：

（1）乘积项数据选择器（PTMUX）也是一个二选一数据选择器。它根据结果控制字中的 AC0 和 AC1（n）字段的状态决定来自"与"逻辑阵列的第一个乘积项是否作为"或"

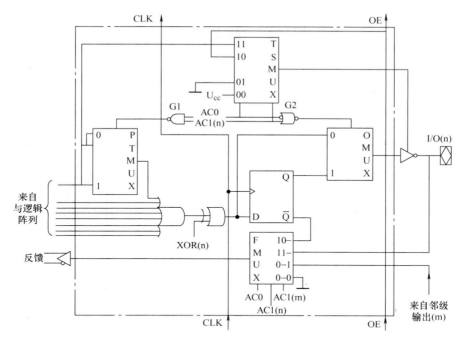

图 2.19　OLMC 的内部结构

门的第一个输入。当 ACOAC1 （n） =00、01 或 10 时，G1 门输出为'1'，第一个乘积项作为"或"门的第一个输入；当 ACOAC1 （n） =11 时，G1 门输出为'0'，第一个乘积项不作为"或"门的第一个输入。

（2）输出数据选择器（OMUX）是一个二选一数据选择器。它根据结构控制字中的 AC0 和 AC1 （n） 字段的状态决定 OLMC 是组合输出模式还是寄存器输出模式。当 ACOAC1 （n） =00、01 或 11 时，G2 门输出为'0'，"异或"门输出的"与-或"逻辑函数经输出数据选择器的'0'输入端，直接送到输出三态缓冲寄存器；当 ACOAC1 （n） =10 时，G2 门输出为'1'，"异或"门输出的"与-或"逻辑函数寄存在 D 触发器中，其 Q 端输出的寄存器型结果送到输出数据选择器（OMUX）的'1'输入端后，再送到输出三态缓冲器。

（3）三态数据选择器（TSMUX）是一个四选一数据选择器。它的输出是输出三态缓冲器的控制信号。换言之，输出数据选择器（OMUX）的结果能否出现在 OLMC 的输出端，是由 TSMUX 的输出来决定的。从图中可以看出。AC0、AC1 （n） 是 TSMUX 的地址输入信号，Ucc、地、OE 和来自"与"逻辑阵列的第一个乘积项是 TSMUX 的数据输入信号。它们之间的关系见表 2.2。

表 2.2　TSMUX 的控制功能表

AC0	AC1 （n）	TSMUX 输出	输出三态缓冲器的工作状态
0	0	U_{cc}	工作态
0	1	地	高阻态
1	0	OE	OE =1 时，为工作态 OE =0 时，为高阻态
1	1	第一个乘积项	第一个乘积项 =1 时，为工作态 第一个乘积项 =0 时，为高阻态

（4）反馈数据选择器（FMUX）是一个八选一数据选择器。它的地址输入信号是 AC0、AC1（n）、AC1（m）（n 表示本级 OLMC 编号，m 表示邻级 OLMC 编号）；它的数据输入信号只有 4 个，分别是：地、邻级 OLMC 输出、本级 OLMC 输出和 D 触发器的输出 $\overline{Q}$ 端。显然，它的作用是根据 AC0、AC1（n）、AC1（m）的状态，在 4 个数据输入信号中选择其中一个作为反馈信号接回到"与"逻辑阵列中。FMUX 的控制功能见表 2.3。

表 2.3 FMUX 的控制功能表

AC0	AC1（n）	AC1（m）	反馈信号
1	0	×	本级 D 触发器 $\overline{Q}$ 端
1	1	×	本级 OLMC 输出
0	×	1	邻级 OLMC 输出
0	×	0	地

3. 结构控制字

GAL16V8 器件的各种配置是由结构控制字来控制的。GAL 的结构控制字共 82 位，每位取值为'1'或'0'，如图 2.20 所示。图中 XOR（n）和 AC1（n）字段下的数字对应各个 OLMC 的引脚号。

结构控制字各位功能如下：

（1）同步位 SYN 决定 GAL 器件是具有寄存器型（时序型）输出能力（SYN = 0），还是纯粹组合型输出能力（SYN = 1）。在 GAL 开始编程时首先确定 SYN 的状态。

（2）结构控制位 AC0 只有 1 位，8 个 OLMC 共用此位，AC0 和每个 OLMC

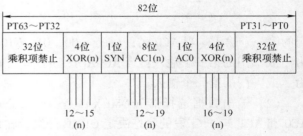

图 2.20 GAL16V8 的结构控制字

（n）中的 AC1（n）配合在一起来控制 OLMC（n）中的 4 个数据选择器。

（3）结构控制位 AC1(n) 共有 8 位，每个 OLMC（n）有各自的 AC1（n），这里，n 代表 OLMC 的输出端编号。例如，对于 GAL16V8 来说，n 取 12 ~ 19。

（4）极性控制位 XOR（n）有 8 位，每个 OLMC（n）有各自的 XOR（n）。它通过 OLMC 里的"异或"门来控制每个 OLMC 的输出极性。XOR（n）= 0；输出信号 O（n）低电平有效；XOR（n）= 1，输出信号 O(n) 高电平有效。

（5）乘积项（PT）禁止位共有 64 位，分别屏蔽"与"阵列 64 个乘积项（PT0 ~ PT63）中某些不用的乘积项。在 SYN、AC0、AC1（n）组合的控制下，OLMC（n）可组态配置成 5 种工作模式，表中列出了各种模式下对控制位的配置和选择。

从以上分析可以发现 GAL 器件由于采用了 OLMC，所以使用更加灵活，只要写入不同的结构控制字，就可以得到不同类型的输出电路结构。这些电路结构完全可以取代 PAL 器件各种输出电路结构。

4. GAL 器件的行地址映射图

当用户对 GAL 器件编程时，除了对"与"阵列编程外，还要对各个 OLMC 中的结构控制字、电子标签、加密、擦除方式等进行编程，所以有必要了解编程单元的地址分配情况。GAL16V8 编程单元的地址分配如图 2.21 所示。因为它并不是变成单元实际的空间分布图，所以又把它称为行地址映射图。

用户可用行地址共有 63 个，它们各自的含义如下：

（1）行地址 0 ~ 31 对应"与"阵列的 32 个输入。而每个行地址单元有 64 位，对应"与"阵列的 64 个积项。

（2）行地址 32 是器件的电子标签字，也有 64 位，供用户存放各种备查信息，如用户或厂家代码、器件编程数据、编程器识别码和模式识别码等信息。用户可以在任何时间读出标签数据，与下述保密单元的状态无关。

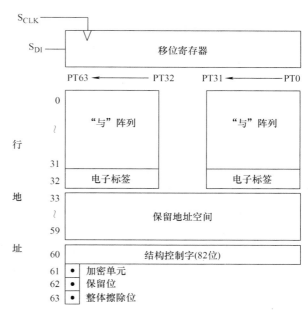

图 2.21　GAL16V8 编程单元的地址分配

（3）行地址 33 ~ 59 是保留给制造厂家使用的地址空间，用户不能使用。

（4）行地址 60 是结构控制字，共有 82 位，用于设定 8 个 OLMC 的工作模式和 64 个乘积项的禁止。

（5）行地址 61 是加密单元，只有 1 位。该位一旦被编程，对"与"阵列的任何访问都无效，它可以防止对"与"阵列的再次编程和检验，从而实现对电路设计结果的保密。这个单元只能在整体擦除时和阵列一起擦除，当然它不影响电子标签单元的读出。

（6）行地址 63 是整体擦除位，只有 1 位。在器件编程器件访问该行地址，意味着执行整体擦除操作，使器件恢复到未使用前的原始状态。

2.3　CPLD 的结构原理

2.3.1　CPLD 的基本结构

CPLD 是复杂可编程逻辑器件能够实现复杂的数字系统功能。由 GAL 发展起来的 CPLD 的主体仍然是与或阵列，其中与阵列可编程，或阵列固定，称为可编程逻辑宏单元；在器件中心有一个时延固定的可编程连线阵列，逻辑单元之间的互连是由固定长度的金属线来实现的；CPLD 还增加了 I/O 控制模块的数量和功能。CPLD 的基本结构主要由可编程逻辑块 FB（Function Block）、可编程 I/O 单元和可编程内部连线资源 3 部分组成，如图 2.22 所示。

1. 可编程逻辑块

可编程逻辑块被称为可编程逻辑宏单元，它是 CPLD 器件的逻辑组成核心。宏单元内部主要包括与阵列、或阵列、可编程触发器和多路选择器等电路，能够独立地配置为时序逻辑或组合逻辑工作方式。

与 GAL 器件对比来看，CPLD 不但集成度很高，而且逻辑宏单元也做了很大的改进，使器件功能得到了极大地增强。

首先，与 GAL 不同的是，GAL 每个输出逻辑宏单元 OLMC 中只有一个触发器，而 CPLD 器件的逻辑宏单元内通常含两个或两个以上的触发器，其中只有一个触发器与输出端相连，其余的触发器不与输出端链接，但可以通过相应的缓冲电路反馈到与阵列，从而与其他触发器一起构成较为复杂的时序逻辑电

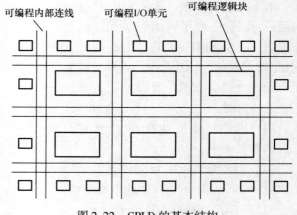

图 2.22　CPLD 的基本结构

路，这些不与输出端连接的触发器叫作"隐埋"触发器，正是由于这些"隐埋"触发器，CPLD 可以在不增加引脚数目的情况下增加了内部资源。由此可见，这种多触发器结构和"隐埋"触发器结构使得器件实现时序逻辑功能的能力得以增强。

其次，在 PAL 和 GAL 的与或阵列中，每个或门的输入乘积项最多为 8 个，当要实现多于 8 个乘积项的与或逻辑函数时，必须将与或函数表达式进行逻辑变换。与之不同，在 CPLD 的宏单元中，如果输出表达式的与项较多，对应的或门输入端不够用时，可以编程将其他编辑宏单元中的或门与之联合起来使用，即并联扩展项；也可以借助编程开关将其他宏单元中未使用的乘积项拿来共享，即乘积扩展项。可以看出，这种乘积项共享结构提高了资源利用率，从而实现了快速复杂的逻辑函数。

除此之外，CPLD 器件中的触发器时钟，除了可以采用同步时钟外，还可以采用异步时钟，这些触发器的时钟可以通过数据选择器或时钟网络进行选择。此外，各触发器的异步清零和异步置位也可以用乘积项进行控制，从而使得使用更加灵活。

2. 可编程 I/O 单元

CPLD 的可编程 I/O 单元是内部信号到 I/O 引脚的接口部分，是器件的输入输出单元，简称 I/O 单元（或 IOC）。不同器件的 I/O 单元结构有所不同。由于阵列型 HDPLD 通常只有少数几个专用输入端，如全局清零信号输入、时钟信号输入等，其余大部分均为 I/O 端，而且系统的输入信号常常需要锁存，因此 I/O 常作为一个独立的单元来进行处理。

3. 可编程内部连线

CPLD 器件内部具有丰富的可编程内部连线资源，其可编程内部连线在各逻辑宏单元以及逻辑宏单元与 I/O 单元之间提供了互连网络。各个逻辑宏单元通过可编程内部连线接收来自专用输入端和通用输入端的信号，并将宏单元的信号反馈到其需要到达的目的地。这种互连机制具有极大的灵活性，它可以在不影响引脚分配的情况下改变内部的设计。

2.3.2　基于乘积项的可编程逻辑器件

Altera 公司的 CPLD 主要有 MAX 系列产品，包括 MAX3000、MAX7000、MAX Ⅱ 等产品，都是非易失性和瞬时接通的器件。MAX3000 和 MAX7000 采用基于乘积项的宏单元体系结构，下面以 MAX7000 产品为例介绍 Altera 公司基于乘积项的可编程逻辑器件。

MAX7000 由逻辑阵列块（Logic Array Block，LAB）、可编程连线和 I/O 控制块，每个 LAB 中包含 16 个逻辑宏单元 Macrocell，此外还有 4 个专用输入信号，分别是全局时钟信号 $GLCK_1$、全局清零信号 $GCLR_n$ 和两个输出使能信号 OE_1 和 OE_2，有专用连线将它们与 CPLD 中的每个宏单元相连，这些信号到每个宏单元的延时相同并且延时最短。

1. 逻辑宏单元

逻辑宏单元是 CPLD 的基本结构，由它来实现基本的逻辑功能。每个逻辑阵列块 LAB 包含 16 个逻辑宏单元，接收的信号有来自可编程连线阵列（Programmable Interconnect Array，PIA）的 36 个通用逻辑输入信号、用于辅助寄存器功能的全局控制信号、I/O 引脚到寄存器的直接输入信号。

CPLD 的宏单元结构如图 2.23 所示。左侧是乘积项阵列，也就是与或阵列，每一个交叉点都是一个可编程熔丝，如果导通就是实现与逻辑。乘积项选择矩阵对乘积项进行选择让其参加或运算，输出到或阵列，完成组合逻辑。宏单元中有一个可编程 D 触发器，时钟和清零信号输入都可以编程选择，既可以使用专用的全局清零和全局时钟，又可以使用内部逻辑（乘积项阵列）产生的时钟和清零。如果不需要触发器，也可以将此触发器旁路，组合逻辑信号直接输给 PIA 或输出到 I/O 引脚。

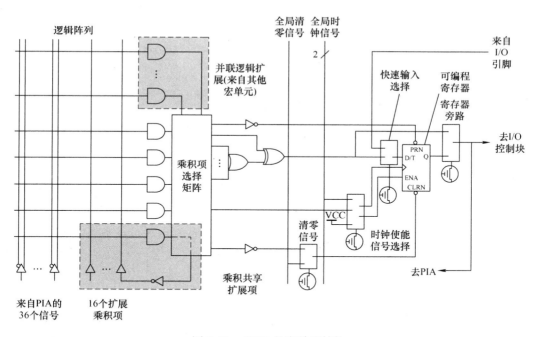

图 2.23　CPLD 的宏单元结构

乘积项共享扩展项由每个宏单元提供一个未投入使用的乘积项，将其反相后反馈到逻辑阵列中，以便于集中使用，每个共享扩展项可以被所在 LAB 内任意宏单元使用和共享，以实现复杂的逻辑功能，每个 LAB 有 16 个共享扩展项。并联扩展允许最多 20 个乘积项直接送到宏单元的或阵列中，其中 5 个由宏单元本身提供，其余 15 个并联扩展项由该 LAB 中邻近的宏单元提供。采用共享扩展项和并联扩展项都会增加一个时延。

2. 可编程连线

可编程连线阵列（PIA）负责信号传递，连接所有宏单元和I/O控制块的全局总线，使得在器件全部范围内获得信号。专用输入信号、I/O单元和逻辑宏单元的输出均送到可编程连线阵列，PIA把各个LAB相互连接构成所需的逻辑，再把这些信号送到器件内的各个地方。MAX7000器件的PIA具有固定的时延，因此消除了信号之间的延迟偏移，容易预测系统的时间性能。可编程的E^2PROM单元控制2输入与门，从而选择来自PIA的信号送入LAB。可编程连线阵列如图2.24所示。

3. I/O控制块

I/O控制块允许每个引脚独立配置成输入、输出或双向工作方式。所有的I/O引脚都有一个三态缓冲器。三态缓冲器既能用全局输出使能控制，又能够用高低电平直接控制。当三态缓冲器控制端接地时，输出成高阻态，引脚被设置成输入，信号可以快速输入到宏单元的寄存器，也可以输入到PIA。当三态缓冲器控制端接到高电平时，引脚输出使能，可以控制其漏极开路输出，也可以对信号的压摆率进行控制。压摆率越大，信号的转换速度越快，但功耗也就越大，若用户将器件设置为低功耗模式，只需要少部分重要的逻辑门工作在高频率上即可。MAX7000的I/O控制单元如图2.25所示。

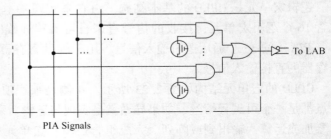

PIA Signals

图2.24 可编程连线阵列

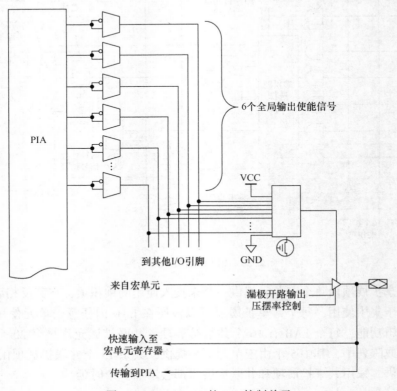

图2.25 MAX7000的I/O控制单元

2.4 FPGA 的结构原理

FPGA 是 20 世纪 80 年代中期出现的高密度 PLD。在 1985 年，Xilinx 公司首家推出 FP-GA 器件之后，FPGA 不断向集成度更高、速度更快、价格更低、功耗更小的方向发展。FP-GA 与 CPLD 都是可编程逻辑器件，虽然它们都是在 PAL、GAL 等逻辑器件的基础上发展起来的，但是与 PAL、GAL 等相比较，FPGA 和 CPLD 的规模比较大，可以替代几十甚至上千块通用的 IC 芯片。这类 FPGA 和 CPLD 实际上就是一个子系统部件，深受电子工程设计人员的广泛关注和普遍欢迎。

FPGA 具有掩膜可编程门阵列的通用结构，它由逻辑功能块排成阵列，并由可编程的互连资源连接这些逻辑功能块实现不同的设计。下面以 Xilinx 公司的 FPGA 为例，分析其结构特点。典型的 FPGA 结构主要由可编程逻辑块（Configurable Logic Block，CLB）、可编程输入/输出模块（Input/Output Block，IOB）、可编程内部连线资源（Interconnnect Resource，IR）组成。如图 2.26 所示。

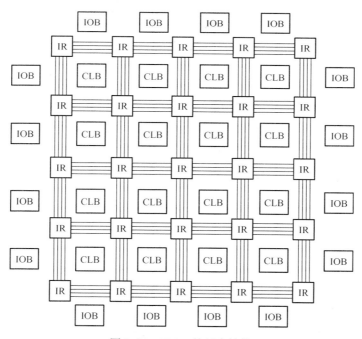

图 2.26 FPGA 的基本结构

1. 可编程逻辑块（CLB）

可编程逻辑块（CLB）是实现逻辑功能的基本逻辑单元，它们通常规则地排列成一个阵列，散布于整个芯片中；可编程输入输出模块 IOB 主要完成芯片上的逻辑与外部封装引脚的接口，通常排列在芯片的四周，允许通过编程配置为输入、输出或双向工作 3 种方式；可编程互连资源 IR 包括各种长度的连线线段和一些可编程连接开关，它们将各个 CLB 之间或 CLB、IOB 之间以及 IOB 之间连接起来，从而可以构成各种特定功能的电路。由此可见，如果希望改变芯片的功能只需要改变 CLB 的设置或 CLB 与 IOB 之间的连接就可以了。FPGA 的功能由逻辑结构的配置数据决定。工作时，一般配置数据存放在芯片内部的 SRAM 之中，一旦系统掉电后信息就会丢失，因此，大部分的 FPGA 一定需要外加一片专用配置芯片，如 EPROM、E^2 PROM 等。FPGA 器件在工作前需要从芯片外部加载配置数据，然后 FPGA 就可以正常工作了，由于配置时间很短，不会影响系统正常工作。此外，也存在少数的 FPGA 采用反熔丝或 Flash 工艺，对这种 FPGA 就不需要外加专用的配置芯片。CLB 的基本结构如图 2.27 所示。

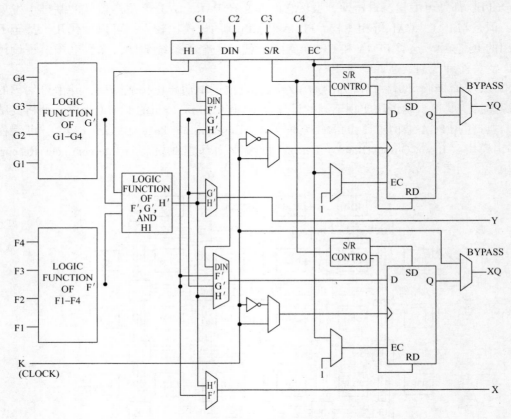

图 2.27　CLB 的基本结构

2. 可编程输入/输出模块（IOB）

可编程输入输出模块分布于 FPGA 器件的四周，提供了器件引脚与内部逻辑阵列之间的连接，可以通过编程灵活地实现不同的功能。IOB 主要由输入触发器、输入缓冲器和输出触发器/锁存器、输出缓冲器组成，每个 IOB 控制一个引脚，它们可以被配置为输入/输出或双向 I/O 功能。如图 2.28 所示为 IOB 的基本结构。

3. 可编程内部连线资源（IR）

可编程内部连线资源将 CLB 的输入、输出之间，CLB 与 CLB 之间，CLB 和 IOB 之间连接起来，从而使 FPGA 能够形成各种功能复杂的系统。IR 主要由许多金属线段构成，这些金属线段带有可编程开关，通过自动布线实现各种电路的连接。布线时，我们可以选择单长线或双长线连接，单长线是贯穿于 CLB 之间的垂直和水平金属线段，长度分别等于相邻 CLB 的行距和列距，提供了相邻 CLB 之间的快速互连和复杂互连的灵活性，任意两点间的连接都要通过开关矩阵。单长线结构如图 2.29 所示。

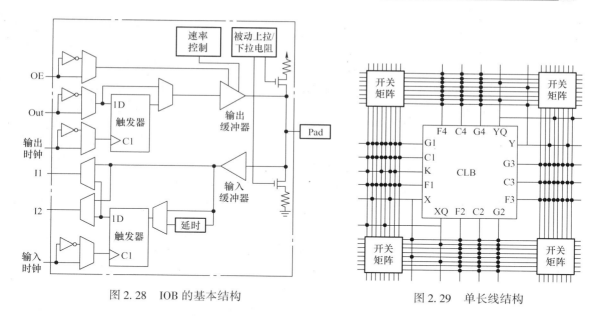

图 2.28　IOB 的基本结构　　　　　　　图 2.29　单长线结构

双长线用于将两个不相邻的 CLB 连接起来，长度是单长线的两倍，需要经过两个 CLB 之后，才通过开关矩阵。双长线结构如图 2.30 所示。

无论是单长线还是双长线，信号的传输都要经过开关矩阵，这使得信号的传输存在延时，所以对于某些重要的信号，我们可以通过专用长线进行传输，专用长线并不经过开关矩阵，其长度可以跨越整个芯片。由此可见，FPGA 器件的内部时延与器件结构以及逻辑布线等存在很大的联系，信号传输时延是不可以确定的。长线结构如图 2.31 所示。

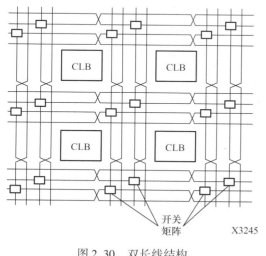

图 2.30　双长线结构

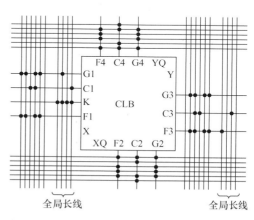

图 2.31　长线结构

2.4.1　查找表型 FPGA 的逻辑结构

基于查找表（Look - Up Table，LUT）结构的 PLD 芯片也可以称为 FPGA，LUT 本质上就是一个 RAM。目前 FPGA 中多使用 4 输入的 LUT，所以每一个 LUT 可以看成一个有 4 位地址线的16x1的RAM。当用户通过原理图或HDL语言描述了一个逻辑电路以后，PLD/FPGA开发软件会自动计算逻辑电路的所有可能的结果，并把结果事先写入RAM。这样，每输入一个信号进行逻辑运算就等于输入一个地址进行查表，找出地址对应的内容，然后输出即可。

Xilinx公司的Spartan－II主要包括CLBs、I/O块、RAM块和可编程连线（未表示出）。在Spartan－II中，一个CLB包括两个Slices，每个Slices包括两个LUT，两个触发器和相关逻辑。Slices可以看成是Spartan－II实现逻辑的最基本结构（Xilinx其他系列，如SpartanXL、Virtex的结构与此稍有不同，具体请参阅数据手册）。图2.32所示是Spartan II芯片的内部结构。

Altera公司的FLEX/ACEX的结构主要包括LAB、I/O块、RAM块（未表示出）和可编程行/列连线。在FLEX/ACEX中，1个LAB包括8个逻辑单元（LE），每个LE包括1个LUT、1个触发器和相关逻辑。LE是FLEX/ACEX芯片

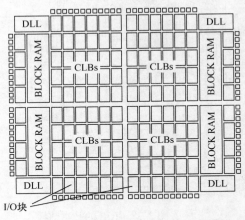

图2.32　Xilinx公司Spartan II芯片的内部结构

实现逻辑的最基本结构（Altera其他系列，如APEX的结构与此基本相同，具体请参阅数据手册），因此，LE的个数也是衡量PLD集成度的参数，1个LE主要由4个查找表（LUT）和1个可编程触发器，再加上一些辅助电路组成。如图2.33所示为Altera公司的FLEX/ACEX等芯片的结构。

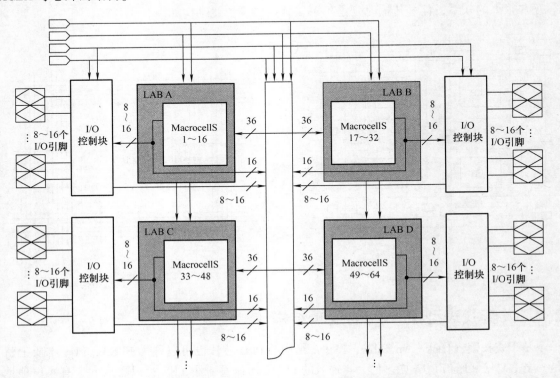

图2.33　Altera公司的FLEX/ACEX等芯片的结构

由于FPGA内部存在着丰富的可编程互连资源，这使得FPGA的可编程具有很大的灵活性，如果互连线资源缺乏将会导致设计无法布线，从而降低FPGA的可用性。随着FPGA工艺的不断改进，设计中的布线延时往往会超过逻辑延时，因此，FPGA内部互连线的长短和快慢，对整个设计的性能起着决定性的作用。

2.4.2　Xilinx 公司 7 系列 FPGA 简介

Xilinx公司有两大类FPGA产品：Spartan类和Virtex类，前者主要面向低成本的中低端应用，是目前业界成本最低的一类FPGA；后者主要面向高端应用，属于业界的顶级产品。但是这两个系列芯片内部的布局布线、时钟管理以及其他模块有着很大的区别，开发人员在不同平台切换的时候，往往要对代码进行修改。这就降低了开发的速度，因此Xilinx公司在7系列芯片中采用统一的架构，帮助开发人员快速地完成设计在不同平台的切换。下面介绍Xilinx公司7系列芯片的结构特点及工作原理。

该系列芯片应用了全新的高级硅模组块（Advanced Silicon Modular Block，ASMBL）架构。该架构将功能模块分布成可互换的列，而不是以前的栅格平面。为了尽量满足各种应用的需要，7系列芯片又分为3个子系列：Artix-7系列具有低成本低功耗的特点，主要面向大批量的小型化设计；Kintex-7系列对性价比做了优化，在提高性能的同时兼顾了成本；Virtex-7系列拥有最高的系统性能，是一款高容量的芯片，适用于高端设计。用户可以根据自己的需要选择适合自己应用的FPGA。

1. 可配置逻辑模块

7系列芯片根据型号的不同CLB的资源也是不同的，但是它们都有着共通的结构可以实现设计的转移。一个CLB模块包括两个Slice，每个Slice中都含有4个LUT、8个寄存器以及其他多路选择器和进位逻辑等电路，CLB的结构如图2.34所示。

FPGA芯片中有很多CLB，CLB之间的关系如图2.34所示。多个CLB可以组合完成复杂的任务。在CLB中有两种Slice分别是SLICEM和SLICEL。每个LUT都可以配置成6输入的LUT或者2个5输入的LUT，每个LUT的输出都可以存储在寄存器中。只有SLICEM可以配置成64位的分布式RAM、32位的移位寄存器或者是16位移位寄存器。在应用设计的过程中，FPGA的综合工具会自动地使用CLB的资源而不需要开发人员对FPGA进行特殊的编程，使用基本的HDL的编程语言就可以完成高效的设计。

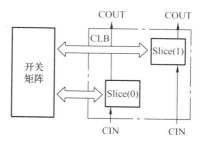

图2.34　Xilinx 公司的 7 系列 CLB 的结构

只有CLB中的SLICEM中的LUT可以配置为分布式RAM，以LUT作为分布式RAM的存储单元。分布式RAM又分为单端口分布式RAM、双端口分布式RAM以及四端口分布式RAM。单端口RAM指读和写共享相同的地址线；双端口RAM又可以配置成两种，一种是一个端口负责同步的读和写，另一个端口负责异步的读入操作；另一种是一个端口负责同步写操作，另一个端口负责异步读操作；四端口只一个端口负责同步写操作和异步读操作，另外3个端口负责异步读操作。除此之外，SLICEM也可以用来配置成移位寄存器，该寄存器不需要使用SLICEM中的寄存器单元。SLICEM中的每个LUT都可以配置成32位的移位寄存器，因此一个SLICEM最多可以配置成128位的移位寄存器。

CLB中的SLICEM和SLICEL都可以用来配置成ROM，使用1个LUT可以实现64×1的ROM，使用4个LUT组合则可以实现256×1的ROM。CLB中的SLICEM和SLICEL也可以用来实现多路选择器。每一个LUT都可以配置成4：1多路选择器（MUX），因此每个Slice可以实现4个4：1多路选择器、2个8：1多路选择器或者1个16：1多路选择器。为了进行快速的数学加减运算，CLB中有专门的快速进位逻辑。每个Slice中有1条进位链，Slice中的进位链使用超前进位逻辑结构，每个进位链有10个独立的输入以及8独立的输出。

2. 存储器资源

该系列芯片根据型号的不同内含25～1880个36KB双向RAM块。这些RAM块可以被组合配置成32K×1、16K×2、8K×4、4K×9（或8）、2K×18（或16）、1K×36（或者32）以及512×72（或者64）等不同模式的RAM块。32KB的RAM块也可以分成两个完全独立的18K RAM块来使用。两个端口是相互独立的，可以被配置成可配置的宽度，也就是说两个端口的宽度可以是不同的。通过内置的FIFO控制器，每一个RAM块也可以被配置成18KB或者是36KB的FIFO。在读入过程中，每64位宽的RAM块可以生成、存储以及利用8位额外的汉明码来生成1位或者2位的错误检测码（ECC），ECC可以在64位到72位宽RAM的写入过程或者读出过程中使用。

除了分布式RAM和高速SelectIO™存储接口以外，7系列芯片也有很多36KB的块RAM。每个36KB的块RAM由2个独立的18KB的块RAM组成。这些36KB的块RAM可以级联构成更大宽度和深度的块RAM。

利用块RAM也可以用来配置成同步时钟FIFO以及双时钟的FIFO。FIFO可以配制成18KB模式和36KB模式。在18KB模式下可以配置成4K×4、2K×9、1K×18和512×36等模式；在36Kb模式下可以配置成8K×4、4K×9、2K×18、1K×36以及512×72等模式。FIFO可以有不同的读写时钟，比如读操作可以在读时钟的上升沿进行，写操作可以在写时钟的上升沿进行，在没有额外CLB模块逻辑的支持下，FIFO是不支持不同的读写位宽的。

ECC是错误纠正模块，可以用来检测RAM数据中的1位或者是2位的错误，同时在读出数据的时候可以纠正1位错误。块RAM以及块RAM配置成的FIFO都支持64位的ECC（Error Correction Code）。在写入的过程中，校验位就可以自动生成，在读出过程中，这些校验位就被送到ECC译码器中进行校验，可以去纠正1位错误或者是检测2位错误。当检测出1位错误并且改正后，并不会去修改RAM中的数据，只是将修改后的结果存储到输出寄存器中。ECC的标准模式是编码器和译码器都使用，在写入数据的时候生成校验码，在读出数据的时候在译码器里进行校验、检测和纠正错误。同时编码器和译码器也可以单独使用。

3. I/O模块

7系列I/O主要由逻辑资源和电气资源两部分组成，支持1.2～3.3V的电压范围，并且支持40多种点评标准。可配置成单端、差分或三态模式。最高性能在LVDS模式下可达1600Mbit/s，在单端模式下用于DDR3可达1866Mbit/s。同时在IOB内部还集成了DCI功能，在引脚提供特定的阻抗匹配，简化单板设计，增加设计的集成度。7系列的IOB结构如图2.35所示。

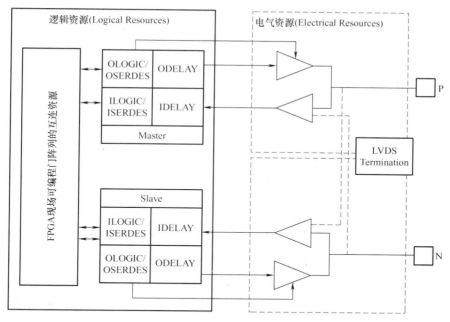

图 2.35　7 系列的 IOB 结构

7 系列 FPGA 内部，I/O 模块是按列分布的，分为高范围（High Range，HR）和高性能（High Performance，HP）两种类型。HR 类型的 I/O 支持 3.3V 电平，而 HP 类型的 I/O 最高只支持 1.8V 电平。不同系列的 FPGA，每种类型的 I/O 所占的比例对于不同的 7 系列器件不大一样。I/O 模块在器件内部以 Bank 形式划分，每个 Bank 有 50 个 I/O。在同一个 Bank 中的所有 I/O 电平都必须一致，是由 Vcco 所控制。并且在同一个 Bank 中只有一个 Vref（参考电压），只有一对 Vrn/Vrp（用于 DCI 阻抗匹配）。

IOB 逻辑资源包含 Master 和 Slave 两个模块。每个模块包括 ILOGIC/ISERDES、OLOGIC/IDELAY 和 ODELAY 组件。

ILOGIC：HP Bank 中命名 ILOGIC2，HR Bank 中命名 ILOGIC3，可直接输入或通过 IDELAY 模块输入，直接输出或通过 IDDR 模块输出。

OLOGIC：HP Bank 中命名为 OLOGIC2，HR bank 中命名为 OLOGIC3，可直接输出或通过 ODELAY 模块输出。

ISERDES：输入串并转换器，可实现 2，3，4，5，6，7，8 位 SDR 数据转化或 4，6，8 位 DDR 数据的转化，如需实现更宽的数据位转换，可将 Master 和 Slave 级联，最高实现 14 位的数据转化。

OSERDES：输出并串转换器，可实现 2，3，4，5，6，7，8 位 SDR 数据转化或 4，6，8 位 DDR 数据的转化，如需实现更宽的数据位转换，可将 Master 和 Slave 级联，最高实现 14 位的数据转化。当使用 3 态模式的数据转换，数据和 3 态数据位宽必须为 4，此时时钟是共享的。

IDELAY：在 HR 和 HP Bank 中都有。

ODELAY：只存在于 HP Bank 中。

IOB 的延迟是通过 IDELAYCTRL 模块来控制实现，共分为 32tap 的延迟是 78ps（200MHz）或 52ps（300MHz），用户可以设定延迟 tap 参数。

4. DSP 模块

7 系列 FPGA 的 DSP 模块由很多专用的、充分定制的低功耗 DSP Slice 构成，突出功能包括：25×18 的补码乘法器，高分辨率 48 位累加器，用于对称滤波器应用的低功耗预加器以及一些高级功能（可选流水线、可选 ALU 和级联专用线）。

每一个 DSP Slice 都有一个专用的 25×18 的补码乘法器、一个 48 位累加器、48 位的模式检测器（Pattern Detector）以及一个用于对称滤波器应用的预加器，乘法器和累加器最高可支持 741 MHz 的时钟频率。DSP Slice 可以完成多种操作，乘法、乘累加、乘加、三输入加法、桶型移位、按位逻辑功能、计数功能、量值比较、模式选择等。

根据型号的不同，7 系列 FPGA 有 60 ~ 3600 个 DSP Slice，它们也可以级联，应对更复杂的数字信号处理应用。

5. 时钟资源和时钟管理模块

Xilinx7 系列芯片的时钟资源分为全局时钟资源和区域时钟资源。全局时钟资源是一种专用的互联网络，可以实现芯片内部的时钟同步。全局时钟有着降低时钟歪斜、占空比失真和功耗，提升抖动容限等特点，并且全局时钟资源有着专用的时钟缓冲和驱动结构，可以是全局时钟到达 CLB、IOB 和 BRAM 的时间延迟最小，但是在芯片内部只有 32 条全局时钟线。区域时钟资源是独立于全局时钟网络的，7 系列芯片将内部分割成若干时钟区域，根据芯片的大小，时钟区域的数目从最小 4 个时钟区域到最大 24 个时钟区域。在每个时钟区域内部可以完成各自的时钟同步。一个时钟区域只能通过 12 条全局时钟线，因为区域内只有 12 条水平时钟线可以使用。一般来说，每个时钟区域有 50 个 CLB、10 个 36KB 块 RAM、20 个 DSP Slice 和 12 个 BUFH，但是有些时钟区域还有一个时钟管理模块（CMT）、一个 I/O 模块（50 个 IO）、一个 GT 条（其中包括 4 个串行收发器）和一个 PCIe（PCIe 会占用 5 个 36KB 块 RAM 的位置）。

在整个芯片中有一条垂直时钟线，将整个芯片分成左右两个区域，相当于树干。水平时钟中线将芯片分割成上下两个相邻的部分，每个时钟区域的水平时钟脊梁（HROW）将各自的区域分割成上下两个部分，每个水平时钟脊梁内包含 12 条水平时钟线，它们则相当于枝干，共同构成复杂的时钟网络。

每个 I/O 模块都有时钟输入引脚，配合专用的时钟缓存器，可以将用户时钟引入到 FPGA 芯片的时钟网络中来。比如，全局时钟缓冲（Global Clock Buffer）驱动着全局时钟线，水平时钟缓冲（Horizontal Clock Buffer）可以使全局时钟线连接到区域时钟资源的水平时钟线上等。芯片内的时钟路由资源可以帮助完成芯片内各种各样的时钟调度，比如高扇出的、低传播延迟的、低歪斜的等。为了更有效率地完成时钟调度，我们必须要充分了解芯片内部的时钟资源，比如缓冲器类型、时钟输入引脚、时钟连通性等内容。选择合适的时钟资源不仅可以节约资源而且可以提高性能。

时钟管理模块（Clock Management Tile，CMT）由一个混合模式时钟管理器（Mixed‐Mode Clock Manager，MMCM）和一个锁相环（Phase‐Locked Loop，PLL）构成，在功能上，PLL 是 MMCM 的一个子集，CMT 的结构如图 2.36 所示，图中左侧是多种时钟输入资源。

在 7 系列芯片中有 24 个时钟管理模块，MMCM 和 PLL 可以作为宽范围的频率合成器，也可以作为抖动滤波器和抗扭斜时钟。当 MMCM 和 PLL 作为单独的频率合成器时，分频因子可以是整数也可以是小数，可以通过对对应的可编程分频因子配置来实现。MMCM 和 PLL

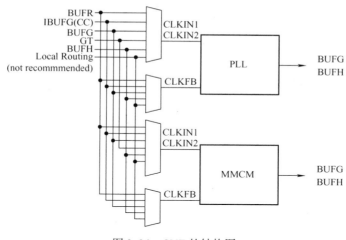

图 2.36　CMT 的结构图

也可以实现相移操作。固定相移可以采用 VCO 的等间距相移操作（0°、45°、90°、135°、180°、225°、270°和 315°）。不仅仅是固定相移，MMCM 也可以进行动态相移操作，通过开发软件的时钟向导界面可以详细设定相移角度等参数。

2.4.3　FPGA 与 CPLD 的区别

不同厂家对 CPLD 和 FPGA 的定义有所不同。我们可以根据器件结构特点和工作原理将 CPLD 和 FPGA 进行分类，即将以乘积项结构方式构成逻辑行为的器件称为 CPLD，而将以查表法结构方式构成逻辑行为的称为 FPGA。由于 FPGA 和 CPLD 都是可编程逻辑器件，所以二者具有很大相似性。但是 CPLD 和 FPGA 在硬件结构上的差异使得它们具有各自的特点。

在结构工艺方面，CPLD 多为乘积项结构，实现工艺多为 E^2CMOS，也包括 E^2PROM、Flash 和反熔丝等不同工艺；FPGA 多为查找表（LUT）加寄存器结构，实现工艺多为 SRAM，也包含反熔丝等工艺。

在功耗方面，一般情况下 CPLD 的功耗要比 FPGA 大并且集成度越高越明显。

在时延方面，CPLD 的连续式布线结构决定了它的时序延迟是均匀和可预测的，而 FPGA 的分段式布线结构决定了其延迟的不可预测性。因此，对于 FPGA 而言，时序约束和仿真非常重要，一般需要通过时序约束、静态时序分析和仿真等手段来提高并验证时序性能。

在编程方式上 CPLD 主要是基于 E^2PROM 或 Flash 存储器编程，编程次数可达 1 万次，优点是系统断电时编程信息也不丢失。CPLD 又可分为在编程器上编程和在系统编程两类。FPGA 大部分是基于 SRAM 编程，编程信息在系统断电时丢失，每次上电时，需从器件外部将编程数据重新写入 SRAM 中。其优点是可以编程任意次，可在工作中快速编程，从而实现板级和系统级的动态配置。

在编程上 FPGA 比 CPLD 具有更大的灵活性。CPLD 通过修改具有固定内连电路的逻辑功能来编程，而 FPGA 主要通过改变内部连线的布线来编程；FPGA 可在逻辑门下编程，而 CPLD 在逻辑块下编程。

CPLD 更适合完成各种算法和组合逻辑，FPGA 更适合完成时序逻辑。换句话说，FPGA 更适合触发器丰富的结构，而 CPLD 更适合触发器有限而乘积项却很丰富的结构。

CPLD 比 FPGA 使用起来更方便。CPLD 的编程采用 E^2PROM 或 Flash 技术，无需外部存储器芯片，使用简单。而 FPGA 的编程信息需存放在外部存储器上，使用方法复杂。

两者的逻辑之间的互连结构不同，CPLD 的逻辑块互连是集总式的，其特点是等延时，任意两块之间的延时是相等的，这种结构给设计者带来很大方便；FPGA 的互连则是分布式的，其延时与系统的布局有关。

在逻辑规模和复杂度上，CPLD 的规模小，逻辑复杂度低，因而适合简单电路设计；FPGA 的规模大，逻辑复杂度高，新型器件高达千万门级，故而用于实现复杂电路设计。

在保密性方面，CPLD 的保密性比 FPGA 的保密性要好。一般 FPGA 不容易实现加密，但是目前一些采用 Flash 加 SRAM 工艺的新型 FPGA 器件，在内部嵌入了加载 Flash，能提供更高的保密性。

在成本和价格方面，CPLD 的成本和价格低，更适合低成本设计；FPGA 成本高，价格高，适合高速、高密度的高端数字逻辑设计领域。

尽管两者在硬件结构上有一定的差异，但是对用户而言，CPLD 和 FPGA 的设计流程具有一定的相似性，使用 EDA 软件的设计方法也没有太大的区别，设计时需要根据所选的器件型号发挥器件的特性即可。

2.5   硬件测试

随着科技的发展，可编程逻辑器件的内部结构越来越复杂，对器件进行全面的测试也变得越来越困难，而同时也越来越重要。其中存在一些生产批量小而功能却又千变万化的 AISC 电路，难以用固定的测试策略和测试方法来验证它的功能。除此之外，表面安装技术（SMT）和电路板制造技术的进步，使得电路板变小变密，这样一来，传统的测试方法都难以实现。结果电路板简化所节约的成本，很可能被传统的测试方法代价的提高而抵消掉。

为了解决 ASIC 及可编程逻辑器件等超大规模的集成电路的测试问题，自 1986 年开始，欧美一些大公司联合成立了一个组织——联合测试行动小组（Joint Test Action Group，JTAG），并制定了 IEEE1149.1—1990 边界扫描测试规范。这个边界扫描测试（BST）结构提供了有效地测试高密度引线器件的高密度电路板上元器件的能力。目前，大多数高密度的可编程逻辑器件都已经普遍应用 JTAG 技术，支持边界扫描技术。

边界扫描技术的原理就是在核心逻辑电路的输入和输出端口都增加一个寄存器，通过将这些 I/O 上的寄存器连接起来，可以将测试数据串行输入到被测单元，并且从相应端口串行输出，从而可以实现三方面的测试。

1. 芯片级测试

芯片级测试，也就是可以对芯片本身进行测试和调试，使芯片工作在正常功能模式，通过输入端输入测试矢量，并且通过观察串行移位的输出响应进行测试。

2. 板级测试

板级测试即检测集成电路和 PCB 之间的互连。实现原理是将一块 PCB 上所有具有边界扫描的 IC 中的扫描寄存器连接在一起，通过一定的测试矢量，可以发现元器件是否丢失或摆放错误，同时可以检测引脚的开路和短路故障。

3. 系统级测试

在板级集成后，可以通过读板上 CPLD 或 Flash 进行在线的编程，实现系统级测试。

边界扫描测试最主要的功能是进行板级芯片的互连测试。这种测试提供了一个串行扫描路径，它能捕获器件的核心逻辑的内容，也可以测试遵守 JTAG 规范的器件之间的引脚连接情况。采用这种 BST 结构来测试引脚的连接，就不必使用传统的物理测试探针了，并且可以在器件正常工作时捕获功能数据。强行加入的测试数据从左边的一个扫描单元串行移入，捕获的数据从右边的一个边界扫描单元移出，在器件的外部同预期的结果进行比较。边界扫描的基本原理如图 2.37 所示。

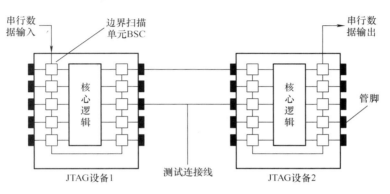

图 2.37　JATG 边界扫描测试法

2.6　CPLD/FPGA 的编程与配置

由于具有在系统下载或重新配置功能，因此在电路设计之前，就可以把其焊接在印制电路板（PCB）上，并通过电缆与计算机连接，首先将 PLD 焊接在 PCB 上，然后接好编程电缆，最后进行现场烧写 PLD 芯片。在设计过程中，用下载编程或配置方式来改变 PLD 的内部逻辑关系，达到设计逻辑电路的目的。

目前常见的 PLD 编程和配置工艺包括 3 种。

基于电可擦除存储单元的 E^2PROM 或 Flash 技术的编程工艺。此工艺的优点是编程后的信息不会因掉电而丢失，但编程次数有限，编程速度不快。CPLD 一般使用此技术进行编程。

基于 SRAM 查找表的编程单元的编程工艺。此工艺适于 SRAM 型的 FPGA，配置次数为无限，在加电时可随时更改逻辑，但掉电后芯片中的信息会丢失。

基于反熔丝编程单元的编程工艺。此工艺适于一次性 PLD。

CPLD 一般使用 ISP 方式进行编程。ISP 方式是当系统上电并正常工作时，计算机就可以通过 CPLD 器件拥有的 ISP 接口直接对其进行编程，器件被编程后立即进入正常工作状态。这种编程方式的出现，改变了传统使用编程器的编程方法，为器件的实际应用带来了极大的方便。

CPLD 的编程和 FPGA 的配置可以使用专用的编程设备，也可以使用下载电缆。对于 UltraScale 结构的 FPGA 来说，在 SRAM 类型的内部锁存器保存它们定制的配置数据。由于配置保存是易失性的，所以当 FPGA 上电的时候，重新加载数据。在任何时候，通过将 FPGA 的 PROGRAM_ B 拉低，就可以重新加载保存的配置的数据。UltraScale 结构的 FPGA 有 3 个模式引脚，用于确定加载配置数据的方法，其他专用的配置数据引脚用来简化配置过程。

SPI（串行 NOR）接口（×1、×2、×4 和双 ×4 模式）和 BPI（并行 NOR）接口（×8 和 ×16 模式）是两种用于配置 FPGA 的常用方法。设计者能将 SPI 或者 BPI Flash 直接连接到 FPGA，FPGA 的内部配置逻辑读取来自外部 Flash 的比特流，然后配置 FPGA 本身。在配置的过程中，FPGA 自动检测总线宽度，而不允许使用外部控制或者开关进行识别。较大的数据宽度增加配置的速度，减少了配置 FPGA 需要花费的时间。

在主模式下，通过 FPGA 内的一个内部生成时钟，FPGA 能驱动配置时钟；为了更高速的配置，FPGA 也可以使用一个外部的配置时钟源。这样，允许高速的配置并且容易使用主模式特性。FPGA 配置也支持从模式，其数据宽度最多到 32 位，这对于使用处理器驱动的配置非常有用。此外，新的媒体控制访问端口（Media Control Access Port，MCAP）提供了在 PCI-E 集成模块和配置逻辑之间的直接连接。这样，简化了 PCI-E 的配置。

使用 SPI 或者 BPI Flash，FPGA 可以使用不同的镜像重新配置自己。这样，无需使用外部的控制器。当数据发送过程中出现错误时，FPGA 能重新加载它最初的设计。这用于确保在过程结束时，FPGA 是可用的。当最终产品出货后，对产品进行升级时，这种方法是非常有用的。

2.7 Basys3 开发板介绍

Basys3 是一款入门级 FPGA 实验板，专门针对 Vivado 开发环境设计，具有 Xilinx Artix-7 FPGA 架构。Basys3 开发板上集成了大量的 I/O 设备以及 FPGA 所需的电路，可以完成从基本逻辑电路到复杂控制器的各种设计，配合 Vivado 开发软件，是一款容易上手的开发板。Basys3 开发板具有 33280 个逻辑单元，采用六输入 LUT 结构、具有 1800kbits 的快速 RAM 块、有 5 个时钟管理单元和 90 个 DSP Slice、内部时钟最高可达 450MHz 以及片上有一个模-数转换器（AXDC）。Basys3 开发板的外围配置如图 2.38 所示和见表 2.4。

图 2.38　Basys3 开发板的外围配置

表 2.4　Basys3 开发板的外围配置

序　号	描　述	序　号	描　述
1	电源指示灯	9	FPGA 配置复位按键
2	Pmod 连接口	10	编程模式跳线柱
3	专用模拟信号 Pmod 连接口	11	USB 连接口
4	4 位 7 段数码管	12	VGA 连接口
5	16 个拨键开关	13	URAT/JTAG 公用 USB 接口
6	16 个 LED	14	外部电源接口
7	5 个按键开关	15	电源开关
8	FPGA 编程指示灯	16	电源选择跳线柱

2.7.1　电源电路

　　Basys3 开发板有两种供电方式，一种是通过 J4 的 USB 端口进行供电；一种是通过 J6 的接线柱进行供电，供电电压是 5 V。供电方式的切换可以通过开发板上的 JP2 跳线帽来切换。电源开关通过 SW16 开关来控制，LD20 是电源开关指示灯。电源电路如图 2.39 所示。

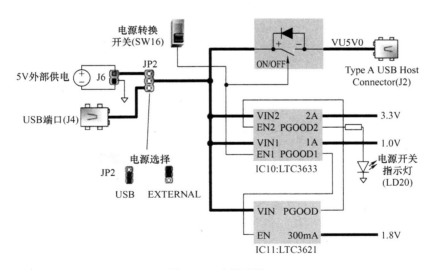

图 2.39　电源电路

2.7.2　LED 灯电路和数码管电路

　　LED 部分的电路如图 2.40 所示。当 FPGA 输出高电平时，相应位置的 LED 就点亮。数码管电路如图 2.41 所示。Basys3 开发板使用的是 4 位带小数点的 7 段共阳极数码管，当对应位置输出引脚为低电平时，该段位的 LED 灯就会点亮，位选位也是低电平选通。

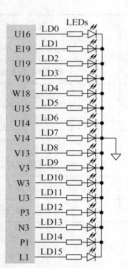

图2.40　LED部分的电路

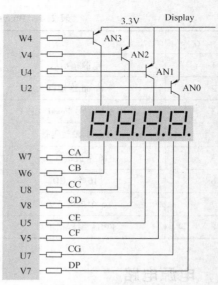

图2.41　数码管电路

2.7.3　按键电路和拨码开关电路

按键电路如图2.42所示，板上有5个按键，当按键按下时，FPGA对应的输入引脚为高电平，通常可以作为复位输入，或者是用于中断控制。拨码开关的电路图如图2.43所示，开发板如前面所示放置时，开关向下拨时，FPGA输出为低电平。

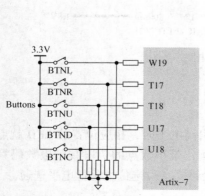

图2.42　按键电路

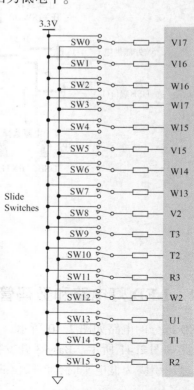

图2.43　拨码开关的电路

2.7.4 VGA 显示电路和 I/O 扩展电路

VGA 视频显示电路如图 2.44 所示，该开发板使用的是 12bit 电路（2^{12}种颜色），由于没有专用的 DAC 芯片，视频颜色的过渡不是很完美。为了完成更复杂的设计，该开发板提供了 4 个标准扩展连接器（其中一个为专用的 A－D 信号 Pmod 接口），该扩展连接器可以连接用户自己设计的面包板电路以及 Pmod 扩展的 Basys3 开发板等。Pmod 是指模拟和数字 I/O 模块，比如 A－D 转换、D－A 转换、电机驱动器、传感器以及其他功能的模块。

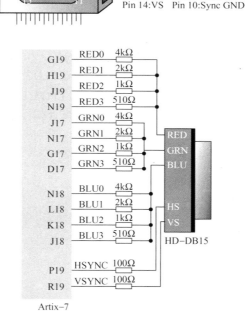

图 2.44 VGA 视频显示电路

本章小结

本章主要介绍了可编程逻辑器件的基本结构和工作原理，以及相关的编程、测试和配置方法。

首先对可编程逻辑器件的概述，主要介绍了可编程逻辑器件的发展历史，并对可编程逻辑器件通过不同的划分方式进行了分类。依照可编程逻辑器件的发展历程，依次介绍了可编程只读存储器（PROM）、可编程逻辑阵列（PLA）、可编程阵列逻辑（PAL）和通用阵列逻辑器件（GAL）的基本结构和编程方式。

接着重点介绍了高密度可编程逻辑器件 CPLD 和 FPGA 的结构原理和工作特点，其中 CPLD 的基本结构主要由可编程逻辑块、可编程 I/O 单元和可编程内部连线资源三部分组成，还以 MAX7000 产品为例介绍 Altera 公司基于乘积项的可编程逻辑器件。随后介绍了典型的 FPGA 结构，其主要由可编程逻辑块 CLB、可编程输入/输出模块、可编程内部连线资源组成。此外以 Xilinx 公司的 Spartan－Ⅱ为例介绍了查找表型 FPGA 逻辑结构，并详细地阐述了 Xilinx 公司 7 系列的 FPGA 器件的结构与工作原理。紧接着对 CPLD 和 FPGA 进行了比较，详细分析了两者之间的异同。

然后详细地阐述了 JTAG 边界扫描技术的硬件测试原理，并对 CPLD 的编程方法和配置方式进行了介绍。

最后介绍了本书后面实验章节所使用的 Basys3 开发板。

习　题

2.1　简述各种低密度可编程逻辑器件的结构特点。

2.2　可编程逻辑器件的分类方法有哪些？各有什么特征？

2.3　请指出 PAL 和 GAL 在结构方面的不同之处。

2.4　CPLD 器件实现逻辑功能的基本结构是什么？CPLD 的基本组成部分包括哪些？

2.5　FPGA 器件实现逻辑功能的基本结构是什么？FPGA 的基本组成部分包括哪些？

2.6　与传统的测试技术相比，边界扫描技术有何优点？

第 3 章
VHDL入门基础

3.1 VHDL 的基本结构

一个完整的 VHDL 程序被称为一个设计实体，即能被 VHDL 综合器接受，并能作为一个独立的设计单元。一个 VHDL 程序既可以作为一个独立的功能模块，也可以作为被其他数字系统调用的功能模块。一个相对完整的 VHDL 程序由以下 4 个部分组成：库和程序包、实体、结构体以及配置。其中实体和结构体是 VHDL 程序的基本组成部分。VHDL 程序的结构如图 3.1 所示。

库和程序包中存放的主要是标准和资源，通常在程序最开始处进行声明。实体的主要工作是定义输入输出端口。结构体的作用是描述设计者想要实现的功能的具体实现方式。根据实际情况，可能需要使用配置语句实现实体和结构体间的匹配。下面通过一个简单的 VHDL 实例来熟悉 VHDL 程序的基本框架。例 3.1 是一个简单的实现与门的 VHDL 程序，图 3.2 为该程序的功能结构图。

图 3.1 VHDL 程序的结构图

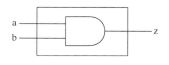

图 3.2 and_ gate 元件的结构图

【例 3.1】 与门程序

```
LIBRARY IEEE;                              --库的声明
use IEEE. STD_LOGIC_1164. ALL;

entity and_gate is                         --实体部分
port(   a : in STD_LOGIC;                  --输入输出端口定义,a、b 为输入端口,z 为输出端口
        b: in STD_LOGIC;
        z;out STD_LOGIC);
end and_gate;
architecture Behavioral of and_gate is     --结构体部分
```

```
begin
        z <= a and b;                                    --功能描述部分,将 a 和 b 的信号进行与操作后送给 z
end Behavioral;
```

3.1.1 实体

实体（ENTITY）是 VHDL 程序的基本组成部分，主要用来定义设计实体的输入输出端口。实体相当于一个空的芯片外壳，这个芯片只有引脚而没有内部的逻辑资源与连线。

在 VHDL 语言中，实体的格式如下：

```
entity 实体名 is
[GENERIC (常数名:数据类型[:=设定值])];       --[ ]中是可选项,GENERIC 语句是类属说明语句
[port( 端口名:端口模式    数据类型;
       端口名:端口模式    数据类型;
       …
       端口名:端口模式    数据类型)];
end 实体名;
```

实体以"entity 实体名 is"作为开始，以"end 实体名;"作为结束。中间的部分是设计实体的说明部分。实体名由设计者自己命名，必须是符合 VHDL 语法的标识符，但是不能使用 VHDL 中的关键字和保留字。实体名和端口名要取的有意义，便于理解。

[ ] 中的内容是可选项，可根据电路的结构和功能进行选择。类属说明语句需要写在端口说明语句前面。类属参量（GENERIC）是一种参数，通常用于规定端口的总线宽度、实体中资源的数目和定时特性等内容，类属参量的值可以由实体外部提供。因此，设计者可以从外部通过对类属参量的重新赋值来改变一个设计实体内部电路的结构和规模。例如，在下面的代码中，实体中定义了一个整数类型的类属参量 zwidth，初始赋值为 1，在这种情况下，实体的输出端口是一个宽度为 2 的逻辑矢量。如果在外部将代码中的 zwidth 重新赋值为 3 的话，那么该实体的输出端口就是一个宽度为 4 的逻辑矢量。

```
entity and_gate is
GENERIC ( zwidth:integer := 1 );                    --定义整数类型类属参量 zwidth,初值设置为 1
port( z:out STD_LOGIC_VECTOR( zwidth downto 0));    --定义 z 为一个宽度为(zwidth + 1)的逻辑矢量
end and_gate;
```

端口是实体和外部环境间的通信通道。端口模式表示通道上数据的流动方向。端口模式有 4 种类型，分别是 IN、OUT、BUFFER 和 INOUT，如图 3.3 所示。

（1）IN（输入）：数据或信号从外部进入实体的端口模式，主要用于时钟输入、控制输入或者单向数据输入等。

（2）OUT（输出）：数据或信号由实体传送到外部的端口模式，常用于计数输出或者单向数据输出等。在输出模式下，输出的内容不可以用作该实体的输入。

（3）BUFFER（缓冲）：缓冲模式是一种特别的输出端口，它可以进行反馈操作，即允许回读输出端口的内容，将输出信号作为下一个输入信号来使用。需要注意的是，它只能读取内部输出信号，而不能读取外部输入信号。

（4）INOUT（双向）：输入输出双向端口，既可以作为输入端口，也可以作为输出端口。

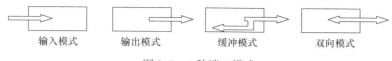

输入模式　　　输出模式　　　缓冲模式　　　双向模式

图3.3　4种端口模式

3.1.2　结构体

结构体是设计实体的具体功能描述，位于实体的后面，主要描述实体内部结构和实体端口间的逻辑关系。结构体由两个部分组成，第一个部分是说明部分，对结构体中将要用到的内容进行说明；第二个部分是实体的功能描述，可以采用行为描述、结构描述或者数据流描述等方法。

结构体的格式如下：

architecture 结构体名 of 实体名 is
　　［说明语句］　　　　　　　　　　　　　　　　　--［ ］中表示的是可选项
　　begin
　　［功能描述语句］　　　　　　　　　　　　　　--描述结构体的具体功能
　　end 结构体名；

结构体名必须是符合VHDL语法的标识符，但是不能使用VHDL中的关键字和保留字。结构体名要取的有意义，便于理解。如果一个实体有若干个结构体的话，各个结构体间不能重名。结构体中的说明语句是对结构体中功能描述语句将要用到的信号、数据类型、常数、元件、函数和过程等加以说明的语句，通常写在结构体的最前面。结构体中用于描述逻辑功能和电路结构的语句分为顺序语句和并行语句两种。在进程中的语句是顺序语句，语句将按照书写的先后顺序逐条执行；在结构体中进程之外的语句是并行语句，无论有多少行语句，都可以认为是同时执行的，执行顺序和语句的先后顺序没有关系。各种语句的使用方法会在后面的章节中介绍。

3.1.3　库、程序包和配置

库（LIBRARY）中存放的是已经编译好的设计实体和程序包等。在使用VHDL语言进行程序设计时，为了提高设计效率、实现代码重复利用以及使设计遵循某些统一的语言标准或格式，有必要将预先定义的数据类型、子程序和设计好的实体等汇集到一个或几个库中以便之后使用。库的说明总是放在设计实体的最前面。

库的格式如下：

LIBRARY　＜设计库名＞；

在VHDL程序设计中，常用的库有以下5种：

1. IEEE 库

IEEE库是VHDL程序设计中最常用的库，该库包含IEEE标准的程序包和其他一些支持工业标准的程序包。IEEE库中的程序包主要包括STD_LOGIC_1164程序包和NUMERIC_STD程序包等。STD_LOGIC_1164程序包是最重要的也是最常用的程序包之一，大部分基于数字系统设计的程序都是以此程序包中设定的标准为基础的。

另外，还有一些程序包虽然不是IEEE标准，但是由于已经成为了事实上的工业标准，也被并入了 IEEE 库。在这些程序包中，最常用的是 Synopsys 公司的 STD_LOGIC_ARITH 程序包、STD_LOGIC_SIGNED 程序包和 STD_LOGIC_UNSIGNED 程序包。此外，需要注意的是，在 IEEE 库中符合 IEEE 标准的程序包并非也符合 VHDL 语言标准，例如 STD_LOGIC_1164 程序包。

2. STD 库

STD 库是符合 VHDL 语言标准的库，库中定义了两个标准程序包：STANDARD 程序包和 TEXTIO 程序包。STANDARD 程序包中定义了 BIT、BIT_VECTOR 和 CHARACTER 等常用数据类型；TEXTIO 程序包定义了对文本进行读写操作的过程和函数。

3. WORK 库

WORK 库是用户进行 VHDL 程序设计时的当前工作库，主要用来保存设计者编译过的设计和模块。用户在编译一个 VHDL 程序时，会默认保存到 WORK 库中。WORK 库只是一个逻辑名，在 VHDL 设计中，VHDL 的综合器将用于保存当前设计的文件夹定义为 WORK库。VHDL 标准规定 WORK 库对设计来说总是可见的。

4. VITAL 库

VITAL 库是各个 FPGA、CPLD 生产商提供的面向 ASIC 的逻辑门库。VITAL 库中提供了多种基本元件，同时提供了描述真值表和状态表的方法、精确的时序检查功能以及模型描述规范，有利于仿真的实现和优化，提高模拟效率。因此该库一般用于 VHDL 的仿真，在设计开发的过程中一般不会使用。库中有时序程序包 VITAL_TIMING 和 VITAL_PRIMITIVES。

5. 用户自定义库

用户可以根据需要自己定义一些库，将自己的设计或别人的设计放到这些库中，方便以后使用。

VHDL 中的库有很多，按照使用时是否需要声明可以分为两大类，第一类是设计库，这类库对于当前设计是永远可见的，因此在使用库中内容时不需要在程序代码的开始部分对库进行声明；第二类是资源库，这类库主要用来存放常规元件、常用模块以及过程和函数等，在使用这些库时需要在程序代码的开始部分对库进行事先声明。对于上面介绍的 5 种常用库来说，STD 库和 WORK 库属于设计库，而 IEEE 库、VITAL 库和用户自定义库属于资源库。

因为有些库在声明前对当前设计不可见，因此在使用这些库时如果没有事先声明的话，程序就会出错。这时就需要在程序代码开始处对需要使用的库进行声明。例如，IEEE 库在使用前就必须声明。声明的方法如下：

LIBRARY IEEE;

但是对于 WORK 库来说，它对程序是永远可见的。因此就算不对这个库进行事先声明，也可以使用它。即不需要在程序代码开始处写如下代码：

LIBRARY WORK;

程序包（PACKAGE）是 VHDL 程序的公共存储区，主要用来存放各个设计都能共享的数据类型、子程序说明、属性说明和元件说明等。为了使已经定义好的常数、数据类型、元件可以被更多的 VHDL 程序共享，可以将这些资源整合到一个程序包或者多个程序包中。

常用的程序包有以下 4 种：

1. STD_LOGIC_1164 程序包

它是 IEEE 库中最常用的程序包之一，是符合 IEEE 标准的程序包。该程序包中定义了一些数据类型、子类型和函数，这些定义可以让 VHDL 程序扩展为描述多值逻辑（多值逻辑指除了'1'和'0'之外还可以描述高阻态'z'和不定态'x'等逻辑）的硬件描述语言，能更好地满足实际数字系统的设计需求。该程序包中最常用的两个数据类型是 STD_LOGIC 和 STD_LOGIC_VECTOR。

2. STD_LOGIC_ARITH 程序包

该程序包在 STD_LOGIC_1164 程序包的基础上扩展了 3 个数据类型：UNSIGNED、SIGNED 和 SMALL_INT，同时定义了相关运算符和数据类型转换函数。

3. STD_LOGIC_UNSIGNED 程序包和 STD_LOGIC_SIGNED 程序包

这两个程序包是 Synopsys 公司提供的程序包，预先编译在了 IEEE 库中。这两个程序包重载了可用于 INTEGER 型、STD_LOGIC 和 STD_LOGIC_VECTOR 型数据的转换函数。这两个数据包的区别是前一个对应于无符号的数据类型，后一个对应于有符号的数据类型。

4. STANDARD 程序包和 TEXTIO 程序包

这两个程序包是 STD 库中的程序包。STANDARD 程序包中定义了许多基本的数据类型、子类型和函数。TEXTIO 程序包中定义了一些支持文件操作的数据类型和子程序，主要供仿真器使用。

声明程序包的方法如下：

```
use   <设计库名>. <程序包名>. 项目名;        --声明某一个程序包中的某个项目
use   <设计库名>. <程序包名>. ALL;         --声明某一个程序包中的所有内容
use ieee. std_logic_1164. all;           -- 声明 IEEE 库中 STD_LOGIC_1164 程序包中的所有
                                             内容
```

配置（CONFIGURATION）主要用于实体和结构体间的匹配。对于以层次结构构成的 VHDL 设计，配置语句的功能就是对元件表中的元件进行再组合，构成实体的具体功能描述。在编程时，一个实体可以有多个结构体，不同的结构体对应着实体的不同结构或者功能。但在综合时，一个实体只能有一个结构体。因此对于有多个结构体的实体，需要用配置语句来指明与实体所匹配的结构体。配置语句的基本格式如下：

```
configuration 配置名 of 实体名 is          --配置
     FOR 选择的结构体的名称                 --通过该配置语句可以实现将结构体与实体进行匹配
         end FOR;
end 配置名;
```

除了上面这种基本的格式之外，VHDL 中的配置语句还有其他格式，具体内容将会在后面的章节中介绍。

3.2 VHDL 的文字规则

VHDL 除了具有其他语言类似的一般规则之外，还有很多特有的规则。VHDL 的文字主要包括数值和标识符。

3.2.1　数字型文字

数字型文字主要由整数、实数、以数制基数表示的文字和物理量文字等。

整数：整数是十进制的数，可以由数字和下划线构成，例如，1、345、0、167E2（表示 16700）、56_5896_2_0（表示 56589620）。这里的 E 指 10 的幂次方，数字之间的下划线只是为了提高数字的可读性，没有实际意义，不影响文字本身的数值。

实数文字：实数文字也是十进制的数，由数字、小数点和下划线构成，例如，156.12、25_25.12_12（表示 2525.1212）、2.00、465.89E－3（表示 0.46589）。

以数制基数表示的文字：这种表示方式由 5 个部分构成。第一部分，用十进制数表明数制进位的基数；第二部分，数制隔离符号"#"；第三部分，数字部分；第四部分，指数隔离符号"#"；第五部分，以第一部分数制进位基数表示的指数部分，如果该位是 0 则可以不写。例如，10#156#表示十进制的 156、2#1101_1000#表示 2 进制的 11011000（十进制为 216）、16#D.058#E＋3 表示 16 进制的 D.058 乘以 16^3，也就是十进制的 53336。

物理量文字：例如，20s、1300m、3000kΩ、14A 等。VHDL 的综合器无法处理这些文字。

3.2.2　字符串型文字

字符串文字包括字符和字符串。字符是用单引号引起来的 ASCII 字符，可以是数值、符号或者是字母，比如'A'、'1'和'＊'等。字符串由多个字符组成，需要使用双引号引起来，VHDL 中有两种字符串，一种是文字字符串，另一种是数字字符串。

文字字符串：使用双引号引起来的一串文字比如："error"、"and"和"play"等。

数字字符串：使用双引号引起来的一串数字，数字字符串也可以通过在字符串起始处添加"B"、"O"、"X"符号来表示该字符串属于 2 进制字符串、8 进制字符串或者是 16 进制的字符串。例如，B"1101_0101"（表示 2 进制"11010101"）和 X"ADF0522E"（表示 16 进制"ADF0522E"）等。

3.2.3　标识符

标识符是用来对信号、变量、子程序或进程等进行标识的符号。VHDL 的标识符是由 26 个大小写英文字母、0～9 数字和下划线"_"组成的字符串。并不是任意字符串都可以作为标识符，标识符必须符合以下规则：以英文字母开头、不连续使用下划线"_"和不以下划线结尾。例如，adder_a 和 and_or_111 是合法标识符，而_adder、and% 和 or__1 是非法标识符。

VHDL 中有两个标识符标准，分别是 VHDL'87 标准和 VHDL'93 标准。VHDL'93 标准是在 VHDL'87 标准的基础上扩展后形成的。在 VHDL'93 标准下，可以在程序设计中使用扩展标识符。扩展标识符的使用规则如下：用反斜杠来作为边界、允许以数字作为开头、允许使用空格和两个以上的下划线。例如，\74LS195\、\AN APPLE\ 和 \I____AM\ 等都是符合 VHDL'93 标准的合法的标识符。需要注意的是，在 VHDL 中的保留字是不能用作标识符的。保留字是 VHDL 中预先定义好的文字，在程序中有各自的功能。表 3.1 列出了 VHDL 中的保留字。

表 3.1 **VHDL 中的保留字**

ACCESS	ALL	AND	ALIAS
AFTER	ABS	ARCHITECTURE	ARRAT
ASSERT	BEGIN	BLOCK	BUFFER
BUS	CASE	CONFIGURATION	COMPONENT
DISTANT	DOWNTO	ELSE	END
ELSIF	ENTITY	EXIT	FILE
FOR	FUNCTION	GENERIC	GROUP
IN	IS	INERTIAL	IMPURE
INPUT	IF	LIBRARY	LITERAL
LINKAGE	LABEL	LOOP	MAP
MOOD	NOT	NULL	NEW
NEXT	NAND	OTHERS	OR
OUT	OPEN	ON	ONSTANT
PORT	PURE	PROCESS	PROCEDURE
PACKAGE	POSTPONED	RECORD	REGISTER
REJECT	RETURN	ROL	REM
RANGE	SRA	SLA	SHARED
SRL	SEVERITY	SELECT	SLL
SIGNAL	SUBTYPE	TRANSPORT	TO
TYPE	THEN	UNTIL	UNITES
UNAFFECTED	VARIABLE	WAIT	WHILE
WITH	XOR	XNOR	

3.2.4 下标

下标名用于表示数组或信号中的某一个元素，下标段名用于表示数组或信号的某一段元素。下标名和下标段名的格式如下：

标识符（表达式）

标识符（表达式 downto 表达式）

标识符（表达式 to 表达式）

signal a : std_logic_vector(7 downto 0) : = "11010101";　　　　　--定义一个信号 a，并赋初值"11010101"

定义 a 是一个位宽为 8 的信号，"a(1)"表示倒数第二位位置上的元素，即'0'。"a(7 downto 4)"表示从第八位到第五位上的元素，也就是"1101"。其中信号 a 最右侧的元素是第一位元素，最左侧的元素是第八位元素。

此外，在 VHDL 的编程中，常使用空格来分隔语句中的单词，在一个完整语句后使用";"符号作为结尾。为了让其他人更容易读懂程序，常常在语句后面添加语句的注释，在 VHDL 中注释以"--"开头，放在语句的末尾。注释的内容不会影响编译器和仿真程序，只是增加了程序的可读性。

3.3 VHDL 的数据对象

在 VHDL 中有 4 种数据对象：常数（CONSTANT）、变量（VARIABLE）、信号（SIGNAL）和文件（FILE）。

3.3.1 常数

常数指在程序中固定不变的数据，即对某一常数赋值之后，该数的值就一直保持不变。常数定义语句可以写在实体、结构体、程序包、块、进程和子程序中。在定义时可以不设定初值，之后再补充设定。常数的作用范围取决于定义常数的位置。比如，在程序包中定义的常数是全局变量，可以在调用此程序包的所有设计中使用；定义在实体中的常数，作用范围就是这个实体的所有结构体；定义在结构体中的常数，作用范围就是这个结构体；定义在结构体中某一个进程内的常数的作用范围就是从该进程的开始到该进程的结束为止。常数的格式如下：

```
constant 常数名 ：数据类型 [ : = 表达式]；
constant data_a : integer : = 58;                --定义一个名为 data_a 的整数常数并给它赋初值58
```
如果在定义常数时没有赋初值，可以通过下面的语句进行赋值。
```
constant data_a : integer;                       --定义一个名为 data_a 的整数常量
data_a : = 14;                                   --为 data_a 的赋值14
```

3.3.2 变量

变量是一种数值可以改变的数据，只能用在顺序语句中，比如用在进程语句、函数语句和过程语句中。它是一个局部变量，只能在作用范围内使用。变量的格式如下：

```
variable 变量名 ：数据类型 [ : = 表达式]；
variable data_b : integer : = 54;                --定义一个名为 data_b 的整数变量并给它赋初值54
```
如果在定义变量时没有赋初值，可以通过下面的语句进行赋值。
```
variable data_b : integer;                       --定义一个名为 data_b 的整数变量
data_b : = 14;                                   --为 data_b 的赋值14
```

3.3.3 信号

信号是电路内部硬件连接的抽象形式，相当于电路中的连线。信号没有规定数据的流动方向，一般用在结构体中。信号具有全局特性，在程序包中定义的信号，对于所有调用该程序包的实体都是可见的；在实体中定义的信号，则对其所对应的所有结构体都是可见的。需要注意的是，综合器在综合时会忽略信号的初值。信号的定义语句如下：

```
signal 信号名 ：数据类型 [ : = 表达式]；
signal data_c : std_logic : = '1';               --定义一个名为 data_c 的逻辑信号并给它赋初值为逻
                                                   辑'1'
```
如果在定义信号时没有赋初值，可以通过下面的语句进行赋值。
```
signal data_c : std_logic;
data_c < = '0';                                  --为 data_c 的赋值为逻辑'0'
```

3.3.4　文件

文件是 VHDL'93 标准中的数据对象，文件可以作为参数向子程序传递，通过子程序对文件进行读写操作。在仿真测试时，常常需要设计测试文件（TESTBENCH），测试文件中的一些激励数据有时需要使用文件数据对象。在输出模拟测试结果时，也可以将一些输出测试结果写成数据文件的形式放入程序包中。文件数据的格式如下：

TYPE 文件类型名 IS FILE OF 数据类型

FILE 文件名 ：文件类型 IS　方向（IN/OUT）　"文件名称"

TYPE filetype1 IS FILE OF STD_LOGIC_VECTOR

FILE userfile ：filetype1 IS IN "C：/mywork/lianxi. in"

定义文件变量的时候需要指明是读还是写，对于写的情况，需要在方向处选择 IN，同时在文件名称后加 ". in" 后缀。对于读的情况，需要在方向处选择 OUT，同时在文件名后加 ". out" 后缀。对于上面的例子，第一条语句是文件类型的说明语句，定义 filetype1 为一个 STD_LOGIC_VECTOR 类型的文件数据类型，第二条语句是文件说明语句，将 userfile 定义为一个文件类型是 filetype1 的输入文件，"C：/mywork/lianxi. in" 是文件的存储位置。

下面简单介绍一些有关对文件对象操作的过程和函数。

PROCEDURE readline(f ：IN text；I ：OUT line)；

程序 readline 的功能是从指定的文本文件中读出某一行的数据送到指定的行变量中，text 表示文件类型是文本类型。

PROCEDURE writeline(f ：OUT text；I ：IN line)；

程序 writeline 的功能是将某一行变量中存放的行数据写到文件变量所指定的文本中。

PROCEDURE read(I：INOUT line；value：OUT std_logic)；

程序 read 的功能是从某一行变量中存放的一行数据中取出第一个数据，然后放到指定的变量或者信号中。

PROCEDURE write(I：INOUT line；value：IN std_logic；justified：In side：= right；field ：IN width：=0)；

程序 write 的功能是将某一个数据写到某一个指定的行中的某一个特定的位置。其中，变量 justified 表示把行的哪一边作为起始位置有 "right" 和 "left" 两种选择，分别对应右侧和左侧，变量 field 表示数据写入的指定位置与起始位置之间的距离。

FUNCTION endfile(f ：text) return Boolean ；

函数 endfile 的功能是检查指定的文件是否结束，如果检测出文件结束标志，则返回 true 值，否则返回 false。

3.4　VHDL 的数据类型

作为一种强类型语言，VHDL 语言对运算关系和赋值关系中变量的数据类型有严格的要求。VHDL 语言要求设计中的每一个常量、信号、变量和函数等必须有明确的数据类型，只有相同数据类型的操作数之间才可以进行传递和作用。VHDL 中的数据类型分为 4 个大类：

标量类型（Scalar Type）：最基本的数据类型，包括实数类型、整数类型、枚举类型和时间类型。

复合类型（Composite Type）：由基本数据类型复合而成。例如，数组型（ARRAY）和记录型（RECORD）就是由标量类型的数据复合而成。

存取类型（Access Type）：为给定的数据类型数据提供存取方式。

文件类型（File Type）：提供多值存取的类型。

VHDL 中的数据类型还可以按另外一种方式划分为两个大类，其中一个大类是预定义数据类型，该类型是程序包中预先定义好的数据类型，用户可以通过声明程序包后直接使用；另一个大类是用户自定义数据类型，用户按照语法规则自己定义的数据类型或子类型。根据目的区分，还可以分为用于综合的数据类型和用于仿真的数据类型。虽然 VHDL 综合器支持大部分预定义或用户自定义的数据类型，但还是有一些数据类型是不支持的。比如 TIME 和 FILE 等类型的数据，这些数据类型只能在仿真中使用。不同类型的数据对象之间不可以互相赋值，即使数据类型相同，由于数据位宽等不同也不可以进行直接赋值。

3.4.1 VHDL 预定义数据类型

VHDL 预定义数据类型是已经在 VHDL 标准程序包中定义好的数据类型。设计者不需要在使用该类型数据前使用 use 语句事先声明。

1. 布尔（BOOLEAN）类型

该类型通常用来表示信号的状态。该类型数据的取值只有 TRUE 和 FALSE 两种。布尔量不属于数值，因此不能进行算术运算，只能进行关系运算。该类型定义在 STANDARD 程序包中，定义语句如下：

```
TYPE BOOLEAN IS (FALSE , TRUE);
```

2. 位（BIT）类型

该类型的取值只能是'1'或者'0'。这与整数中的 1 或者 0 是不同的，它表示的是两种取值状态，可以看成是高电平还是低电平。该类型数据可以进行逻辑运算，运算结果仍是位数据类型，它在 STANDARD 程序包中的定义如下：

```
TYPE BIT IS ('1' ,'0');
```

3. 位矢量（BIT_VECTOR）类型

该类型数据是由位数据类型组合而成的复合数据类型，可以看作是一维数组。在 STANDARD 程序包中的定义如下：

```
TYPE BIT_VECTOR IS ARRAY (NATURALRANGE  < >) OF BIT;
```

设计者在使用位矢量类型数据时通常需要指明位矢量的位宽，例如，下面的语句定义了一个位宽为 5 的信号 data_a。

```
signal data_a : bit_vector (4 downto 0 );
```

bit_vector 数据类型中的数值可以是 2、8、16 进制的数，不仅如此，bit_vector 还可以用"_"来分割数值位。例如：

```
signal a: bit_vector(11 downto 0);              --定义 a 为 12 位信号量
a <= x"a8";                                     --给 a 赋值 16 进制的 a8
a <= o"5177";                                   --给 a 赋值 8 进制的 5177
a <= b"1101_1110_111";                          --给 a 赋值 2 进制的 11011110111
```

4. 字符（CHARACTER）类型

该类型数据通常用单引号引起来，比如'x'。需要注意的是，在 VHDL 中，标识符是不区分大小写的，但是字符数据类型是区分大小写的。

5. 字符串（STRING）类型

该类型数据是由字符数据类型组合而成的复合数据类型，也可以看作是字符串数组。使用字符串时需要用双引号将字符串引起来。例如：

```
variable data_b : string( 4 downto 0 ) ;
data_b : = "abcxy";
```

6. 整数（INTEGER）类型

该类型数据和数学里的整数类似，由正整数、负整数和零组成。可以进行算术运算。在 VHDL 中，整数数据的取值范围是 −2147483647 ~ +2147483647，可以用 32 位有符号的二进制数表示。自然数（NATURAL）和正整数（POSITIVE）数据类型是整数的子类型。在 VHDL 中通常同 RANGE 子句将整数的范围限定到设计所需要的范围，例如：

```
signal data_c: integer range 0 to 255 ;                --定义一个整数类型信号,取值范围从 0~255
```

虽然 VHDL 有很多种数据类型，但是有些数据类型综合器是不支持的，这些数据类型主要用于仿真，比如：物理类型、实数类型、和 File 型等。

7. 实数（REAL）类型

该类型数据和数学里的实数类似。在 VHDL 中，实数的取值范围是 −1.0E38 ~ +1.0E38。需要注意的是，在使用时不可以直接将整数数据赋值给实数类型数据。例如数字 3 的整数表示是 3，实数表示是 3.0，两个数的值是一样的，但是数据类型是不相同的，直接赋值将会出现错误，需要进行数据类型的转换后才可以进行赋值操作。

8. 时间（TIME）类型

该类型数据是 VHDL 中唯一一种预定义物理类型。时间类型数据由整数和物理单位两个部分组成，在使用时整数和单位之间需要至少空一格。比如 55 ms、100 ns 和 1 s。这种数据类型只能用在仿真中，综合器是不支持这种数据类型的。该数据类型在 STANDARD 程序包中的定义如下：

```
TYPE TIME IS RANGE -2147483647 TO 2147483647
UNITS
    fs;                      --飞秒
    ps = 1000fs ;            --皮秒
    ns = 1000ps;             --纳秒
    μs = 1000ns;             --微秒
    ms = 1000μs;             --毫秒
    SEC = 1000ms;            --秒
    MIN = 60 SEC;            --分
    HR = 60 MIN;             --时
end UNITS;
```

9. 文件（FILE）类型

该类型数据主要用于传输大量数据，用 VHDL 语言描述时序仿真的激励信号和仿真波形输出时，有时需要使用文件类型。在 IEEE1076 标准中的 TEXTIO 程序包中定义了几种文件的传输方法，调用这些方法就可以完成数据的传输。

10. 错误等级（Severity Level）类型

该类型数据用来表示系统的当前状态。错误等级有 4 种，分别是注意（NOTE）、警告（WARNING）、错误（ERROR）和失败（FAILURE）。错误等级这个特殊的数据类型可以用在仿真报告中，用来提示用户所编程序是否存在问题，以及问题的严重性。

11. IEEE 预定义的标准逻辑位与逻辑位矢量

在 IEEE 库的 STD_LOGIC_1164 程序包中，定义了两个非常重要且常用的数据类型：标准逻辑位（STD_LOGIC）数据类型和标准逻辑位矢量（STD_LOGIC_VECTOR）数据类型。

标准逻辑位数据类型在 STD_LOGIC_1164 中的定义如下：

TYPE STD_LOGIC IS ('U', 'X', '0', '1', 'Z', 'W', 'L', 'H', ' – ');

STD_LOGIC 是标准的 BIT 数据类型的扩展数据类型，共定义了 9 种状态，其中'u'代表初始化、'x'代表强未知、'0'代表强 0，综合后为'0'、'1' 代表强 1，综合后为'1'、'z' 代表高阻态，综合后为高阻态、'w' 代表弱未知的、'1' 代表弱 0、'h' 代表弱 1、' – ' 代表忽略，上面不可综合的取值主要用于仿真。由于标准逻辑位数据类型数据的取值有 9 种，所以使用在条件语句中时需要注意所有的取值可能。STD_LOGIC_1164 程序包中还定义了 STD_LOGIC 型逻辑 AND、NAND、OR、NOR、XOR 和 NOT 的重载函数和多个用于不同数据类型间转换的转换函数。在仿真中，STD_LOGIC 数据类型十分重要，它可以使设计者精确地模拟一些未知和高阻等线路情况。但是就综合而言，该数据类型只能在数字器件中实现 4 种值：' – '、'0'、'1' 和'z'。当然，这并不是说其余 5 种值没有意义，它们经常用于仿真。

在 STD_LOGIC_1164 程序包中也定义了标准逻辑矢量的数据类型，该数据类型的定义如下：

TYPE STD_LOGIC_VECTOR ISARRAY(NATURAL RANGE < >) of STD_LOGIC ;

可以将 STD_LOGIC_VECTOR 看作是定义在 STD_LOGIC_1164 程序包中的标准一维数组，该数组中的每一个元素的数据类型都是 STD_LOGIC。

12. 其他预定义的标准数据类型

VHDL 综合工具配备的扩展程序包中，还定义了其他数据类型，比如 Synopsys 公司在 IEEE 库中加入的 STD_LOGIC_ARITH 程序包中定义了无符号型、有符号型和小整型数据类型。有符号和无符号数据类型主要用来设计可综合的数学运算程序。在 IEEE 中的 NUMERIC_STD 和 NUMERIC_BIT 程序包中也定义了 UNSIGNED 型和 SIGNED 型。

无符号数据类型代表一个无符号的数值，在综合器中，这个数值被解释成一个 2 进制数，最左边的是最高位。

signal   data_e : unsigned (5 downto 0);

有符号数据类型代表一个有符号的数值，综合器将其解释为补码，最高位代表符号位，如果最高位是'0'则表示该数是正数，如果最高位是'1'则表示该数是负数。例如："0100" 表示的是 4，"1011" 表示的是 −5。

signal data_f : signed(5 downto 0);

3.4.2　用户自定义数据类型

除了上面介绍的标准预定义数据类型以外，VHDL 还允许用户定义新的数据类型。用户可以定义多种数据类型，比如枚举类型（Enumeration Types）、整数类型（Integer Types）、数组类型（Array Types）、记录类型（Record Types）、时间类型（Time Types）和实数类型（Real Types）等。用户可以使用定义语句 TYPE 来定义自己的数据类型，也可以使用 SUBTYPE 来定义子类型。TYPE 定义数据类型有两种方式，格式如下：

　　TYPE 数组名 IS ARRAY（数组范围）OF 数据类型　　　　　　　--第一种方式
　　TYPE BUS IS ARRAY(7 DOWNTO 0) OF STD_LOGIC；　　　--定义 BUS 时 8 位位矢量数据类型
　　TYPE 数据类型名称 IS（取值 1，取值 2…）；　　　　　　　　--第二种方式
　　TYPE WEEK IS (SUN, MON, TUE, WED, THU, FRI, SAT)；--定义 WEEK 为枚举类型

用户也可以通过 SUBTYPE 语句定义子类型，TYPE 语句和 SUBTYPE 语句的不同之处在于，子类型的定义只是在现有的数据类型上做一些约束，并不是定义新的数据类型。利用子类型定义数据类型可以提高程序的可读性，提高综合时的效率。SUBTYPE 的格式如下：

　　SUBTYPE 子类型名 IS 数据类型名 range 数据范围
　　SUBTYPE integerzlx IS integer　RANGE 0 TO 5；　　　　--定义 integerzlx 是 integer 的子类型，取值
　　　　　　　　　　　　　　　　　　　　　　　　　　　　--范围是 0 到 5

下面对几种常用的用户自定义数据类型进行具体介绍。

枚举类型：它是一种特殊的数据类型，使用文字符号来表示一组二进制数。在逻辑电路中，数据都是以'0'或'1'表示的，但是数字往往不是很直观，所以人们打算利用符号来代替数字。例如，表示星期时可以假设"000"代表星期一，"001"代表星期二，以此类推。这样星期和数字之间就有了对应关系。使用枚举类型定义后，在编程时 mon 就可以代表"000"，这样更方便设计者使用。枚举类型的定义格式如下：

　　TYPE 枚举数据类型名 IS（枚举类型 1，枚举类型 2…）；
　　TYPE week is(sun, mon, tue, wed, thu, fri, sat)；

在综合中，枚举类型文字的编码通常是自动配置的，综合器根据优化的情况、优化控制的设置以及是否有设计者的特殊设定等情况来确定每个元素具体的 2 进制数编码。综合器在编码过程中自动将每一个枚举元素转换成位矢量形式，位矢量的长度根据实际情况决定。例如上面的例子中，week 可以是 3 位位宽的位矢量，mon 的编码值是"001"。一般来说编码方式会因综合器和控制方式的不同而不同，为了某些特殊情况的需要，编码也可以人为设置。

整数和实数类型：这里指用户定义的数据类型，而不是 VHDL 中已经存在的数据类型。其实，用户自己定义的整数类型是预定义整数类型的一个子类。例如，用户想在数码管上显示数字，但是数码管上只能显示 0~9 十个数字，VHDL 中预定义的整数类型的取值范围远远大于需要的范围。这种情况下用户就可以自己定义一个整数型数据的子类型，例如：

　　TYPE 数据类型名 IS 数据类型定义 约束范围；
　　TYPE shumaguan IS integer RANGE 0 TO 9；

数组类型：它属于复合类型数据类型，将具有相同数据类型的数据组合到一起形成数组类型数据。数组可以是一维数组，也可以是二维数组，虽然 VHDL 仿真器支持多维数组，但 VHDL 综合器只支持一维数组。

VHDL 允许用户定义两种不同类型的数组，一种是限定型数组，另一种是非限定型数组。限定型数组在定义的时候需要指明数组的范围，非限定型数组在定义时不需要指明取值范围。格式如下，其中 < > 之间不能有空格。

TYPE 数组类型名 IS ARRAY 约束范围 OF 数据类型；　　　　　　　　--限定型数组定义

TYPE 数组名 is array（NATURAL　range < > ）of 数据类型；　　　　--非限定性数组定义

TYPE user_std_logic IS ARRAY（7 downto 0）OF std_logic；　　　　--定义 user_std_logic 是 8 位逻辑位矢量

TYPE user_std_logic_u IS ARRAY（NATURAL RANGE < > ）OF std_logic；　--定义 user_std_logic_u 是逻辑位矢量

variable data_e：user_std_logic_u（6 downto 0）；　　　　　　　　--定义 data_e 是 7 位逻辑位矢量

对数组赋值可以对数组中的每一个元素分别赋值，也可以对整个数组一次性赋值。例如：

data_e（6）<= '1'；

data_e <= "1010101"；

记录类型：它与数组类型类似。由相同数据类型的元素构成的称为数组类型，由不同数据类型元素构成的称为记录类型。构成记录类型的数据类型可以是任意已经定义过的数据类型，这里也包括数组类型和已经定义过的记录类型。记录类型的格式如下：

TYPE 记录类型名 IS record

　　　元素名 ：元素数据类型；

　　　元素名 ：元素数据类型；

　　　…

end　record[记录类型名]；

TYPE user_calendar IS record　　　　　　　　　　　　--定义 user_calendar 为记录类型数据

　　　user_year ：integer range 0 to 3000；

　　　user_month ：integer　range 0 to 12；

　　　user_day：integer range 1 to 31；

　　　user_note ：string（100 downto 0）；

　　　end record；

对记录类型的数据赋值与数组类似，可以对整个记录对象一次性赋值，也可以分开对每个对象进行赋值。

用户也可以自己定义自己的时间类型数据，具体定义方式和前面介绍的时间类型数据定义的方法相同，这里就不再介绍了。

3.4.3　数据类型间的转换

在 VHDL 语言中，数据类型的定义十分严格。不同数据类型之间是不可以进行运算和赋值的，为了实现不同类型数据之间的赋值，必须将要进行操作的类型进行转换，数据类型的转换方式有两种：函数转换法和类型标记转换法。

函数转换法中的变换函数通常是由 VHDL 程序包提供的。例如在 STD_LOGIC_1164、STD_LOGIC_ARITH 或者 STD_LOGIC_UNSIGNED 程序包中提供了相应的转换公式，见表3.2。

表 3.2　VHDL 数据类型转换函数表

程 序 包	函 数 名	功 能
STD_LOGIC_1164	TO_STDLOGICVECTOR （A） TO_BITVECTOR （A） TO_STDLOGIC （A） TO_BIT （A）	由 BIT_VECTOR 转换为 STD_LOGIC_VECTOR 由 STD_LOGIC_VECTOR 转换 BIT_VECTOR 由 BIT 转换为 STD_LOGIC 由 STD_LOGIC 转换为 BIT
STD_LOGIC_ARITH	CONV_STD_LOGIC_VECTOR （A，位长） CONV_INTEGER （A）	由 INTEGER 、UNSIGNED 、SIGNED 转换成 STD_LOGIC_VECTOR 由 UNSIGNED 、SIGNED 转换成 INTEGER
STD_LOGIC_UNSIGNED	CONV_INTEGER （A）	由 STD_LOGIC_VECTOR 转换成 INTEGER

在下面的例子中，使用 CONV_INTEGER （ ） 函数将逻辑位矢量类型的数据 num 转换成整数型数据之后再赋给 in_num。

signal num：STD_LOGIC_VECTOR （2 downto 0）；

signal in_num：INTEGER RANGE 0 TO 5；

in_num <= CONV_INTEGER（num）；

类型标记转换法是直接使用类型名进行数据类型的强制转换，和高级语言的强制类型转换类似。类型标记就是数据类型的名称。类型标记转换法可以用在那些关系密切的标量类型之间的类型转换，比如整数和实数类型的转换。

variable a ：integer；

variable b ：real；

a：= integer（b）；

b：= real（a）；

需要注意的是，在上面的语句中将浮点数转换成整数的时候会发生舍入现象。类型标记转换法必须遵循以下三条原则：

所有抽象数据类型是可以互相转换的数据类型，比如，整型、浮点型。

如果两个数组有相同的维数，且两个数组中的元素是同一种类型，并且各自的下标范围内索引是同一种类型或者是非常相近的类型，那么这两个数组才是可以进行类型转换的。

枚举类型不可以进行转换。

3.5　VHDL 的操作符

与其他程序设计语言一样，VHDL 语言的表达式也由操作数和操作符构成，操作数是前面介绍的各种运算对象，而操作符是将运算对象连接起来的操作符号。

在 VHDL 中有四大类操作符，第一类是算术操作符（Arithmetic Operator），第二类是关系操作符（Relational Operator），第三类是逻辑操作符（Logical Operator）和符号操作符（Sign Operator），最后一类是重载操作符（Overloading Operator）。前三类操作符是完成逻辑和算术运算的基本操作符，重载操作符是对基本操作符做了重新定义的函数型操作符。各种操作符的功能和其所要求的操作数的类型见表 3.3，操作符之间的优先级见表 3.4。

表 3.3　VHDL 操作符列表

操作符类型	操作符	功能	操作数数据类型
算术操作符	+	加	整数
	−	减	整数
	&	并置	一维数组
	*	乘	整数实数
	/	除	整数实数
	MOD	取模	整数
	REM	取余	整数
	SLL	逻辑左移	BIT 或布尔型一维数组
	SRL	逻辑右移	BIT 或布尔型一维数组
	SLA	算术左移	BIT 或布尔型一维数组
	SRA	算术右移	BIT 或布尔型一维数组
	ROL	逻辑循环左移	BIT 或布尔型一维数组
	ROR	逻辑循环右移	BIT 或布尔型一维数组
	* *	乘方	整数
	ABS	取绝对值	整数
关系操作符	=	等于	任何数据类型
	/=	不等于	任何数据类型
	<	小于	枚举和整数类型以及其对应的一维数组
	>	大于	枚举和整数类型以及其对应的一维数组
	<=	小于等于	枚举和整数类型以及其对应的一维数组
	>=	大于等于	枚举和整数类型以及其对应的一维数组
逻辑操作符	AND	与	BIT, BOOLEAN, STD_LOGIC
	OR	或	BIT, BOOLEAN, STD_LOGIC
	NAND	与非	BIT, BOOLEAN, STD_LOGIC
	NOR	或非	BIT, BOOLEAN, STD_LOGIC
	XOR	异或	BIT, BOOLEAN, STD_LOGIC
	XNOR	异或非	BIT, BOOLEAN, STD_LOGIC
	NOT	非	BIT, BOOLEAN, STD_LOGIC
符号操作符	+	正	整数
	−	负	整数

表 3.4　VHDL 操作符优先级

操作符	优先级
NOT, ABS, * *	最高优先级
*, /, MOD, REM	
+（正号）, −（负号）	↑
+, −, &	
SLL, SLA, SRL, SRA, ROL, ROR	
=, /=, <, <=, >, >=	最低优先级
AND, OR, NAND, NOR, XOR, XNOR	

1. 算术操作符

在算术操作符中，大部分操作符的使用方法和其他语言中的使用方法类似：

```
signal   a: integer : = 10;
signal   b: integer : = 3;
signal   x: integer;
signal   y: integer;
signal   z: integer;
x <= a +b;                        --计算 a 加 b
y <= a * b;                       --计算 a 乘 b
z <= a mod b;                     --计算 a 对 b 取模
```

对于算术操作符中的几种特殊操作符来说，使用方法如下：

并置操作符（&）：它用来进行位或位矢量的连接，即将并置操作符右侧的内容拼接到左侧内容的末尾形成一个新的内容。并置操作符可以将两个位连接起来形成一个位矢量，也可以将两个位矢量连接起来形成一个新的位矢量，也可以将位和位矢量连接起来形成一个新的位矢量。例如：

```
signal   a : std_logic : = '1';
signal   b : std_logic : = '0';
signal   c : std_logic_vector(3 downto 0) : = "1111";
signal   d : std_logic_vector(3 downto 0) : = "0000";
signal   x : std_logic_vector(1 downto 0);
signal   y : std_logic_vector(7 downto 0);
signal   z : std_logic_vector(4 downto 0);
x <= a&b;                        --x 的结果是"10"
y <= c&d;                        --y 的结果是"11110000"
z <= a&c;                        --z 的结果是"11111"
```

移位操作符分为 3 种，分别是逻辑移位操作、算术移位操作和循环移位操作。

逻辑移位操作分为逻辑左移（SLL）和逻辑右移（SRL）。逻辑左移操作符就是将数据进行左移操作，在移位的过程中，由于移位空出的位用零来填补。同理，逻辑右移操作符就是将数据进行右移操作，空位用零来补充。例如：

```
signal x : std_logic_vector(7 downto 0) : = "10110111";
signal z : std_logic_vector(7 downto 0);
z <= x sll 3 ;                   --z 最后的结果是"10111000"
```

算术移位操作分为算术左移（SLA）和算术右移（SRA）。算术左移操作和逻辑左移相同。算术右移操作符就是将数据进行右移操作，左边空出来的位置用开始时数据的最高位来填补。例如：

```
signal x : std_logic_vector(7 downto 0) : = "10110111";
signal z : std_logic_vector(7 downto 0);
z <= x sra 3 ;                   --z 最后的结果是"11110110"
```

循环移位操作分为循环左移（ROL）和循环右移（ROR）。循环左移操作符就是将数据进行左移操作，在移位的过程中，空出的位置用左移移出的数据填补。循环右移同理，例如：

```
signal x : std_logic_vector( 7 downto 0) : = "10110111";
signal z : std_logic_vector( 7 downto 0);
z <= x rol 3 ;                                    --z 最后的结果是"10111101"
```

2. 关系操作符

关系操作符用于对具有相同数据类型的数据对象进行数值比较，结果以布尔类型的数据表示。关系操作符通常用在流程控制语句中。

```
signal   a: integer : = 10;
signal   b: integer : = 3;
signal   c: integer;
if( a > b) then                                   --如果 a 大于 b 的话
    c <= a;
end if;
```

3. 逻辑操作符

逻辑操作符用来对操作数进行逻辑运算。逻辑运算的操作数必须具有相同的数据类型，VHDL 逻辑操作符允许的操作数类型有位类型、布尔类型、位矢量类型、标准逻辑位类型和标准逻辑位矢量类型。在使用多个逻辑操作符的时候，最好使用括号来规定运算顺序。

```
signal   a: std_logic : = '1';
signal   b: std_logic : = '0';
signal   c: std_logic;
c <= ( a and b) xor ( a or b);                    --将 a 与 b 的结果和 a 或 b 的结果进行异或,送给 c
```

4. 符号操作符

符号操作符 " + " 和 " – " 可以表示数据的符号。

```
signal a,b,c: integer range 0 to 255;
c <= b + ( – a);
```

5. 重载操作符

为了方便各种不同数据类型间的运算，VHDL 允许用户对原有的基本操作符做重新的定义，赋予它们新的含义和功能，这种操作符就是重载操作符。在 STD_LOGIC_UN-SIGNED 程序包中已经定义了许多可供不同数据类型间操作的重载操作符。Synopsys 公司的 STD_LOGIC_ARITH、STD_LOGIC_UNSIGNED 和 STD_LOGIC_SIGNED 程序包中也定义了许多重载操作符。

通常来说加法运算符 " + " 只能对整数型数据进行操作。但是可以通过对该操作符重新定义，使它可以进行不同类型操作数之间的运算，这就是运算符的重载。重载操作符是通过使用函数等方法预先定义好的操作符，具体是如何实现的将会在下一章中的子程序部分介绍。在 VHDL 中定义了许多重载操作符，这里以 " + " 操作符举例。VHDL 中的重载 " + " 操作符可以进行多种数据类型间的加法操作，比如实现逻辑位矢量间的加法，程序如下：

```
LIBRARY IEEE;                                     --库声明
use IEEE. STD_LOGIC_1164. ALL;
use IEEE. STD_LOGIC_UNSIGNED. ALL;
```

```
use IEEE. STD_LOGIC_ARITH. ALL；

entity overload_exam is                    --实体
port(A,B : in STD_LOGIC_VECTOR (3 downto 0)；   --A B 为 4 位位矢量,输入端口
    SUM    :out   STD_LOGIC_VECTOR (4 downto 0))；-SUM 为 5 位位矢量,输出端口
end overload_exam；
architecture Behavior of overload_exam is      --结构体
signal T1,T2 : STD_LOGIC_VECTOR (4 downto 0)；  --信号声明,T1 T2 为 5 位逻辑位矢量
T1 <= '0' & A；
T2 <= '0' & B；
SUM <= T1 + T2；
end Behavior；
```

3.6　VHDL 预定义属性

VHDL 中预定义了一些属性描述语句。用来对类型、子类型、信号、变量、常量等项目的特性进行检测和统计。常用的预定义属性函数功能表见表 3.5。其中综合器支持的有 LEFT、RIGHT、HIGH、LOW、RANGE、REVERSE_RANGE、LENGTH、EVENT 和 STABLE。

表 3.5　VHDL 常用预定义属性表

属　性　名	功能与含义	适　用　范　围
LEFT［(n)］	返回左边界，用于数组时，n 表示二维数组行序号	类型、子程序
RIGHT［(n)］	返回右边界，用于数组时，n 表示二维数组行序号	类型、子程序
HIGH［(n)］	返回上限值，用于数组时，n 表示二维数组行序号	类型、子程序
LOW［(n)］	返回下限值，用于数组时，n 表示二维数组行序号	类型、子程序
LENGTH［(n)］	返回总长度，用于数组时，n 表示二维数组行序号	数组
STRUCTURE［(n)］	如果块或结构体含有装配语句或进程时，返回 TRUE	块、结构
BEHAVIOR	如果块或结构体不含有具体装配语句时，返回 TRUE	块、结构
POS（value）	参数 value 的位置序号	枚举类型
VAL（value）	参数 value 的位置值	枚举类型
SUCC（value）	比 value 的位置序号大的相邻位置值	枚举类型
PRED（value）	比 value 的位置序号小的相邻位置值	枚举类型
LEFTOF（value）	在 value 左边位置的相邻值	枚举类型
RIGHTOF（value）	在 value 右边位置的相邻值	枚举类型
EVENT	当发生事件时，则返回 TRUE	信号
ACTIEV	当信号有效时，则返回 TRUE	信号
LAST_EVENT	从信号最近一次发生至今所经历的时间	信号
LAST_VALUE	从最近一次事件发生之前的信号值	信号
LAST_ACTIVE	返回自信号前面一次事件处理至今所经历的时间	信号

（续）

属 性 名	功能与含义	适用范围
DELAYED［（time）］	在参考信号后面建立与其同类型的信号，time 为延迟时间	信号
STABLE［（time）］	参考信号在 time 时间内没有事件发生时，返回 TURE	信号
QUIET［（time）］	参考信号在 time 时间内没有事项处理时，返回 TRUE	信号
TRANSACTION	参考信号在事件发生或者事项处理中，值翻转时，该属性建立一个 BIT 型信号，重复返回当前值	信号
RANGE［（n）］	返回指定排序范围，参数 n 指二维数组的第 n 行	数组
REVERSE_RANGE［（n）］	返回指定逆序范围，参数 n 指二维数组的第 n 行	数组

　　在 VHDL 中属性可以分为以下几种，数值类属性（Value Kind）：该类属性返回一个常用的数据类型、数组或是块的有关值，比如返回数组的长度或者数据类型的上下界等；函数类属性（Function Kind）：该属性以函数的形式返回有关数据类型、数组或是信号的信息；信号类属性（Signal Kind）：该类型属性可以根据现有的信号建立一个新的信号，新信号是以所加属性信号为基础建立的，新信号带有旧信号的信息；数据类型类属性（Type Kind）：该类型属性用来获得所加属性的数据类型的基本类型；数据范围类属性（Range Kind）：该类型属性用来返回数据的区间范围，这种类型的属性仅用在限定性数组类型中。

　　接下来分别对这几种类型的属性做详细介绍。

　　数值类属性又分为常用数据类型的数值类属性、数组的数值类属性和块的数值类属性。

　　常用的数据类型的数值类属性用来返回一个该数据类型的左右边界值或者上下界限值，对于非二维数组来说，属性 LEFT 的值和 LOW 的值相同，属性 RIGHT 的值和 HIGH 的值相同，例如：

TYPE user_number IS integer RANGE 0 TO 9 ;

TYPE word IS array（14 downto 0）OF std_logic ;

signal x : integer ;

x <= user_number'left ;　　　　　　　　-- user_number 左边界的值为 0，

x <= user_number'right;　　　　　　　　--user_number 右边界的值为 9

x <= user_number'high ;　　　　　　　　--user_number 上边界的值为 9

x <= user_number'low ;　　　　　　　　--user_number 下边界的值为 0

x <= word'high;　　　　　　　　　　　--word 上边界的值为 14

x <= word'left;　　　　　　　　　　　--word 左边界的值为 14

　　数组的数值类属性的功能是返回一个限定性数组的长度值，数组可以是一维数组也可以是多维数组。例如：

TYPE number IS integer RANGE 0 TO 9 ;

TYPE week IS（mon,tue,wed,thu,fri,sat,sun）;

signal x : integer ;

x <= week'length ;　　　　　　　　　--week 的长度为 7

x <= number'length ;　　　　　　　　--number 的长度为 10

　　块的数值类属性用来返回块和结构体的建模信息。

函数类属性分为数据类型属性函数、数组属性函数和信号属性函数。

数据类型属性函数的主要功能是获取数据类型的各种信息，比如位置信息或左右邻值等。例如：

TYPE week IS(mon,tue,wed,thu,fri,sat,sun);

--week'pos(tue)是1,week 中 tue 所在的位置序号是1

--week'val(3)是thu,week 位置序号为3 的位置是 thu

--week'succ(thu)是2,比 thu 位置值大1 的位置值是2

--week'pred(thu)是1,比 thu 位置值小1 的位置值是1

--week'leftof(fri)是thu,在 fri 左侧的值是 thu

--week'rightof(fri)是sat,在 fri 右侧的值是 sat

数组属性函数主要是用来返回数组的边界，和前面提到的数组的数值类属性类似，只是多了索引号 n。索引号 n 是指多维数组中定义的多维区间的序号，如果是一维数组的话 n 的值是 1，如果一维数组中元素是递增排列的，那么属性 LEFT(n) 和属性 LOW(n) 的值相同。这种属性主要用来处理二维数组。

信号属性函数主要用来得到有关信号的行为功能等信息，比如信号是否发生了值的变化以及信号的历史信息等。在对数字逻辑电路的描述中，信号类属性测试尤为重要，这种属性可以完成信号时序特性的检测。例如，在电路设计中常常要求输入端口的建立时间和保持时间应该大于规定的数值，否则将导致信号的不稳定，仿真时可以用信号的属性来测试当前设计是否满足了时序要求。在信号属性中，'EVENT 属性也是很重要的属性，主要用来检测事件是否发生。

if(clk'event and clk = '1') then   --如果 clk 信号有事件发生,且 clk 的值为1

y <= x;   --将 x 赋值给 y

end if;

在上面的例子中，如果时钟信号事件发生，同时时钟信号的取值为'1'时，就将信号 x 的值赋值给信号 y。时钟事件发生且取值为'1'可以看作是时钟的上升沿来临，时钟事件发生且取值为'0'可以看作是时钟的下降沿来临。时钟的上升沿和下降沿如图 3.4 所示。

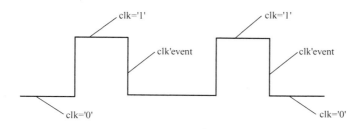

图 3.4　时钟信号上升沿和下降沿示意图

● 本章小结

VHDL 语言是 EDA 技术的重要组成部分，本章主要讲述了 VHDL 语言的基本语法知识，是使用 VHDL 进行 EDA 设计的基础。

本章首先介绍了 VHDL 程序的基本结构，一个完整的 VHDL 设计由库、程序包、实体、结构体和配置组成，其中实体和结构体是基本组成部分；然后介绍了 VHDL 语言中的文字规则、数据对象和数据类型和操作符等内容；最后介绍了 VHDL 中预定义的属性。

● 习　题

3.1　完整的 VHDL 设计由哪几部分构成？

3.2　实体的端口模式有几种？分别是什么？

3.3　常用的库和程序包有哪些？

3.4　下列 VHDL 标识符是否合法？如果不合法请指明原因。
　　Adjfl_231，987adf，_adf09df，a? adsf99，k__001

3.5　VHDL 常用的数据对象有哪几种？分别是什么？

3.6　请列出 VHDL 常用的数据类型。

3.7　常用的数据类型转换方法是什么？

3.8　什么是操作符的重载？

第 4 章
VHDL硬件描述语言

在 VHDL 中实体的功能是通过结构体实现的，而结构体则是采用 VHDL 提供的基本描述语句组合实现的。在 VHDL 中的语句主要分为两个大类：顺序语句和并行语句。并行语句主要有以下几种：并行信号赋值语句、条件信号赋值、进程语句、块语句、并行过程调用语句、元件例化语句和生成语句。顺序语句一般是放在进程中的语句。顺序语句的执行顺序就是按照语句的书写顺序。结构体中的并行语句总是放在进程的外面，并行语句可以看作是同时执行的，与它们在程序中的先后顺序无关。VHDL 中的语句主要用来描述系统内部的硬件结构和动作行为，以及信号之间的逻辑关系。

4.1　进程语句

进程语句是最具有 VHDL 特色的语句，它提供了一种顺序描述硬件行为的方法。进程是使用顺序语句描述的一种进行过程，也就是说进程可以描述顺序事件。每一个进程语句都可以有自己唯一的进程名，进程名不是进程所必须的部分。一个结构体中可以有多个进程。不同进程之间是并行执行的，但是每一个进程内部的语句是顺序执行的。在结构体的描述中，进程语句是十分常用的一种语句。进程语句的格式如下：

［进程名］:process（敏感信号表）

［变量说明语句;］

begin

　　　顺序说明语句;

end process;

在进程语句中，变量说明语句用于说明在该进程内将要使用的数据类型、子程序或变量。敏感信号表中的内容是进程语句启动的条件，只有敏感信号表里的内容发生变化，进程才会启动，开始执行进程中的语句。例如：

```
process( clk )                      --clk 是敏感信号,当 clk 改变的时候,进程才会启动
variable data_a : std_logic ;       --定义 data_a 为一个变量
begin
    if ( clk 'event and clk = '1' ) then   -- 如果 clk 信号出现上升沿跳变的话,开始执行
        data_a <= '1';                     --将逻辑'1'赋值给 data_a
    end if;
end process;
```

语句中 process 是进程语句的关键字，begin 是表示进程描述语句开始的关键字。在上面的进程中，敏感信号表中只有 clk 信号（clk 信号通常指系统的时钟信号）。当 clk 产生一个上升沿时就将变量 data_a 赋值逻辑'1'。敏感信号表中可以列出多个信号，只要其中一个信

号发生了变化，进程语句就会启动。对于一个进程来说，它只有两种工作状态：等待状态和执行状态。进程语句的工作状态取决于敏感信号的激励，在执行完一次进程中语句后，进程就会结束，进入等待状态。直到下一次敏感信号的激励来临。需要注意的是，在进程中不可以定义信号和共享变量、一个进程中不可以有两个时钟沿触发。

4.2 赋值语句

赋值语句的功能是将一个值或者一个表达式的运算结果传递给另一个数据对象。VHDL语言中实体内的数据传递和对端口界面外部数据的读写等都必须通过赋值语句实现。赋值语句既是顺序语句又是并行语句，具体看赋值语句在哪里使用，当用在进程中的时候是顺序语句，当用在进程外时是并行语句。赋值语句按照赋值对象不同分为变量赋值语句和信号赋值语句。变量赋值语句和信号赋值语句的格式如下：

```
变量赋值目标：= 赋值源；
信号赋值目标 <= 赋值源；
signal    a：std_logic；
variable b : integer ；
a：= '1'；
b <= 9；
```

这两种赋值的格式类似，都由赋值目标、赋值符号和赋值源组成。赋值目标是所赋值的受体，它只能是信号或变量，赋值源是赋值的主体，它可以是一个数值，也可以是一个逻辑或者运算表达式。VHDL语言规定，赋值目标和赋值源的数据类型必须是严格一致的。

变量赋值和信号赋值的区别在于，变量具有局部特性，它的有效范围只局限于所定义的一个进程中，或一个子程序中，是一个局部的暂时性数据。对于它的赋值是立刻发生的。但是信号赋值则不同，信号具有全局特性，它不但可以作为一个设计实体内部各单元之间传输数据的载体，也可以和其他实体进行通信。信号的赋值不会立刻发生，一般会在一个进程结束时才会赋值完成。在同一个进程中，可以允许同一个信号有多个赋值源，但是当同一个信号赋值目标有多个赋值源的时候，信号赋值目标获得的是最后一个赋值源的赋值。例如：

```
signal s1,s2 :std_logic ；
signal user_test : std_logic_vector(3 downto 0) ；
process(s1,s2)
variable v1,v2：std_logic ；
begin
    v1：= '1' ；               -- 立刻将变量 v1 置位为 1
    v2：= '1'；               -- 立刻将变量 v2 置位为 1
    s1 <= '1' ；              -- 信号被赋值 1
    s2 <= '1' ；              -- 信号被赋值 1
    user_test(0)    <= v1；   --将变量 v1 在上面赋值的 1 送给这个单元
    user_test（1）  <= v2；   --将变量 v2 在上面赋值的 1 送给这个单元
    user_test(2)    <= s1；   --将变量 s1 在上面赋值的 1 送给这个单元
    user_test(3)    <= s1；   --将变量 s2 在下面赋值的 0 送给这个单元
    v1：= '0'；
```

```
      v2 : = '0';
      s2 <= '0';
  end precess;
```

上面介绍的两种赋值语句既可以作为顺序语句又可以作为并行语句，下面介绍并行信号赋值语句，正如它的名字，这种赋值语句只能作为并行语句使用且赋值目标必须是信号。并行信号赋值语句分为两种：条件信号赋值语句和选择信号赋值语句。

条件信号赋值语句可以根据不同的条件将不同表达式的值赋值给目标信号，格式如下：

```
目标信号  <=  表达式 1       when   条件 1       else
              表达式 2       when   条件 2       else
              表达式 3       when   条件 3       else
              ...
              表达式 n – 1 when   条件 n – 1 else
              表达式 n;
```

当条件 1 成立时，就将表达式 1 的值赋值给目标信号，当条件 2 成立时，就将表达式 2 的值赋值给目标信号，以此类推，当所有条件都不成立时，就将表达式 n 的值赋值给目标信号。需要注意的是，条件赋值语句不能将自身值带入目标自身，例如：

```
signal a,b :std_logic;
signal user_flag :std_logic;
q <= a and b when user_flag = '1'  else        --如果 flag 等于'1'，就将 a 与 b 赋值给 q
     a or b   when user_flag = '0'  else        --如果 flag 等于'0'，就将 a 或 b 赋值给 q
     'z';                                        --其他情况下,将'z'赋值给 q
```

选择信号赋值语句的格式如下，选择信号赋值语句也有敏感量，每当 with 右侧的选择表达式的值发生变化时，就启动该语句对各子句进行测试。当发现有满足条件的子句时，就将该条件的信号表达式赋值给目标信号。需要注意的是，该语句不允许有条件重叠，也不允许有条件涵盖不全的情况，且不可以在进程中使用。例如，std_logic_vector（1 downto 0）的可能取值除了有"00"，"01"，"10"，"11"以外还有"0x"，"0z"，"x1"等其他取值，在使用选择信号赋值语句时需要列出所有取值可能，通常使用 others 来代替除已列出的可能的其他可能项。

```
with 选择条件表达式 select
目标信号  <=  信号表达式 1       when    选择条件 1,
              信号表达式 2       when    选择条件 2,
              信号表达式 n – 1 when    选择条件 n – 1,
              ...
              信号表达式 n       when    others;
```

使用选择信号赋值语句完成上面条件信号赋值语句程序的代码如下：

```
signal a,b :std_logic;
signal user_flag :std_logic;
with user_flag select                    --判断 user_flag 的值
q <=  a and b    when'1',                 --当 user_flag 的值为'1'的时候,执行
      a or b     when '0',                --当 user_flag 的值为'1'的时候,执行
      'z'        when others ;            --其他情况下,执行
```

4.3 顺序描述语句

顺序语句是相对于并行语句而言的，顺序语句是按照语句的书写顺序执行的，主要用在进程、过程、函数、子程序和块语句中。顺序语句的主要作用是控制进程中的程序执行流程。在 VHDL 语言中有六类顺序语句：赋值语句、转向控制语句、WAIT 语句、子程序调用语句、返回语句和 NULL 语句。

4.3.1 IF 语句

IF 语句是一种条件控制语句，根据给出的条件判断是否条件成立来决定语句的执行。IF 语句中至少应该有一个条件，条件通常由布尔表达式构成。IF 语句有 3 种形式，第一种是单开关控制 IF 语句，格式如下：

```
if 条件表达式 then
      顺序处理语句;
end if;
```

当程序执行到该语句时，对 IF 语句中给出的条件进行判断。如果条件成立，就执行顺序处理语句，如果条件不成立就不执行，直接跳过 IF 语句执行"end if"之后的语句。例如：

```
process( clk)                                    --进程
begin
    if( clk 'event and clk = '1')                --如果 clk 产生一个上升沿的话
        q <= d;                                  --将 d 的值赋值给 q
    end if;
end process;
```

在上面的例子中，IF 语句的条件是时钟信号的上升沿来临，当时钟信号上升沿来临时，就将信号 d 的值赋值给信号 q，条件不满足时则不执行。

第二种是双选择控制 IF 语句，格式如下：

```
if 条件表达式 then
    顺序处理语句一;
else
    顺序处理语句二;
end if;
```

当程序执行到该语句时，对 IF 语句中给出的条件进行判断。如果条件成立，就执行顺序处理语句一，如果条件不成立就执行顺序处理语句二。例如：

```
process( clk)                                    --进程
begin
    if( clk = '1')                               --如果 clk 的值为'1'
        q <= '1';                                --将'1'赋值给 q
    else                                         --如果 clk 的值不是'1'
        q <= '0';                                --将'0'赋值给 q
    end if;
end process;
```

在上面的例子中，如果 clk 的值为 ' 1 ' ，就把 ' 1 ' 赋值给信号 q，否则就将 ' 0 ' 赋值给信号 q。

最后一种是多选择控制 IF 语句，格式如下：

```
if 条件表达式 1 then
    顺序处理语句 1；
elsif 条件表达式 2 then
    顺序处理语句 2；
elsif 条件表达式 3 then
    顺序处理语句 3；
elsif 条件表达式 n - 1 then
    顺序处理语句 n - 1；
    …
else
    顺序处理语句 n；
end if；
```

在上面的语句中，按照顺序逐个判断条件是否成立。当条件 1 成立时就执行顺序处理语句 1，当条件 2 成立时就执行顺序处理语句 2，以此类推。当所有条件都不成立时，就执行最后 else 后的顺序处理语句 n。这种结构下不管顺序语句的分支有多少，都属于一个 IF 语句，所以只要一个 "end if" 语句作为结束。例如：

```
process( d )                              --进程,d 是敏感信号
begin
    if( d(0) = '0' ) then
        q <= '111';
    elsif ( d(1) = '0' ) then
        q <= '110';
    elsif ( d(2) = '0' ) then
        q <= '101';
    elsif ( d(3) = '0' ) then
        q <= '100';
    elsif ( d(4) = '0' ) then
        q <= '011';
    elsif ( d(5) = '0' ) then
        q <= '010';
    elsif ( d(6) = '0' ) then
        q <= '001';
    else
        q <= '000';
    end if;
end process;
```

和其他语言类似，VHDL 中的 IF 语句也可以嵌套使用，经过嵌套后的 IF 语句可以描述更复杂的设计。

4.3.2 CASE 语句

CASE 语句也是一种条件控制语句，CASE 语句根据表达式的取值来选择执行符合条件的顺序处理语句。在 CASE 语句中的条件选择必须是唯一的，也就是说表达式的取值只能对应于 CASE 语句中的一个支路。CASE 语句中每一个 when 语句代表一个分支，分支的个数没有限制，各分支的顺序也没有限制，但是 others 分支必须放在最后。该语句通常用来描述总线、编码器、译码器和数据选择器等数字逻辑电路。CASE 语句的格式如下：

```
case 表达式 is
when 表达式的取值 1 => 顺序处理语句 1 ;
when 表达式的取值 2 => 顺序处理语句 2 ;
when 表达式的取值 3 => 顺序处理语句 3 ;
when 表达式的取值 n – 1 => 顺序处理语句 n – 1 ;
…
when    others        => 顺序处理语句 n ;
end case ;
```

CASE 语句中的表达式可以是一个整数类型、枚举类型或者是数组类型，其中" => "不是操作符，相当于 IF 语句中的 then。在 CASE 语句中，when 子句有 5 种格式，可以直接用取值作为判断标准，也可以用多个取值来做判断标准，格式如下：

```
when 取值 =>              顺序处理语句;        -- 当表达式满足该取值时就执行顺序处理语句
when 取值| 取值| 取值|取值 => 顺序处理语句;      -- 当表达式满足所列出取值的任何一个时就执行
when 取值 to 取值 =>        顺序处理语句;        -- 当表达式满足所列出取值范围时就执行
when 取值 downto 取值 =>    顺序处理语句;        -- 当表达式满足所列出取值范围时就执行
when others =>             顺序处理语句;
```

下面举一个 4 选 1 多路选择器的例子来介绍 CASE 语句是如何使用的。a，b，c，d 是四个支路的输入，s1 和 s2 是选择控制端，可以描述 4 种状态:" 00 " " 01 " " 10 " 和" 11 "。z 是输出。根据选择控制端的不同状态选择输出端的输入。程序如下：

```
LIBRARY IEEE；
use IEEE. STD_LOGIC_1164. ALL；
entity case_exam is
port( a,b,c,d  : in std_logic ；              --a,b,c,d 输入端口
     s1,s2   : in std_logic;                 --s1  s2   输入端口
     z：  out std_logic)；                    --z 输出端口
end case_exam;
architecture Behavioral of case_exam   is
signal s : std_logic_vector( 1 downto 0 )；
begin
    s  <= s1&s2；
process(s1,s2,a,b,c,d)
begin
    case s is
    when "00"      => z <= a；               -- 当 s1&s2 的值为"00"的时候,将 a 的值赋值给 z
```

```
        when "01"      => z <= b;              --当 s1&s2 的值为"01"的时候,将 b 的值赋值给 z
        when "10"      => z <= c;              --当 s1&s2 的值为"10"的时候,将 c 的值赋值给 z
        when "11"      => z <= d;              --当 s1&s2 的值为"11"的时候,将 d 的值赋值给 z
        when others    => z <= 'z';            --其他情况将'z'赋值给 z
        end case;
    end process;
end Behavior;
```

与 IF 语句相比,CASE 语句的可执行条件比较清晰、可读性更好。一般来说,综合相同的逻辑功能,CASE 语句会比 IF 语句耗费更多的硬件资源,而且对于某些逻辑功能,CASE 语句是无法实现的,只能通过 IF 语句来实现。需要注意的是,CASE 语句必须放在进程内部、CASE 语句条件表达式的所有取值必须在各支路中全部列出来、when 子句的取值必须在条件表达式的取值范围之内、不同的 when 子句不可以出现相同的表达式取值。

4.3.3　LOOP 语句

LOOP 语句是具有迭代控制功能的循环语句。LOOP 语句有两种形式,格式如下:

```
[标号]: for 循环变量 in 取值范围 loop              --第一种格式 for loop
        顺序处理语句;
end loop;
[标号]: while   条件   loop                       --第二种格式 while loop
        顺序处理语句;
end loop;
```

LOOP 语句主要用于循环操作,对于 for loop 语句,循环变量的值在每次的循环中都会自动加一,循环变量的取值范围由 in 后面的取值范围来规定,当循环变量的值在取值范围内时,循环就执行,当循环变量的值不在取值范围内时就退出循环。需要注意的是,信号和变量不可以作为循环变量使用。

下面以 8 位奇偶校验电路程序来介绍 LOOP 语句的使用。奇偶校验电路的功能是对输入信号进行奇偶校验,利用异或功能计算信号中是否含有奇数个 1。如果输入信号有奇数个 1,最后输出 y 的值就是'1',否则 y 的输出值就是'0'。程序如下:

```
LIBRARY IEEE;
use IEEE. STD_LOGIC_1164. ALL;
entity user_check is
port( a  : in std_logic_vector( 7 downto 0) ;
      y:   out std_logic) ;
end user_check;
architecture Behavioral of   user_check  is
begin
process( a)
variable i ;integer ;
variable tmp :std_logic ;
begin
    tmp: = '0';
```

```
        for i in 0 to 7 loop                    -- i 的取值为 0 ~ 7,随着循环的进行,i 自动 + 1
            tmp: = tmp xor a( i ) ;
        end loop ;
        y <= tmp;
    end process;
end Behavioral;
```

在上面的例子中，tmp 是进程内的局部变量，如果想要该变量的值从进程内部输出到外部就必须将它送到一个全局变量中，通常是一个信号。下面用 while loop 语句来实现上面的 8 位奇偶校验电路，只需修改进程语句内的代码即可。

```
process( a)
variable i :integer ;
variable tmp :std_logic ;
begin
    i = 0;
    while( i < 8)   loop
        tmp: = tmp xor a( i ) ;
        i: = i + 1;
    end loop ;
    y <= tmp;
end process;
```

4.3.4 NEXT 语句和 EXIT 语句

有些时候，需要跳出当前循环，执行其他操作。VHDL 语言提供了两种语句完成此操作：NEXT 语句和 EXIT 语句。其中 NEXT 语句是停止本次循环，直接转入执行下一次循环，EXIT 语句是跳出整个循环。

首先介绍 NEXT 语句。NEXT 语句格式有三种：

```
next;
next loop 标号;
next 循环标号 when 条件;
```

对于第一种语句，当循环内的语句执行到 NEXT 语句时，将会立刻终止当前循环，跳回到循环语句开始处执行下一次循环。对于第二种语句，如果 LOOP 语句没有嵌套使用，那么就和第一种 NEXT 语句作用相同，如果 LOOP 语句有嵌套，当程序执行到这个 NEXT 语句时，就会跳到标号指定的 LOOP 语句处执行。对于第三种语句，当 when 条件满足时，程序会停止当前循环转而执行循环标号指明的循环位置。接下来举例进行详细说明：

```
signal data_a : std_logic_vector( 7 downto 0);
for i in 7 downto 0 loop
    next when i = 4;
    data_a(i)  <= '0' ;
 end loop;
```

在上面的例子中，程序对 data_a 信号进行赋值操作，当执行到循环变量的值为 4 的时候，next 语句就会满足启动条件启动语句，跳过当前循环转入下一次循环，也就是在对 data_a（5）赋值后没有对 data_a（4）进行赋值直接转入为 data_a（3）进行赋值。

接下来举一个循环嵌套的例子来介绍在这种情况下 NEXT 语句是如何执行的：

signal a : std_logic_vector(7 downto 0);

signal b : std_logic_vector(7 downto 0);

L_1:for i in 0 to 7 loop

    a(i) : = '0';

L_2:for j in 0 to 7 loop

    b(j) : = '0';

    nextL_1 when (j=2) ;

end loop;

end loop;

在上面的例子中，当 j 为 2 的时候，程序会跳出 L_2 的本次循环操作，转而执行循环 L_1。

NEXT 语句的功能是结束本次循环转而执行下一次循环，而 EXIT 语句的功能则是跳出当前整个循环。EXIT 的格式有 3 种：

exit;

exit 标号;

exit 标号 when 条件;

对于第一种 EXIT 语句，程序执行到这里就无条件的从当前循环中跳出，结束循环。对于第二种语句，程序会直接跳出标号指明的循环，对于第三种 EXIT 语句，程序会在满足 when 后条件的情况下跳出标号指明的循环。下面通过几个例子来具体说明：

signal data_a : std_logic_vector(7 downto 0);

L1:for i in 7 downto 0 loop

    exitL1 when i=4;

    data_a(i) <= '0';

end loop;

对于上面的例子，当循环执行到 i 为 4 时，EXIT 语句就会启动，程序会结束 L1 循环。

EXIT 语句也可以用来充当 LOOP 语句的结束条件，例如：

signal a : integer : = 0;

L2: loop

    a: = a +1;

    exit L2 when a >10;

end loop;

在上面的例子中，循环中会一直执行 a 加 1 的操作，直到 a 的值比 10 大的时候跳出循环。

4.3.5 WAIT 语句

WAIT 语句也被称为等待语句，主要用于进程中，当执行到该语句的时候，进程就会被挂起，直到满足 WAIT 语句设置的结束条件后，进程才会继续执行。WAIT 语句多用于程序的仿真，对 VHDL 程序进行功能验证。

WAIT 语句的格式如下：

wait on   --等到敏感信号变化时启动

wait until 布尔表达式   --等到 until 右边的逻辑表达式为真时启动进程

```
wait for 时间                    --等到延时时间到之后启动
wait                            --无限等待
```

下面分别用 4 个例子来介绍这 4 种 WAIT 语句的使用，首先介绍 wait on 语句：

```
process
begin
    y <= a and b;
    wait on a,b;
end process;
```

上面的例子表明当信号 a 或信号 b 发生变化时，进程才会启动，将信号 a 和信号 b 的值进行逻辑与操作赋值给信号 y。

接下来看看 wait until 语句是如何使用的。该语句的右边是布尔表达式，当该表达式返回为真时，进程就会被启动。当布尔表达式中任何一个变量发生变化时，就立刻对表达式进行一次测试，如果测试的结果返回为真时就启动进程，比如：

```
process
begin
    y <= a and b;
    wait until( a > b );
end process;
```

在上面的例子中，每当信号 a 或 b 变化一次就判断布尔表达式（a > b）是否为真，当该表达式为真的时候，就执行进程，将信号 a 和信号 b 的值进行逻辑与操作之后赋值给信号 y。

接下来介绍 wait for 语句，该语句的右侧是时间表达式，等待时间到达后开始执行进程，例如：

```
process
begin
    y <= a and b;
    wait for 20ns ;
end process;
```

在上面的例子中，当经过 20ns 后就执行进程，将信号 a 和信号 b 的值进行逻辑与操作之后赋值给信号 y。

如果使用上面提到的第四种 WAIT 语句的话就会变成无限等待。

最后介绍多条件 WAIT 语句，前面介绍的 WAIT 语句的等待条件都是单一条件，不是信号量就是布尔量或者是时间量，但是 WAIT 语句还可以同时使用多个等待条件。例如：

```
wait on a,b until ( a = '1' ) or ( b = '1' ) for 20ns;
```

在上面的语句中，一共有 3 个等待条件，信号 a 或者信号 b 中有新的变化或者信号 a 或者信号 b 的值为'1'或者是经过 20ns，只要满足上面三个条件中的任何一个，进程就会启动。需要注意的是，在多条件的 WAIT 语句中，启动条件中至少应具有一个信号量。因为只有信号量的变化才能引起 WAIT 语句中的表达式进行测试。

4.3.6　RETURN 语句

在子程序中，RETURN 语句用来返回子程序中的值，该语句有两种格式：

return；

return 表达式；

第一种 RETURN 语句只能用于过程，这种语句是用来结束过程的，不会返回任何值。第二种 RETURN 语句是用于函数的。在 VHDL 语言中函数至少要有一个返回语句，一个函数是可以拥有多个返回语句的，但是调用函数时，只有一个返回语句的值是可以返回的，具体内容将在子程序那个章节中介绍。

4.3.7　NULL 语句

NULL 语句是空语句，这个语句不会完成任何操作。该语句的格式如下：

null；

通常，该语句用在 CASE 语句中，将不需要执行的操作置为空操作，例如：

signal data_a : std_logic_vector(2 downto 0)；

signal tmp : std_logic；

case data_a is

when　"001"　=> tmp <=　'1'；

when　"011"　=> tmp <=　'0'；

when　others　=> null；

end case ；

4.4　元件例化语句

为了实现复杂数字电路的设计，常常需要使用层次化的设计思想和功能模块化的设计方法。如图 4.1 所示，首先将系统分割成多个功能模块，然后分别实现各个模块的功能，之后再将各个模块组合起来实现系统的功能。图中的上层组件表示当前要实现的系统功能，底层组件表示系统的子功能模块。在 VHDL 中，采用层次化、模块化设计思想的语句主要包括元件例化语句、块语句以及子程序（过程和函数）等。

在 VHDL 中一个完整的 VHDL 设计程序包括实体和结构体，实体提供了单元的端口信息，结构体则是描述了设计单元的结构和功能，设计程序通过综合仿真等一系列操作后，最后得到的是一个具有特定功能的元件。一个元件的功能可以是简单门电路，也可以是一位全加器，或者更复杂的功能。通常，我们会将设计好的元件保存到工作目录中，在之后的设计中，我们就可以调用已经

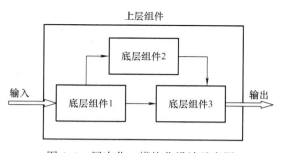

图 4.1　层次化、模块化设计示意图

设计好的元件来完成新的设计，这种方法就是元件例化。从硬件角度来看，当前的设计实体相当于一个较大的电路系统，曾经设计好的元件相当于系统板上的芯片，当前的电路系统是由多个芯片以及相应的连线组成的。

元件例化分为两个部分，第一个部分是元件的声明，第二个部分是元件的连接。格式如下：

```
component 元件名 is                                        --元件声明部分
generic(类属说明);
port(端口说明);
end component;
标号名：元件名 port map(信号连接表);                       --元件连接部分
```

元件声明部分用来指明结构体中要调用的文件、单元或者是模块。元件声明部分中声明的元件必须是存在的，且元件名与元件的实体名一致，元件的端口说明中的信号、方向模式、数据类型等信息也应该和实体端口的说明中的定义相同。对于元件的连接部分，标号名必须是唯一的，元件名则是和元件声明部分中声明的元件名相同，在 port map 右侧的括号里面写的是元件的端口信号和结构体中的实际信号的连接或者说是映射，映射有两种方式，一种是位置映射，另一种是名称映射。

位置映射规定被调用的元件端口说明中的信号书写顺序和位置需要和 port map 右边括号中的实际信号的书写顺序和位置保持一致；名称映射相当于连线，将需要连接的两个信号用" => "符号连接起来。下面利用 8 位锁存器的例子介绍下这两种方法的使用。首先编写一个 1 位锁存器作为 8 位锁存器的元件。结构图如图 4.2 所示。

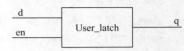

图 4.2 1 位锁存器结构图

```
LIBRARY IEEE;
use IEEE. STD_LOGIC_1164. ALL;
entity user_latch is
port(    d,en: in std_logic ;                             --en 为使能端口
         q : out std_logic ) ;
end user_latch;
architecture behavior of user_latch is
signal sig : std_logic ;
begin
process(d,en)
begin
    if en = '1' then                                      --如果 en 等于'1'的话
         sig <= d;                                        --将 d 总的数据赋值给 sig
    end if;
    q <= sig;
end process;
end behavior;
```

接下来利用这个已经编译好的 1 位锁存器元件用元件例化的方法构成 8 位锁存器，如图 4.3 所示。假设上面的元件放在了 WORK 库中的 userfile 程序包。

```
LIBRARY IEEE;
use IEEE. STD_LOGIC_1164. ALL;
use WORK. userfile. ALL;
entity latch8 is
port(    d: in std_logic_vector(7 downto 0) ;
         en : in   std_logic;
```

```
        q：out std_logic_vector（7 downto 0））；
    end latch8；
    architecture behavior of user_latch is
    component user_latch is
    port（    d,en：in std_logic；
            q：out std_logic）；
    end component；
    signal sig：std_logic_vector（7 downto 0）；
    begin
    Latch01：user_latch port map（d（0）,en,sig（0））；        --元件例化
    Latch02：user_latch port map（d（1）,en,sig（1））；
    Latch03：user_latch port map（d（2）,en,sig（2））；
    Latch04：user_latch port map（d（3）,en,sig（3））；
    Latch05：user_latch port map（d（4）,en,sig（4））；
    Latch06：user_latch port map（d（5）,en,sig（5））；
    Latch07：user_latch port map（d（6）,en,sig（6））；
    Latch08：user_latch port map（d（7）,en,sig（7））；
    q <= sig；
    end behavior；
```

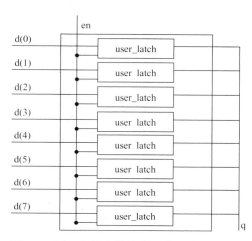

图4.3　用1位锁存器构成8位锁存器示意图

在上面的例子中使用的是位置映射方法，如果使用名称映射的方法，程序应该像下面那样编写：

```
    signal sig：std_logic_vector（7 downto 0）；
    begin
    Latch01：user_latch port map（d（0）=> d,en => en,sig（0）=> q）；
    Latch02：user_latch port map（d（1）=> d,en => en,sig（1）=> q）；
    Latch03：user_latch port map（d（2）=> d,en => en,sig（2）=> q）；
    Latch04：user_latch port map（d（3）=> d,en => en,sig（3）=> q）；
    Latch05：user_latch port map（d（4）=> d,en => en,sig（4）=> q）；
```

Latch06：user_latch port map（ d(5) => d,en => en,sig(5) => q）;
Latch07：user_latch port map（ d(6) => d,en => en,sig(6) => q）;
Latch08：user_latch port map（ d(7) => d,en => en,sig(7) => q）;
q <= sig;

4.5　生成语句

生成语句（GENERATE）用于简单的元件扩展或者是用于构成复杂结构的设计。生成语句具有复制功能，在设计中，可以将设计好的某一元件进行复制，组合成更复杂的元件。比如可以将 D 触发器扩展成移位寄存器，将简单移位寄存器扩展成移位寄存器阵列，将存储器单元扩展成存储器阵列。生成语句有两种形式：

标号名：for　循环变量　in　连续区间　generate　　　　　--第一种形式
　　　　并行处理语句;
end　generate 标号名;
标号名：if　条件　generate　　　　　　　　　　--第二种形式
并行处理语句;
end　generate [标号名];

对于生成语句来说，不能使用 EXIT 语句强制跳出某次循环，连续区间的取值必须是整数，因为我们是要对元件进行复制，不会出现复制半个元件的情况。为了理解生成语句的复制功能，这里以上一节的 8 位锁存器为例介绍生成语句的使用。

LIBRARY IEEE;
use IEEE. STD_LOGIC_1164. ALL;
use WORK. USERFILE. ALL;
entity latch8 is
port（　d：in std_logic_vector(7 downto 0）;
　　　　en：in　std_logic;
　　　　q：out std_logic）;
end latch8;
architecture behavior of user_latch is
component user_latch
port（　d,en：in std_logic;
　　　　q：out std_logic）;
end component;
signal sig：std_logic_vector(7 downto 0）;
begin
sc：for　i in 0 to 7 generate
latchx：user_latch port map（ d(i),en,sig(i)）;
end generate;
end behavior;

上面的语句中使用了 for generate 语句来循环处理元件例化，可以很好的处理需要大规模元件例化的情况。生成语句是一种循环语句，当 port map 语句很多时，就会凸显出该语句的优越性。对于有规律的元件例化的情况使用 for generate 语句是一种很好的方法，但是有对于一些特殊的元件例化就需要使用 if　generate 语句来描述。比如下面的程序，该 VHDL 程序描述的是一个由 1 位 D 触发器构成的 16 位移位寄存器，在 i = 0 和 i = 15 的时候，元件例化的连接比较特殊，但是其余情况却很有规律，这时，就需要采用 if generate 语句对特殊的情况进行描述。

```
LIBRARY IEEE ;
use IEEE. STD_LOGIC_1164. ALL;
entity shift_register is
port( di   : in std_logic ;
        p   : in std_logic ;
        do  : out std_logic ) ;
end  shift_register ;
architecture   behavior of shift_register is
component user_d is
port(   d  : in std_logic ;
        clk : in std_logic;
        q: out   std_logic   ) ;
end component;
signal qq: std_logic_vector (15 downto 0) ;
begin
G1 : for i in 0 to 15 generate
G2 : if i = 0 generate
D1 : user_d port map( di, p ,qq( i + 1 )) ;
        end generate ;
G3 : if i = 15 generate
D2 : user_d port map ( qq( i ) ,p ,do) ;
        end generate ;
G4 : if ( i∕= 0 ) and ( i∕= 15 ) generate
D3 :user_d port map ( qq( i ) ,p ,qq( i + 1 )) ;
    end generate;
    end generate;
end behavior;
```

在实际的使用中，需要根据实际情况选择生成语句的格式。

4.6　块语句

对于一个规模较大的系统，对整个系统直接进行综合仿真是十分困难的，通常，我们将一个规模较大的系统划分成若干子结构，然后对每个子结构进行综合和仿真。子结构可以看作一个块。块与块之间是并行执行的。利用块语句可以把一个十分复杂的结构划分成多个功能不同的小模块，使复杂的结构体结构分明、功能明确，提高程序的可读性。显然这种方式划分结构体仅是形式上的，不是功能上的改变，结构体本身就等价于一个块。在每个块内都可以对其局部信号、数据类型和常量加以描述和定义。任何能在结构体的说明部分进行说明的对象都能在 BLOCK 块的说明部分中进行说明。每个块都可以定义只允许在本块内使用的数据对象和数据类型，这些数据对于其他块来说是不可使用的。块语句的格式如下：

```
标号名:block[块保护表达式]
[块头说明部分;]
[说明部分;]
begin
    并行处理语句;
end block 标号名;
```

每一个块语句都必须要有标号。块头说明部分包括类属语句（generic 和 generic map）和端口表（port 和 port map）等。说明部分包括 use 子句、子程序的说明、子程序体、类型说明、常数说明、信号说明以及元件说明等。下面介绍一个使用块语句划分结构体的例子：

```
LIBRARY IEEE;
use   IEEE. STD_LOGIC_1164. ALL;
entity block_exam is
port(   a,b : in std_logic;
        x,y: out std_logic );
end block_exam;
architecture Behavioral of block_exam is
begin
b1: block                                    --b1 块:实现与功能
begin
    x <= a and b;
end block b1;
b2: block                                    --b2 块:实现或功能
begin
    y <= a or b;
end block b2;
end Behavioral;
```

在上面的例子中，将结构体中的两个功能用块语句划分开，一个块实现信号的与操作，另一个块实现信号的或操作，经过块语句的划分后，程序可以变得更有条理。

对于普通的块语句来说，语句会无条件的执行，但是在仿真的时候，希望只有某个块被执行，其他部分不被执行。比如，对于上面的例子，当只想测试与操作是否正确，而不关心或操作时，就需要使用块语句中的卫士表达式。程序如下：

```
LIBRARY IEEE;
use   IEEE. STD_LOGIC_1164. ALL;
entity block_exam is
port(   a,b : in std_logic;
        user_flag :in std_logic;
        x,y: out std_logic );
end block_exam;
architecture Behavior of block_exam is
begin
```

```
user_flag <= '1';
b1: block ( user_flag = '1')                    --当 user_flag 为'1'的时候,该块才会被执行
begin
        x <=    guarded   a and b;
end block b1;
b2: block( user_flag = '0')                     --当 user_flag 为'0'的时候,该块才会被执行
begin
        y <= guarded a or b;
end block b2;
end Behavior;
```

BLOCK 语句后面的"user_ flag = '1'"就是卫士表达式,只有当这个表达式为真时才会执行块语句中的内容,同时块语句内的信号赋值中需要添加 guarded 语句。

块语句是可以嵌套的,内层块语句可以使用外层块语句定义过的数据,但是外层块语句不可以使用内层块语句定义的数据。

4.7　程序包和配置

4.7.1　程序包

程序包由程序包首和程序包体构成。程序包首是程序包定义的接口,声明包中的类型元件、函数和子程序和实体定义接口类似。程序包体规定程序包中定义的接口的具体功能,存放说明中的函数和子程序,和结构体很类似。程序包首的格式如下:

```
package 程序包名 is                             --程序包首
        程序包首说明部分;
    end 程序包名;
```

程序包首名和程序包体应该是同一个名字。在程序包中,程序包体并不是必须的,程序包首可以单独使用。例如:

```
package pac_lianxiis                            --程序包首
        TYPE byte1 is range 0 to 255;           --定义 byte 数据类型,范围从 0～255.
        SUBTYPE subbyte1 is byte range 0 to 15; --定义 byte 数据类型的子数据类型,范围从 0～15
        constant byte_cc : byte1 : = 240;       --定义常量 byte_cc,是 byte 类型的数据,值是 240
        signal adda: subbyte1;                  --定义数据类型是 subtype 的信号 adda
        function and_function(a,b: std_logic) return std_logic; --定义了一个函数,具体的函数内容需要在程
                                                                序包体中定义
    end pac_lianxi;                             --程序包首结束
```

程序包体用来定义在程序包首中定义了的元件和函数的具体结构。程序包体的结构如下:

```
package body 程序包名 is                         --程序包体
        程序包体说明部分;
    end 程序包名;
```

对于上面的例子,让我们继续来完成程序包体的设计。

```
package body pac_lianxi is                      --程序包体
```

```
        function and_function( a,b std_logic)return std_logic is        --函数的功能是计算 a 与 b
        return ( a and b);
    end and_function;
    end pac_lianxi;
```

在使用前需要用 use 语句来声明此程序包：

```
use WORK. pac_lianxi. ALL;
```

程序包的具体使用方法将会在下一小节中介绍。

4.7.2　配置

接下来介绍配置语句是如何使用的。下面的例子是一个配置语句的简单应用，对于一个有两个结构体的实体，一个结构体实现的是与门功能，一个结构体实现的是或门功能，通过配置语句来配置实体综合后的具体功能。

```
LIBRARY IEEE;                            --库说明
use IEEE. STD_LOGIC_1164. ALL;
entity and_or is
port( a: in STD_LOGIC;
      b: in STD_LOGIC;
      z: out STD_LOGIC);
end and_or;
architecture Behavioral1 of and_or is
begin
    z <= a and b;
end Behavioral1;
architecture Behavioral2 of and_or is
begin
    z <= a or b;
end Behavioral2;
configuration first of and_or is
    FOR Behavioral1                      --将 Behavioral1 与 and_or 实体匹配
    end FOR;
end first;
```

程序最后的配置语句的功能是选择 Behaviroal1 作为实体的结构体，当然也可以将配置语句更改成如下形式，这样实体所选择的结构体就是 Behavioral2 结构体。

```
configuration second of and_or is
    FOR Behavioral2                      --将 Behavioral2 与 and_or 实体匹配
    end FOR;
end second;
```

对于更复杂的情况，当一个实体的结构体中含有多个引用元件时，配置语句需要包含更多的配置信息，即需要对结构体中的元件也进行配置。格式如下：

```
configuration 配置名 of 实体名 . is        --配置
    FOR 选择的结构体
        FOR   元件例化标号: 元件名 use CONFIGURATION 库名 . 元件配置名 ;
```

```
            end FOR；
      …
            FOR 选择的结构体
                  FOR   元件例化标号：元件名 use CONFIGURATION 库名．元件配置名 ；
            end FOR；
      end 配置名；
```

在这里给出一个逻辑门的例子。在这个例子中，p 输出端口输出的内容是 x 和 y 的与操作结果，q 输出端口输出的是 x 和 y 的或操作结果。这个例子把上个例子中的设计当作元件来配置，and_or 元件的配置来源于上个例子，存储在 WORK 库中。

```
LIBRARY IEEE；                              --库说明
use IEEE. STD_LOGIC_1164. ALL；
use WORK. and_or. ALL；
entity gate is
port(x：in STD_LOGIC；
      y：in STD_LOGIC；
      p：out STD_LOGIC；
      q：out STD_LOGIC)；
end gate；
architecture Behavioral of gate is
component and_or
port(a：in STD_LOGIC；
      b：in STD_LOGIC；
      z：out STD_LOGIC)；
end component；
begin
u1：and_or port map( a => x,b => y,z => p)；
u2：and_or port map( a => x,b => y,z => q)；
end Behavioral；
configuration sel of gate is
      FOR Behavioral
            FOR u1 ：and_or use configuration work. first； --对于 u1 处 port map 语句,采用 first 配置信息
            end FOR；
            FOR u2 ：and_or use configuration work. second；--对于 u2 处 port map 语句,采用 second 配置信息
            end FOR；
      end FOR；
end sel；
```

在 VHDL 语言中还有其他配置语句，在这里就不详细介绍了，有兴趣的可以查阅有关书籍。

4.8   子程序

子程序包括过程（PROCEDURE）和函数（FUNCTION）。VHDL 中的子程序和其他语言中的子程序类似。在 VHDL 结构体或程序包中的任何位置都可以对子程序进行调用。从硬

件角度来看，一个子程序就类似于一个元件模块。VHDL 的综合器在调用一个子程序后会生成一个对应的逻辑模块，与元件例化不同，元件例化是产生一个新的设计层次，但是子程序调用只是对应当前设计层次的一个部分，没有产生新的层次。函数的调用和过程的调用类似，但是，调用函数可以返回一个指定数据类型的值。在 VHDL 中，子程序可以在 3 个位置进行定义，即程序包、结构体和进程。只有在程序包中定义的子程序才可以被其他的设计调用，所以一般将子程序放在程序包中。子程序具有可重载的特性，也就是说可以允许有许多重名的子程序，这些子程序可通过参数类型和返回值的数据类型的不同加以区分。在实际使用的时候必须注意，综合后的子程序将映射与目标芯片中的一个相应的电路模块，且每一次调用都将在硬件结构中产生具有相同结构的不同模块，这一点和其他软件中的调用子程序有很大的不同，因此在 VHDL 的编译过程中，要密切关注和严格控制子程序的调用次数，每调用一次子程序都意味着增加一个硬件电路。

4.8.1　过程

过程作为一个子程序常用在面向逻辑综合的设计中。应用过程可以实现高层次的数值运算或类型的转换、运算符重载，也可以用来元件例化。

过程由两个部分组成，过程首和过程体。过程的格式如下：

```
procedure 过程名（参数 1，参数 2，…）;                --过程首
procedure 过程名（参数 1，参数 2，…）  is            --过程体
［定义语句］                                         -- 定义变量
begin
    顺序处理语句;
end 过程名;
```

过程的参数既可以设置成输入，也可以设置为输出，还可以设置为 INOUT。如果参数被定义成输出或者是 INOUT 的话，这些参数就可以传递过程中的返回值。调用过程后，过程中的语句是按照顺序从上至下执行的。执行结束后，过程中的输出值被赋值给主程序中相应的变量或者信号。在过程的说明部分，可以对变量进行说明，但是不能有信号说明。过程可以有多个返回值。过程体中可以包括任何的顺序执行语句，当然也包括 WAIT 语句，但是如果一个过程要在进程中被调用，且该进程已经有了敏感信号表，那么就不能在过程中使用WAIT 语句。

下面举一个与门的例子来介绍过程语句的实现：

```
procedure  user_and  （signal  a,b  :  std_logic ;signal  z : out  std_logic）;
procedure  user_and  （signal  a,b  :  std_logic ;signal  z : out  std_logic） is
begin
    z <= a and b;                              --过程的功能是求两个逻辑位的与
end user_and ;
```

上面的过程是不能被单独编译的。在实际中，常常将过程语句放在程序包中，在使用过程语句时，从程序包中调用。过程语句放入程序包中也是有规范的，一般来说将过程首放入程序包头，将过程体放到程序包体。例如：

```
package    my_pack   is
procedure  user_and  （signal  a,b  :  std_logic ;signal  z : out  std_logic）;
```

```
    end   my_pack ;
    package   body   my_pack   is
    procedure   user_and   （signal   a,b   ：   std_logic ;signal   z ： out   std_logic）is
    begin
        z <=  a and b;
    end user_and ;
    end my_pack;
```

将过程放入程序包后，就可以在当前的设计中声明程序包，调用该过程。下面举一个调用过程的例子，假设程序包 my_pack 放在 WORK 库中。

```
LIBRARY IEEE ;
use    IEEE. STD_LOGIC_1164. ALL;
use    WORK. my_pack. ALL;
entity   example1   is
port（x,y    ： in   std_logic ;
     q    ：  out   std_logic）;
end example1 ;
architecture   behavior of example1 is
begin
    user_and（（x,y,q ）;
end behavoir;
```

在上面的例子中，程序调用过程完成了 x 与 y 之间的与操作，结果送到输出端口 q 中。

4.8.2 函数

函数和过程一样，也是 VHDL 中的子程序。函数可以用于数值计算，数据类型的转换，运算符的重载等。函数的说明和定义可以放在结构体的说明部分，但是大多数函数都是集中地放在程序包中的，这样可以方便其他设计调用。函数由两部分组成，函数首和函数体，VHDL 中函数的格式如下：

```
function 函数名（ 参数 1 ,参数 2 , … ) return 数据类型名 ；        -- 函数首
function 函数名（ 参数 1 ,参数 2 , … )                         -- 函数体
        return 数据类型名 is
［定义语句；］
begin
        顺序处理语句；
return 返回变量名；
    end 函数名；
```

函数首要放在程序包首中，函数体要放在程序包体中。函数右侧括号中的参数都是输入参数或是输入信号，不能有输出参数，表示输入模式的 in 一般是省略的。下面仍举一个与门的例子来介绍函数的用法：

```
function   user_and （ a,b： std_logic ）    return std_logic;
function   user_and （ a,b： std_logic ）    return std_logic is
variable result : std_logic ;
```

```
begin
    result  <=  a and b;
return result;
end user_and ;
```

在这个例子中 a 和 b 是输入信号，调用函数后，该函数将返回 a 与 b 之后的结果。

在结构体中定义的函数只对该结构体可见，只要放在结构体的说明部分就可以在结构体中调用该函数了，但是其他结构体无法调用。通常，函数也是放在程序包中。例如：

```
package   my_pack  is
function  user_and  （a,b  :  std_logic ) return std_logic ;
end   my_pack;
package  body  my_pack  is
function  user_and (  a,b  :  std_logic ) return std_logic is
variable result : std_logic ;
begin
    result  <=  a and b;
return result;
end user_and ;
end my_pack;
```

下面给出调用程序包中函数的例子，和调用过程十分类似。假设程序包 my_pack 放在WORK 库中：

```
LIBRARY IEEE ;
use   IEEE. STD_LOGIC_1164. ALL;
use   WORK. my_pack. ALL;
entity   example2  is
port(x,y   : in  std_logic ;
    q  : out  std_logic);
end example2;
architecture   behavior of example2 is
begin
    q <= user_and( x ,y);
end behavoir;
```

VHDL 中允许以相同的名字定义过程和函数，也就是重载过程和重载函数。这时需要要求过程和函数中定义的操作数具有不同的数据类型或数据宽度，以便在调用的时候来分辨不同功能的同名过程和函数。在 VHDL 中也预定义了一些重载函数，比如加法运算功能，这样设计者就可以完成不同数据间的加法操作了。定义如下：

```
LIBRARY IEEE;
use IEEE. STD_LOGIC_1164. ALL;
use IEEE. STD_LOGIC_ARITH. ALL;
package std_logic_unsigned is
function " + "  (l: std_logic_vector ; r : integer) ; return std_logic_vector;
end   std_logic_unsigned;
LIBRARY IEEE;
```

```
use IEEE. STD_LOGIC_1164. ALL;
use IEEE. STD_LOGIC_ARITH. ALL;
package body std_logic_unsigned is
function " + "   (l: std_logic_vector ; r : integer) ; return std_logic_vector;
variable result :std_logic_vector(l' range) ;
begin
      result: = unsigned(l) + r;
return std_logic_vecotr( reuslt) ;
end ;
end std_logic_unsigned;
```

4.9　其他语句

断言语句（Assert Statement）和报告语句（Report）主要用于 VHDL 程序的仿真、调试程序时的人机会话，可以根据条件是否满足返回文字串作为提示信息并报告错误等级。其中断言语句分为顺序断言语句和并行断言语句。顺序断言语句只能在进程、函数和过程中使用，并行断言可以在实体说明和结构体中使用。格式如下：

```
assert 条件
report 输出信息
severity 级别 ;
```

当程序执行到 ASSERT 语句时，会对 ASSERT 语句的条件进行真假测试。如果测试结果为假就继续执行后续的语句，如果条件为真就返回输出信息以及错误级别。ASSERT 语句为设计者调试程序提供了很大的帮助。例如：

```
process( clk )
variable user_count : integer: = 0;
begin
…
assert   user_count  > 50
report " user_count is bigger than the max user_count . "
severity error ;
…
end process;
```

在上面的例子中，进程会对 user_count 这个变量做运算，在设计中，假设这个值的最大值是50。设计者可以在仿真时采用 ASSERT 语句对其进行测试，如果在程序运行中该值比最大值50还要大的话，系统就会返回提示信息并且提示错误级别是 error。

ASSERT 语句中的 report 语句在 VHDL'93 标准下是可以单独使用的，但是在 1987 标准下不可以单独使用。在 VHDL'93 标准下 report 可以只返回提示信息：

```
process( clk )
variable user_count : integer: = 0;
begin
…
```

```
if ( user_count  > 50 )
report "user_count is bigger than the max user_count . "
end if;
…
end process;
```

4. 10 常用设计举例

4. 10. 1 结构体的三种描述方式

VHDL 的结构体用于具体描述实体的逻辑功能,对于相同的逻辑功能,可以用不同的表达方式来表达。结构体根据具体的设计对象、设计目的和设计方法的不同有 3 种描述方式:行为描述方式、寄存器传输级描述方式(RTL 级)和结构化描述方式。下面用 3 个简单的程序来介绍这三种描述方式。

首先介绍行为描述方式。行为描述直接描述了电路的功能而没有指明功能如何实现。行为描述方式主要描述了输入与输出之间的转换关系,不包括结构信息。例如,采用行为描述设计实现加法器,程序只是描述了加法器的功能,而没有描述具体加法器是如何实现的:

```
LIBRARY IEEE;
use   IEEE. STD_LOGIC_1164. ALL;
use   IEEE. STD_LOGIC_UNSIGNED. ALL;
entity user_adder is
port( a,   b : in std_logic_vector( 7 downto 0) ;
      sum     : out std_logic_vector( 7 downto 0) );
end user_adder;
architecture    behavior   of   user_adder   is
begin
      sum <=  a + b;
end behavior ;
```

RTL 级描述方式是使用类似于寄存器传输的方式来描述数据的传输和变换。RTL 级描述建立在用并行信号赋值语句的基础上。用 RTL 描述电路有 4 种描述方式:简单组合电路描述方式、复杂组合电路描述方式、时序电路描述方式和底层块调用方式。不管多么复杂的数字电路,将其作为一个设计实体都可以采用 RTL 级描述进行设计实现。不要把 RTL 描述理解成只能描述由寄存器组成的时序电路,RTL 级描述在有些书中又被称为数据流描述。下面的例子是使用 RTL 级描述实现一个 1 位全加器:

```
LIBRARY IEEE;
use   IEEE. STD_LOGIC_1164. ALL;
entity user_adder is
port( a,   b : in std_logic;
      cin : in std_logic ;
      sum ,count : out std_logic );
```

```
end user_adder;
architecture    behavior    of    user_adder    is
begin
        sum <= a xor b xor cin;
        count <= (a and b) or ( a and cin) or( b and cin);
end behavior ;
```

最后介绍结构化描述方式，结构化描述就是描述设计的硬件结构，主要使用元件例化语句和配置语句来描述元件的类型和元件之间的联系。利用结构化描述可以用来完成多层次设计。元件之间的联系是通过定义的端口界面来实现的，就像建模一样。下面以全加器为例介绍结构化描述方式。全加器可以认为是由两个半加器和一个或门组成的，如图4.4所示。程序如下：

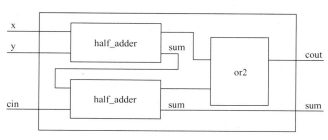

图 4.4　全加器示意图

```
LIBRARY    IEEE;                                    -- 半加器程序
use    IEEE. STD_LOGIC_1164. ALL;

entity half_adder is
port(    in1, in2   : in   std_logic ;
        sum, carry : out std_logic ) ;
end half_adder;

architecture behavior   of half_adder is
begin
process( in1, in2)
begin
        sum <=   in1 xor   in2      ;
        carry  <= in1 and in2;
end process;
end behavior ;

LIBRARY    IEEE;                                    -- 或门程序
use    IEEE. STD_LOGIC_1164. ALL;

entity or2 is
port(    in1, in2   : in   std_logic ;
        out1 : out std_logic ) ;
end or2;

architecture behavior   of   or2 is
```

```
begin
        out1  <=   in1 or in2   ;
end behavior ;

LIBRARY   IEEE;                                        --全加器程序
use   IEEE. STD_LOGIC_1164. ALL;

entity full_adder is
port(   x, y ,cin  : in   std_logic ;
        sum,cout : out std_logic )  ;
end full_adder;

architecture behavior   of   full_adder is
component   half_adder
port( in1   ,in2  : in  std_logic;
     sum,carry : out std_logic) ;
end component;
component   or2
port( in1 ,in2  : in std_logic   ;
        out1   :   out  std_logic ) ;
end    component;
signal a,b,c :std_logic;

begin
u1:  half_adder   port map(x,y,b,a) ;
u2:  half_adder   port map(cin,b,sum,c) ;
u3:  or2           port map ( c,a,cout) ;
end behavior ;
```

4. 10. 2   组合逻辑电路设计

1. 逻辑门电路设计

逻辑门电路包括基本逻辑门电路和组合逻辑门电路。VHDL 共支持 7 种逻辑运算，可以完后各种门电路的设计。比如与门、或门、非门、异或门等。例如：

```
LIBRARY IEEE；
use IEEE. STD_LOGIC_1164. ALL；
use IEEE. STD_LOGIC_ARITH. ALL；
use IEEE. STD_LOGIC_UNSIGNED. ALL；

entity my_logic is
port ( a,b,c,d,e,f,g:in std_logic；
       f1,f2,f3,f4,f5 : out std_std_logic ) ；
```

```
end my_logic;

architecture    behavoir of my_logic is
begin
        f1 <= not a;
        f2 <=  b and c;
        f3 <=  e xor g;
        f4 <= ( ( a and b ) or ( b or c )  ) xor( ( a and ( not b ) ) );
        f5 <= ( f nand g ) nand ( d xor g );
end behavoir ;
```

在这个例子中用逻辑运算符实现了相对复杂的逻辑运算。程序中使用括号来强制控制逻辑运算的顺序。

2. 三态门设计

三态门由一个数据的输入端、一个数据的输出端和一个控制端构成，如图 4.5 所示。当控制端为高电平的时候输出就是输入端的数据，当控制端是低电平的时候，输出就是高阻状态'z'。

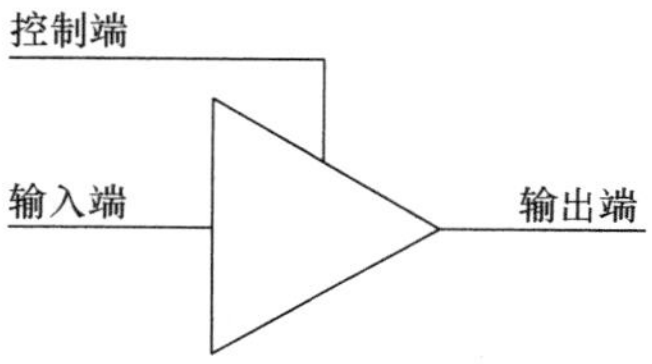

图 4.5　三态门示意图

```
LIBRARY IEEE；
use IEEE. STD_LOGIC_1164. ALL；
use IEEE. STD_LOGIC_ARITH. ALL；
use IEEE. STD_LOGIC_UNSIGNED. ALL；

entity tri_gate is
port( din, en : in std_logic ;
        dout : out std_logic) ;
end tri_gate；

architecture    behavoir of my_logic is
begin
process( din,en)
begin
        if( en = '1 ' ) then
            dout <=  din;
        else
            dout <= 'z' ;
        end if;
end process ;
end behavoir;
```

3. 译码器设计

实现译码的逻辑电路称为译码器（Decoder）。译码器是少输入多输出的电路，它的输入输出之间有一一对应的映射关系，3 线 8 线二进制译码器的真值表见表 4.1。

表 4.1　3 线 8 线二进制译码器的真值表

输 入									输 出				
EI	0	1	2	3	4	5	6	7	A2	A1	A0	GS	EO
H	X	X	X	X	X	X	X	X	H	H	H	H	H
L	H	H	H	H	H	H	H	H	H	H	H	H	L
L	X	X	X	X	X	X	X	L	L	L	L	L	H
L	X	X	X	X	X	X	L	H	L	L	H	L	H
L	X	X	X	X	X	L	H	H	L	H	L	L	H
L	X	X	X	X	L	H	H	H	L	H	H	L	H
L	X	X	X	L	H	H	H	H	H	L	L	L	H
L	X	X	L	H	H	H	H	H	H	L	H	L	H
L	X	L	H	H	H	H	H	H	H	H	L	L	H
L	L	H	H	H	H	H	H	H	H	H	H	L	H

接下来，使用 VHDL 语言编写一个简单的 3 线 8 线译码器程序，在这个程序中，en 代表使能信号，当 en 为'0'时，译码器正常工作，当 en 为'1'时，输出 y 为"00000000"，代码如下：

```
LIBRARY IEEE;
use IEEE. STD_LOGIC_1164. ALL;
use IEEE. STD_LOGIC_ARITH. ALL;
use IEEE. STD_LOGIC_UNSIGNED. ALL;

entity my_decoder is
port(    a: in  std_logic_vector( 2 downto 0);
         en : in std_logic ;
         y : out std_logic_vector (7 downto 0));
end my_decoder;
architecture  behavior  of my_decoder is
begin
process( en,a )
begin
        if ( en = '1' )    then
            y <= "00000000";
        else
            case  a  is
            when   "000"    =>  y   <=   "00000001" ;
            when   "001"    =>  y   <=   "00000010" ;
            when   "010"    =>  y   <=   "00000100" ;
            when   "011"    =>  y   <=   "00001000" ;
```

```
        when    "100"    =>   y   <=   "00010000" ;
        when    "101"    =>   y   <=   "00100000" ;
        when    "110"    =>   y   <=   "01000000" ;
        when    "111"    =>   y   <=   "10000000" ;
        when    others   =>   y   <=   "00000000" ;
    end    case;
    end if;
end process;
end behavoir ;
```

4. 数码管设计

数码管如图4.6所示。半导体数码管有共阳极和共阴极两种类型，共阴极的数码管的7个发光二极管的阴极接在一起，通常接地，7个阳极则是独立的。共阳极数码管和共阴极数码管则正好相反，在共阴极数码管某一个阳极接高电平的时候，相应位置的二极管就会发光，如果要显示某个字形，只需要使相应位置的二极管发光就可以了，数码管的字符显示表见表4.2。下面程序采用共阴极数码管，程序如下：

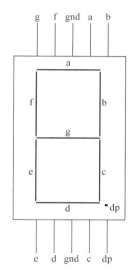

图4.6　数码管示意图

```
LIBRARY IEEE;
use IEEE. STD_LOGIC_1164. ALL;
use IEEE. STD_LOGIC_ARITH. ALL;
use IEEE. STD_LOGIC_UNSIGNED. ALL;

entity my_led   is
port(   hex : in   std_logic_vector( 3 downto 0);
        segment : out std_logic_vector (7 downto 0));
end my_led;
architecture   behavior   of my_led is
begin
with hex select
    segment <= " 00000110"    when    "0001",
               " 01011011"    when    "0010",
               " 01001111"    when    "0011",
               " 01100110"    when    "0100",
               " 01101101"    when    "0101",
               " 01111101"    when    "0110",
               " 00000111"    when    "0111",
               " 01111111"    when    "1000",
               " 01101111"    when    "1001",
               " 00111111"    when    others ;
end behavoir ;
```

表 4.2　数码管显示表

显示字符	段符号（共阴极）								十六进制代码	
	dp	g	f	e	d	c	b	a	共阴极	共阳极
0	0	0	1	1	1	1	1	1	3F	C0
1	0	0	0	0	0	1	1	0	06	F9
2	0	1	0	1	1	0	1	1	5B	A4
3	0	1	0	0	1	1	1	1	4F	B0
4	0	1	1	0	0	1	1	0	66	99
5	0	1	1	0	1	1	0	1	6D	92
6	0	1	1	1	1	1	0	1	7D	82
7	0	0	0	0	0	1	1	1	07	F8
8	0	1	1	1	1	1	1	1	7F	80
9	0	1	1	0	1	1	1	1	6F	90
A	0	1	1	1	0	1	1	1	77	88
B	0	1	1	1	1	1	0	0	7C	83
C	0	0	1	1	1	0	0	1	39	C6
D	0	1	0	1	1	1	1	0	5E	A1
E	0	1	1	1	1	0	0	1	79	86
F	0	1	1	1	0	0	0	1	71	84
H	0	1	1	1	0	0	0	1	76	FF
P	1	1	1	1	0	0	1	1	F3	BF

5. 4 位全加器

在前面我们已经设计好了 1 位全加器，利用元件例化的方法我们可以用 1 位全加器组合成 4 位全加器或者其他位宽的全加器。四位全加器的程序如下：

```
LIBRARY IEEE；
use IEEE. STD_LOGIC_1164. ALL；
use IEEE. STD_LOGIC_ARITH. ALL；
use IEEE. STD_LOGIC_UNSIGNED. ALL；
entity adder_4 is
port(a,b： in  std_logic_vector (3   downto 0)；
     s ： out std_logic_vector (3   downto  0)；
     ci：in std_logic；
     co  ： out  std_logic )；
end adder_4；
architecture  behavoir of  adder_4  is
component full_adder
port(a,b,ci ： in std_logic ；
     s,co ： out std_loigc)；
end component ；
```

```
signal d,e,f:std_logic ;
signal ci: std_logic : = '0' ;
begin
u1：full_adder    port map（ a => a(0),b => b(0),ci => ci,co => d,s => s(0)）;        --元件例化
u2：full_adder    port map（ a => a(1),b => b(1),ci => d,co => e,s => s(1)）;
u3：full_adder    port map（ a => a(2),b => b(2),ci => e,co => f,s => s(2)）;
u4：full_adder    port map（ a => a(3),b => b(3),ci => f,co => s(4),s => s(3)）;
end behavoir;
```

4.10.3　时序逻辑电路设计

组合逻辑电路是一种没有记忆特性的电路。在任意时刻的稳态输出仅取决于该时刻的输入信号，与电路曾经的状态值无关。时序逻辑电路则不同，在任意时刻的输出不仅仅取决于当前时刻的输入，还与电路之前的状态有关。时序逻辑电路逻辑功能上的特点决定了结构上的特点：电路中包含存储元件，通常由触发器构成；存储元件的输出和电路的输入之间存在反馈连接。一般来说，时序电路以时钟信号为驱动信号，时序电路只有在时钟信号的驱动下，运行状态才会发生改变。下面介绍几种基本时序电路。

1. 触发器

触发器（Flip - flop）是一种可以存储一位二进制数的逻辑电路，是时序逻辑电路的基本单元，触发器有两个稳定的状态，用来表示逻辑状态中的'0'或'1'。下面介绍几种常用的 D 触发器。

简单 D 触发器的程序如下：

```
LIBRARY IEEE;
use IEEE. STD_LOGIC_1164. ALL;
use IEEE. STD_LOGIC_ARITH. ALL;
use IEEE. STD_LOGIC_UNSIGNED. ALL;
entity my_d is
port(    d: in std_logic ;
         clk : in std_logic ;
         q: out std_logic）;
end my_d;
architecture    behavoir    of my_d is
begin
process( clk)
begin
        if    clk 'event and clk = '1' then
        q <= d;
end if;
end process;
end behavior;
```

对于时序电路的控制，通常可以分为同步方式和异步方式。同步方式是指控制信号只有在时钟信号有效的时候才起作用；异步方式是指控制系统的作用不需要时钟有效。对于时序电路

初始状态通常是由复位操作来控制的。根据复位控制的不同，可以分为同步复位和异步复位。同步复位是当复位信号有效且在给定的时钟边缘到来时，才会进行复位操作，复位操作和时钟信号是同步的，有利于信号的稳定和系统毛刺的清除；异步复位操作与时钟信号无关，只要复位信号有效，立刻执行复位操作。下面介绍一个具有异步复位和同步置位的 D 触发器。

```
LIBRARY IEEE;
use IEEE. STD_LOGIC_1164. ALL;
use IEEE. STD_LOGIC_ARITH. ALL;
use IEEE. STD_LOGIC_UNSIGNED. ALL;
entity my_d is
port(    d: in std_logic ;                     --d 输入信号、clr 清零信号、clk 时钟信号
         clk, clr ,set : in std_logic ;        --set 置位信号、q 输入信号
         q: out std_logic);
end my_d;
architecture   behavoir   of my_d is
begin
process( clk ,clr ,set)
begin
    if clr = '1'   then   q <= '0';            --如果 clr 为'1' 清零
    elsif clk 'event and clk = '1' then
        if set = '1' then                       --如果 set 为'1' 置位
            a <= '1';
        else
            q <= d;
        end if;
    end if;
end process;
end behavior;
```

2. 分频器

在数字电路中，常需要对较高频率的时钟进行分频操作，获得较低频率的时钟信号。对于时钟信号，两个上升沿之间的时间为一个时钟周期，为了对时钟信号进行分频操作，可以通过采用计数翻转的方式。比如每两个时钟上升沿来临后将输出信号值翻转一次，这样就完成了对时钟信号的 2 分频。同理，每 4 个时钟上升沿来临后将输出信号值翻转一次的话就完成了对时钟信号的 4 分频。下面介绍一个分频器，对时钟信号进行 2 分频和 8 分频。

```
LIBRARY IEEE;
use IEEE. STD_LOGIC_1164. ALL;
use IEEE. STD_LOGIC_ARITH. ALL;
use IEEE. STD_LOGIC_UNSIGNED. ALL;
entity my_clk is
port(    clk: in std_ logic ;                  --clk 输入时钟信号;clk_div2 clk_div8 分频输出信号
         clk_div2 : out std_logic;
         clk_div8: out std_logic);
end my_clk;
```

```
architecture    behavoir of my_clk is
signal count : std_logic_vector( 2 downto 0 );
begin
process( clk )
begin
        if( clk'event and clk = '1'   ) then              --根据当前输入时钟对 count 计数
            if( count  = "111" ) then
                count <= ( others => '0' )   ;
            else
                count <= count + 1 ;
            end if;
        end if;
end process;
        clk_div2 <= count( 0 ) ;                           --根据 count 的值生成新的分频后输出信号
        clk_div8 <= count( 2 ) ;
end behavoir;
```

在上面的例子中，分频器的占空比是 50% 。占空比指的是高电平在整个周期中所占的比值。但是在某些情况下，我们需要其他占空比的时钟信号，比如占空比为 25% 的 8 分频信号。这时我们可以记录时钟上升沿的个数，每 8 个时钟上升沿为一个周期，在第二个和第八个时钟上升沿来临时进行信号翻转就可以获得占空比为 25% 的 8 分频信号，程序如下：

```
LIBRARY IEEE;
use IEEE. STD_LOGIC_1164. ALL;
use IEEE. STD_LOGIC_ARITH. ALL;
use IEEE. STD_LOGIC_UNSIGNED. ALL;
entity my_clk is
port(    clk: in std_ logic ;                           --clk 输入时钟信号
        clk_div8: out std_logic );                      --clk_div8 输出分频信号
end my_clk;
architecture    behavoir of my_clk is
signal count : std_logic_vector( 2 downto 0 );
begin
process( clk )
begin
        if( clk'event and clk = '1'   ) then              --根据当前时钟输入计数
            if( count  = "111" ) then
                count <= ( others => '0' )   ;
            else
                count <= count + 1 ;
            end if;
        end if;
end process;
process( clk )
```

```
begin
    if( clk'event and clk = '1' )    then        --根据 count 的值,生成新的分频后的时钟信号
        if ( count = "111"  )    then
            clk_div8 <= '1' ;
        elsif  ( count = "110"  )    then
            clk_div8 <= '1' ;
        else
            clk_div8  <= '0' ;
        end if;
    end if;
end process;
end behavoir;
```

3. 信号发生器

在数字信号的传输和数字信号系统的测试中，常常需要用到特定的串行数字信号，产生序列信号的电路称为序列信号发生器。

下面程序中的信号发生器会不断的发送"01111110"的序列。

```
LIBRARY IEEE;
use IEEE. STD_LOGIC_1164. ALL;
use IEEE. STD_LOGIC_ARITH. ALL;
use IEEE. STD_LOGIC_UNSIGNED. ALL;
entity mysend is
port(    clk ,clr  :   std_logic ;              --clk 时钟信号;clr 清零信号
         zo        :   out std_logic ) ;        --zo 输出信号
end mysend;
architecture behavior   of   mysend   is
signal    count : std_ logic_vector( 2 downto 0) ;
signal z : std_logic : = '0' ;
begin
process( clk ,clr )
begin
    if( clr = '1' ) then                        --清零操作
        count <= "000" ;
    else
        if ( clk'event and   clk = '1' )    then  --每来一个时钟上升沿,count 自动 +1
            if ( count = "111") then
                count <= "000";
            else
                count    <= count + '1' ;
            end if;
        end if;
    end if;
end process;
```

```
process( count )
begin                                         --当count 处于不同值的时候,对 z 赋予不同值
    case   count  is
    when    "000"     =>   z <= '0' ;
    when    "001"     =>   z <= '1' ;
    when    "010"     =>   z <= '1' ;
    when    "011"     =>   z <= '1' ;
    when    "100"     =>   z <= '1' ;
    when    "101"     =>   z <= '1' ;
    when    "110"     =>   z <= '1' ;
    when    "111"     =>   z <= '0' ;
    end   case ;
end process;
    zo <= z;
end behavoir ;
```

4. 计数器

计数器（Counter）的功能是记录输入脉冲的个数。被计数的脉冲可以是周期脉冲也可以是非周期脉冲。在计算机、数控装置以及各种数字仪表中，计数器有着广泛的应用。

根据计数过程中计数器的记录数字的增减，可以把计数器分为以下 3 种：加法计数器（Up Counter）：随着计数脉冲不断输入递增计数；减法计数器（Down Counter）：随着计数脉冲的不断输入递减计数；可逆计数器：在外加控制端的作用下，随着计数脉冲的输入可以递增计数也可以递减计数，也被称为是加/减计数器。下面的代码是一个十进制的计数器：

```
LIBRARY IEEE;
use IEEE. STD_LOGIC_1164. ALL;
use IEEE. STD_LOGIC_ARITH. ALL;
use IEEE. STD_LOGIC_UNSIGNED. ALL;
entity mycounter is
port(   clk,en : in std_logic ;                --clk 时钟信号;en 使能信号
        q: out std_logic_vector(3 downto 0) ;  --q 输出信号
        qcc: out std_logic );
end mycounter;
architecture   behavoir   of mycounter is
signal dtemp: std_logic_vector(3 downto 0) ;
begin
process( clk , en)
begin
    if clk'event and clk = '1'    then         --clk 上升沿来临时,自动 +1
        if en = '1'   then
            if qtemp = "1001" then             --当计数到 9 的时候,再来一个上升沿,跳转到 0
                qtemp <= "0000";
                qcc <= '1';
            else
```

```
                            qtemp <= qtemp + 1;
                            qcc <= '0';
                    end if;
                end if;
        end if;
    end process;
        q <= qtemp;
end behavior;
```

为了对更复杂的数据计数，我们需要用 10 进制计数器或其他进制计数器组成更复杂的计数器，比如 60 进制计数器用来统计时间，100 进制计数器统计金额等。下面就介绍利用 6 进制计数器和 10 进制计数器组合成 60 进制 BCD 码计数器的程序。

```
LIBRARY IEEE;
use IEEE. STD_LOGIC_1164. ALL;
use IEEE. STD_LOGIC_ARITH. ALL;
use IEEE. STD_LOGIC_UNSIGNED. ALL;
entity mycounter is
port(   clk,en,clr : in std_logic ;              --clk 时钟信号、en 使能信号、clr 清零信号
        qh,ql: out std_logic_vector(3 downto 0)); --qh 高位输出,ql 低位输出
end mycounter;
architecture   behavoir   of mycounter is
signal qtempl,qtemph: std_logic_vector(3 downto 0) ;
signal qccl : std_logic ;
begin
p1: process(clk    ,en,   clr)                    --十进制计数器,描述 60 进制 BCD 码计数器的个位
begin
    if clr  = '1' then                           --如果 clr 为'1' 清零
        qtempl <= "0000";
          qccl <= '0' ;
    else
        if clk'event and clk = '1'     then      --每来一个 clk 上升沿,计数器自加 1
            if en = '1'   then
                if qtempl = "1001" then
                    qtempl <= "0000";
                    qccl <= '1';
                else
                    qtempl <= qtempl + 1;        --当计数到 9 的时候,再来一个上升沿,跳转到 0
                    qccl <= '0';
                end if;
            end if;
        end if;
    end if;
end process;
```

```
        ql <= qtempl;
    p2：process( clk ,clr)                           --六进制计数器,描述60 进制 BCD 码计数器的十位
    begin
        if clr = '1' then                            --如果 clr 为'1' 清零
            qtemph <= "0000";
        else
            if clk 'event and clk = '1'    then      --每来一个 clk 上升沿,且个位有进位时,计数器自加1
                if qccl = '1'   then
                    if qtemph = "0101" then          --当计数到6 的时候,再来一个上升沿,跳转到0
                        qtempl <= "0000";
                    else
                        qtemph <= qtemph + 1;
                    end if;
                end if;
            end if;
        end if;
    end process;
        qh <= qtemph;
end behavior;
```

● 本章小结

  VHDL 语言是 EDA 技术的重要组成部分。设计者使用 VHDL 语言可以在 EDA 软件平台上完成程序设计，优化、编译、综合，直到下载到芯片。尽管设计目标是硬件，但是程序的设计如同完成软件设计一样方便快捷。

  本章主要介绍了 VHDL 语句的基本内容。VHDL 中的语句可以分为两大类：顺序语句和并行语句。熟练的掌握各种语句的使用方法是进行 EDA 设计的基础。

● 习　　题

  4.1　VHDL 中怎么区分顺序语句和并行语句？

  4.2　信号赋值语句和变量赋值语句的区别是什么？

  4.3　使用 IF 语句设计 3 线 8 线译码器。输入端：使能信号和位宽为 3 的位矢量，输出端：位宽为 8 的位矢量。

  4.4　设计 8 线 3 线编码器。输入端：使能信号和位宽为 8 的位矢量，输出端：位宽为 3 的位矢量。

  4.5　利用子程序设计加法器。实现对两个 4 位逻辑矢量相加的功能。

  4.6　利用元件例化的方法设计 1 位全减器。

  4.7　利用生成语句设计一个 4 位移位寄存器。

  4.8　设计 24 进制 BCD 码计数器。

第 5 章
有限状态机设计

有限状态机（Finite State Machine，FSM）及其设计技术是实用数字系统设计中的重要组成部分，也是实现高效、可靠和高速控制逻辑系统的重要途径。广义而论，只要是涉及触发器的电路，无论电路大小，都可以归结为状态机。

有限状态机适应于操作和控制流程非常明确的系统设计，在数字通信领域，自动化控制领域、CPU 设计领域以及家电设计等领域中应用广泛。

5.1 概述

在传统的数字系统设计中，往往是先设计初始状态图，然后将其简化为最简状态图，再通过状态分配和确定激励函数与输出函数等操作后实现系统功能。对于小规模的简单数字系统而言，这样的设计方法是可行的，但是对于大型复杂系统的设计，采用这种方法的工作量和复杂度是超乎想象的。

对于一个复杂的系统来说，系统的工作状态很多，分析状态的结构需要花费大量的时间和精力，因此状态机的概念应运而生。状态机是利用可编程逻辑器件实现电子系统功能的常用设计方法之一，用于各种系统设计中。就理论而言，任何一个时序模型的电路系统都可以看作是一个状态机。状态机通过时钟驱动多个状态，实现各个状态之间有规则的跳转，进而完成一个复杂的逻辑设计，即把系统划分为有限个状态，在任意一个时刻，系统只能处于有限个状态中的一个。当收到一个输入事件时，状态机能够产生相应的输出，同时伴随着状态的跳转。有限状态机是一种基本的、简单的、重要的形式化技术。

5.1.1 状态机的特点

使用 VHDL 语言可以设计不同表达式和不同功能的状态机，这些状态机的 VHDL 描述具有相对固定的语句，只要掌握了这些相对固定的 VHDL 语句，就可以很容易地设计出各种各样的状态机。

通常，同一个设计目标的多种不同形式的逻辑设计方案中，采用有限状态机的设计方案可能是最佳的选择。大量的设计实践不断证明，无论与基于 VHDL 的其他设计方案相比还是与可完成相似功能的 CPU 相比，有限状态机都有着难以超越的优越性，主要体现在以下几个方面：

（1）高效的顺序控制模型　有限状态机克服了纯硬件数字系统顺序方式控制不灵活的缺点。状态机的工作方式是根据控制信号按照预先设定的状态进行顺序运行的，有限状态机是纯硬件数字系统中的顺序控制电路，因此状态机在其运行方式上类似于控制灵活和方便的 CPU，是高速高效过程控制的首选方案之一。

（2）容易利用现成的 EDA 工具进行优化设计 由于状态机的结构模式相对简单，设计方案相对固定，特别是可以定义符号化枚举类型状态，使得这一切为综合器尽可能自动地发挥其强大的优化功能提供了有利条件。而且，性能良好的综合器都具备许多可控或自动的状态机优化功能。

（3）系统性能稳定 状态机容易构成性能良好的同步时序逻辑模块，这对于应对大规模逻辑电路设计中令人深感棘手的竞争冒险现象无疑是一个上佳的选择。与其他的设计方案相比，在消除电路中的毛刺现象，强化系统工作稳定性方面，状态机的设计方案将使设计者拥有更多的可供选择的解决方案。

（4）设计实现效率高 与 VHDL 的其他描述方式相比，状态机的表述形式相对固定却又灵活多样，且程序层次分明，结构清晰，易读易懂，在检错修改和模块移植等方面也有着独到的优势。

（5）高速性能 在高速通信和高速控制方面，状态机更有其巨大的优势。一个状态机可以由多个进程构成，一个设计实体结构中可以包含多个状态机，多个状态机之间可以看作是并行运算的，设计实体在运算和控制方面的工作与一个 CPU 或者多核 CPU 很类似。因此一个采用状态机的设计实体的功能便类似于一个含有并行处理功能的多核 CPU。

尽管 CPU 和状态机都是按照时钟节拍以顺序时序方式工作的，但 CPU 是按照指令周期，以逐条执行指令的方式运行的：每执行一条指令，通常只能完成一项单独的操作，而一个指令周期由多个机器周期构成，一个机器周期又由多个时钟节拍构成，一个含有运算和控制的完整设计程序往往需要成百上千条指令。相比之下，状态机状态变化周期只有一个时钟周期。而且，由于在每一状态中，状态机可以并行同步完成许多运算和控制操作。所以，一个完整的 HDL 模块控制结构，即使由多个并行的状态机构成，其状态数也是十分有限的。因此，一般由状态机构成的硬件系统比对应的 CPU 所能完成同样功能的软件系统的工作速度要高出 3～5 个数量级。毫无疑问，在一般 CPU 无法胜任的领域中状态机有着广泛的应用。

（6）高可靠性 CPU 本身的结构特点与执行软件指令的工作方式决定了任何 CPU 都不可能获得无懈可击的容错保障。但是，状态机则不同。状态机是由纯硬件电路构成，它的运行不依赖软件指令的逐条执行，因此不存在 CPU 运行软件中许多固有的缺陷；其次是由于状态机的设计中能使用各种完整的容错技术；再次是当状态机进入非法状态并从中跳出，进入正常状态所耗的时间十分短暂，通常只有 2～3 个时钟周期，约数十纳秒，尚不足以对系统的运行构成损害；而 CPU 即使有能力察觉死机，通过复位方式从非法运行方式中恢复过来，耗时也将达数十毫秒，这对于高速高可靠系统显然是无法容忍的。

5.1.2 状态机的分类

使用 VHDL 语言设计的状态机根据不同的分类标准可以分为不同类型：

1. 按状态个数分类

按照状态机的状态个数是否有限，可以将其分为有限状态机和无限状态机（Infinite State Machine，ISM）。逻辑设计中一般所涉及的状态都是有限的，所以本书主要介绍有限状态机。

2. 按信号的输出条件分类

按照信号的输出条件，状态机可以分为 Moore 型和 Mealy 型两种。

Moore 型状态机的输出仅与系统状态有关，与输入信号无关；而 Mealy 型状态机的输出既与系统的状态有关又与输入信号有关。

3. 按结构分类

按结构分类指的是按照状态机的描述结构，即进程的数量和作用来分类，状态机可以分为单进程状态机和多进程状态机。

单进程状态机指在一个进程内完成状态机的所有功能，又称为一段式。多进程状态机是指在多个进程内完成状态机的所有功能，最典型的是二段式和三段式。二段式主要是用两个进程分别实现组合进程和时序进程。三段式结构通常将二段式结构中的组合进程再分为两个进程实现，一个进程描述输出逻辑，另一个进程描述次态逻辑。三段式结构使各进程的功能更加简洁明确。

4. 按状态的表达方式分类

按状态的表达方式可以将状态机分为符号化状态机和确定状态编码状态机。

符号化状态机是以文字符号来代表每个状态的状态机，比如用 S0、S1、S2 来表示状态机的三个状态。确定状态编码状态机是采用一组二进制数来表示不同状态的状态机，比如用" 00" " 01" 和" 10" 来表示状态机的三个状态。这里需要注意的是，对于确定状态编码状态机来说，使用一组二进制数来表示各个状态，综合器对代表各个状态的二进制数进行操作；对于符号化状态机来说，使用不同符号来表示各个状态，综合器会把符号自动转换成综合器能识别的二进制数，然后对转换后的二进制数进行操作。符号化状态机只是比确定状态编码状态机更加容易理解，本质上没有区别。

5. 按编码方式分类

按照编码方式，状态机可以分为以下几种：

直接输出型状态机，即将状态机的状态（状态的编码）直接作为输出信号的状态机。

枚举型状态机，即采用枚举类型来定义状态变量的状态机。

顺序编码型状态机，即采用 8421BCD 顺序编码的状态机，如果有 n 个触发器的话，状态机最多可以实现2^n个状态的编码。

一位热码型状态机，即采用 n 个触发器来实现 n 个状态的状态机，每一个状态由一个固定的触发器与之对应。

其他编码型状态机，即采用其他编码方式的状态机。

5.2　VHDL 状态机的一般形式

5.2.1　一般状态机的结构

无论是什么类型的状态机，通常都由组合进程和时序进程两部分构成。结构如图 5.1 所示。其中组合进程用于实现状态选择和信号输出。该进程根据当前状态（current_state）确定相应的操作，处理状态机的输入、输出信号，同时确定下一状态（next_state）。

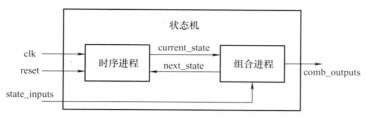

图 5.1 一般状态机工作示意图

组合进程的 VHDL 代码框架如下：

```
process( input, current_state )                          --敏感信号为输入信号和当前状态信息
begin
    case current_state is                                --根据不同状态,确定不同操作
when state0  =>
if( input =  … ) then                                    --根据不同输入,确定不同操作
output <=   < value > ;
next_state <= state1 ;
else
            …
end if;
when state1  =>
if( input =  … ) then
output <=   < value > ;
next_state <= state2 ;
else
            …
end if;
        when state2  =>
if( input =  … ) then
output <=   < value > ;
next_state <= state3 ;
else
            …
end if;
        …
    end case;
end process;
```

上述代码主要完成两件工作：对输出端口赋值和确定状态机的下一个状态。所有的输入信号必须出现在进程的敏感信号列表中，并且所有的输入输出信号的组合必须完整列出。在上述代码中，由于没有任何信号的赋值是通过其他某个信号的跳变来触发的，所以不会使用寄存器。

时序进程主要用于实现状态机的状态转换。状态机是随着外部时钟信号以同步时序方式工作的。时序进程主要保证状态的跳转和时钟信号同步，保证在时钟发生有效跳变时，状态机的状态才发生变化。时序进程只负责系统的初始化、状态跳转和复位，不负责下一状态的具体状态取值。当复位信号来临时，该进程会对状态机进行复位操作，当时钟的有效跳变来临时，该进程只是机械地将代表次态的信号 next_state 中的内容送到现态信号 curren_state 中，next_state 中的具体内容由组合进程决定。

时序进程的 VHDL 代码框架如下：

```
process
begin
if（reset = '1'）then
current_state <= state0；          --复位
elsif（clk'event and clk = '1'）then
current_state <= next_state；          --跳转到下一个状态
end if；
end process；
```

5.2.2　状态机的设计流程

状态机的传统设计方法十分复杂，首先要进行繁琐的状态化简、状态分配和状态编码，然后要求输出和激励函数，最后画原理图。而利用 VHDL 硬件描述语言设计状态机，只需要利用状态转移图进行状态机描述即可。

采用 VHDL 语言设计状态机的流程如下：

1. 根据系统要求确定状态数量、状态转移的条件和各种状态输出信号的值，画出状态转移图。

2. 按照状态转移图编写状态机的 VHDL 程序代码。

3. 利用 EDA 工具对状态机的功能进行仿真验证。

5.2.3　状态机的状态转移图描述

状态转移图是一种有向图，圆表示状态机的状态，有向曲线表示系统的状态转移过程，有向曲线的起点表示初始的状态，终点表示转移后的状态。

对于 Mealy 型状态机在有向曲线段上的字符表示系统的输入和输出，用"/"符号分隔。对于 Moore 型状态机，通常在状态后标出输出值，用"/"符号分隔，输入信号仍然在有向线段上标注。图 5.2 就是一个简单的 Mealy 型状态机的转移图。

如图 5.2 所示的 Mealy 型状态机的转移图，有一位输入、一位输出，A1 和 A2 两个状态。左侧绘制的指向 A1 的箭头表示系统的初始状态为 A1；在 A1 的上方，有一条起点和终点都在 A1 上方的有向曲线，曲线上标注着的"1/0"表示当状态为 A1 且输入信号为'1'时，状态机的状态不变，输出为'0'；由 A1 指向 A2 的标注为"0/1"的箭头表示，当系统处于 A1 且输入为'0'时，系统状态变为 A2，且输出为'1'。同理，当系统处于 A2 状态时，输入为'1'时状态不变，输出为'1'；当输入为'0'时，状态转变为 A1，输出为'0'。对于比较复杂的有限状态机，在有向箭头处还可以添加文字说明。

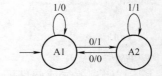

图 5.2　Mealy 型状态机的转移图

图 5.3 是一个简单的 Moore 型状态机的转移图。图中的状态机有一位输入、一位输出，A1 和 A2 两个状态，左侧绘制的指向 A1 的箭头表示系统的初始状态为 A1；圆内的"A1/1"表示处于状态 A1 时，输出为'1'；同理，"A2/0"表示处于状态 A2 时，系统输出为'0'；在状态 A1 上方绘制的起点和终点均在 A1 上的有向曲线，

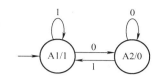

图 5.3　Moore 型有限状态机的转移图

以及曲线上标注 1 表示，当状态为 A1 且输入信号为'1'时，状态机的状态不变；由 A1 指向 A2 的标注为 0 的箭头表示，当状态为 A1 且输入为'0'时，状态机的状态会转变为 A2。同理，当状态机处于 A2 状态时，如果输入为'1'，状态机的状态就会转变为 A1。

5.2.4　状态机的状态说明部分

状态机的说明部分用于说明状态机的所有状态信息，是状态机设计中不可缺少的部分。状态机的状态说明有两种方式，一种是采用自动状态编码，另一种是采用指定状态编码。

自动状态编码方式不需要指定编码的具体顺序和方式，只需要说明编码的个数和名称，综合器会自动地进行二进制编码。通常采用 TYPE 语句来说明状态机的状态，此数据类型为枚举类型，其中每一个状态名可任意选取，但为了提高程序的可读性，状态名最好具有解释性意义。适当选取合适的状态名也有利于仿真，便于观察和理解。状态变量（如现态和次态）应定义为信号，便于信号传递，并将状态量的数据类型定义为含有既定状态元素的新定义的数据类型，说明部分一般放在结构体的 ARCHITECTURE 和 BEGIN 之间，例如：

```
architecture 结构体名 of 实体名 IS
TYPE state IS(start0, state1, state2, …);          --定义状态量
SIGNAL current_state, next_state:state;            --定义传递信号
begin
…
end architecture;
```

其中新定义的枚举数据类型名是 state，其元素值分别为 start0、state1 和 state2 等，表示状态机的各个状态。定义信号 current_state 和 next_state 为新定义的 state 枚举类型，因此 current_state 和 next_state 的取值范围为新定义的枚举类型 state 所限定的几个元素。

指定状态编码方式需要指定状态机各个状态的具体二进制编码。设置状态机状态编码的时候需要使用常量定义语句将各个状态的二进制编码分别进行指定，和上一种方法一样，也需要定义 current_state 和 next_state 信号，方便数据传输。需要注意的是信号量的数据类型要和状态量的数据类型相同。说明部分也是放在结构体的 ARCHITECTURE 和 BEGIN 之间，例如：

```
architecture 结构体名 of 实体名 IS
constant state0:std_logic_vector(1 downto 0): = "00";          --定义状态量
constant state1: std_logic_vector(1 downto 0): = "01";
constant state2: std_logic_vector(1 downto 0): = "10";
constant state3: std_logic_vector(1 downto 0): = "11";
```

SIGNAL current_state,next_state:std_logic_vector(1 downto 0);　　--定义传递信号
　　　　　　　--信号量需要和状态量的数据类型相同

begin

…

end architecture;

上面的代码定义了 4 个常量，state0 的值为"00"；state1 的值为"01"；state2 的值为"10"；state3 的值为"11"，分别为状态机的 4 种状态。定义信号 current_state 和 next_state 的数据类型和状态量的数据类型一样，都是 2 位逻辑矢量，方便后续数据传递等操作。

5.3　Moore 型状态机的设计

Moore 型状态机的输出只与当前系统状态有关，与当前输入无关，结构如图 5.4 所示。Moore 型状态机在时钟跳变后的有限个门延迟后，输出值达到稳定值。输出会在一个完整的时钟周期内保持稳定，也就是说，在该时钟周期内，即使输入信号发生改变，输出也不会改变，输入信号对输出的影响要在下一个时钟周期才能反映出来。

图 5.4　Moore 型状态机的结构示意图

5.3.1　单进程 Moore 型状态机

图 5.5 所示的是一个简易温度控制系统的状态转移图。其中输入信号为当前系统检测

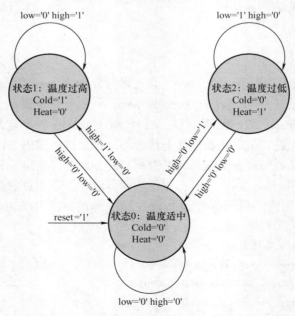

图 5.5　简易温度控制系统的状态转移图

到的温度，这里用 high 和 low 表示，如果 high 为 '1' 的话表示当前温度过高，为 '0' 表示温度不高；如果 low 为 '1' 的话表示当前温度过低，为 '0' 表示温度不低。输出信号为控制信号，这里用 Heat 和 Cold 表示，如果 Heat 为 '1' 的话表示当前系统进行加热操作，为 '0' 表示系统不进行加热操作；如果 Cold 为 '1' 的话表示当前系统进行制冷操作，为 '0' 表示系统不进行制冷操作。系统一共有 3 个状态，分别是：温度适中，不进行加热和制冷操作、温度过高，进行制冷操作以及温度过低，进行加热操作。我们使用 S0、S1 和 S2 表示这三个状态。当复位信号 reset 为 '1' 时，系统进行复位操作，恢复到状态 S0，温度适中状态。

　　单进程状态机是只使用一个进程完成系统功能的状态机。本小节中的简易温度控制系统主要实现控制温度的功能，当当前温度过高时就进行制冷操作降低温度，当当前温度过低时就进行加热操作提高温度，保证温度一直保持在一个适中的范围，相应的 VHDL 代码如下：

```
LIBRARY IEEE;
use ieee. std_logic_1164. all;
use ieee. std_logic_arith. all;
use ieee. std_logic_unsigned. all;

entity temperaturecon is
port( reset, clk: in std_logic;                          --reset 复位信号, clk 时钟信号
      high, low: instd_logic;
      Heat, Cold: outstd_logic);
end temperaturecon;

architecture behavioral of temperaturecon is
type state is ( S0, S1, S2);                             --定义 S0, S1, S2 三个状态
signal current_state: state;                             --定义传递信号
begin
process( clk, reset, high, low)
begin
  if reset = '1' then current_state <= S0;               --复位操作
elsif clk'event and clk = '1' then
        case current_state is                            --状态转移操作
when S0 => if   high = '1'    then current_state <= S1;
                                    Cold <= '1';
                                    Heat <= '0';
elsif low = '1' then current_state <= S2;
                                    Heat <= '1';
                                    Cold <= '0';
else current_state <= S0;
                                    Heat <= '0';
                                    Cold <= '0';
end if;
```

```
when S1 => if   high = '0'   then current_state <= S0;
                                  Cold <= '0';
                                  Heat <= '0';
         else current_state <= S1;
                                  Heat <= '0';
                                  Cold <= '1';
         end if;
when S2 => if   low = '0'   then current_state <= S0;
                                  Cold <= '0';
                                  Heat <= '0';
         else current_state <= S2;
                                  Heat <= '1';
                                  Cold <= '0';
         end if;
end case;
end if;
end process;
end behavioral;
```

5.3.2　多进程 Moore 型状态机

多进程状态机指通过多个进程完成系统功能的状态机，常见的有二段式结构和三段式结构，即使用两个进程完成系统功能和使用三个进程完成系统功能的状态机。采用多进程结构会使程序看起来更清晰，功能分工更加明确。这里仍然使用上一小节的简易温度控制器作为例子。

二段式结构的状态机将系统的功能分割成组合进程和时序进程两个部分，组合进程部分用于实现状态的选择和信号输出。该进程根据当前状态值确定系统的相应操作，处理状态机的输入、输出信号，同时确定下一个状态的取值。时序进程部分用于实现状态机的状态转换和状态复位，保证和时钟信号同步，在时钟发生有效跳变时，状态机的状态才发生变化。时序进程通常不负责下一状态的具体状态取值。当复位信号来临时，该进程会对状态机进行复位操作，当时钟的有效跳变来临时，该进程只是机械地将代表次态的信号中的内容送到现态信号中，次态信号中的具体内容由组合进程决定。采用二段式结构状态机的 VHDL 代码如下：

```
LIBRARY IEEE;
use ieee. std_logic_1164. all;
use ieee. std_logic_arith. all;
use ieee. std_logic_unsigned. all;

entity temperaturecon is
port( reset,clk: in std_logic;
     high,low:instd_logic;
     Heat,Cold:outstd_logic);
```

```
    end temperaturecon;

    architecture behavioral of temperaturecon is
    type state is (S0,S1,S2);
    signal current_state,next_state :state ;
    begin
    reg:process(clk,reset)                    --时序进程
    begin
    if reset = '1' then current_state <= S0;
    elsif clk'event and clk = '1' then current_state <= next_state;
    end if;
    end process;
    com:process(high,low)                     --组合进程
    begin
    case current_state is
    when S0 => if   high = '1'   then next_state <= S1;
        Cold <= '1';
        Heat <= '0';
    elsif low = '1' then next_state <= S2;
        Heat <= '1';
        Cold <= '0';
    else next_state <= S0;
        Heat <= '0';
        Cold <= '0';
    end if;
    when S1 => if   high = '0'   then next_state <= S0;
        Cold <= '0';
        Heat <= '0';
    else next_state <= S1;
        Heat <= '0';
        Cold <= '1';
    end if;
    when S2 => if   low = '0'   then next_state <= S0;
        Cold <= '0';
        Heat <= '0';
    else next_state <= S2;
        Heat <= '1';
        Cold <= '0';
    end if;
    end case;
    end process;
    end behavioral;
```

三段式结构的状态机在二段式结构状态机的基础上将组合进程再次分割为两个进程实

现，其中一个进程描述输出逻辑，另一个进程描述次态逻辑。三段式结构使系统的功能更加明确清晰。采用三段式结构的状态机的 VHDL 代码如下：

```
LIBRARY IEEE;
use ieee. std_logic_1164. all;
use ieee. std_logic_arith. all;
use ieee. std_logic_unsigned. all;

entity temperaturecon is
port( reset,clk: in std_logic;
    high,low:instd_logic;
    Heat,Cold: outstd_logic);
end temperaturecon;

architecture behavioral of temperaturecon is
type state is (S0,S1,S2);
signal current_state,next_state    :state ;
begin
reg:process( clk,reset)                              --时序进程
begin
if reset = '1 ' then current_state <= S0;
elsif clk'event and clk = '1 ' then current_state <= next_state;
end if;
end process;
output_decode:process( current_state)                --输出逻辑进程
begin
if current_state = S1 then
        Cold <= '1 ';
        Heat <= '0 ';
elsif current_state = S2 then
        Cold <= '0 ';
        Heat <= '1 ' ;
elsif current_state = S0 then
        Cold <= '0 ';
        Heat <= '0 ' ;
end if;
end process;
next_state_decode:process( current_state,high,low)    --次态逻辑进程
begin
next_state <= current_state;
    case current_state is
        when S0 => if   high = '1 '   then next_state <= S1;
                elsif low = '1 ' then next_state <= S2;
                else next_state <= S0;
```

```
                    end if;
        when S1 => if  high = '0'  then next_state <= S0;
                    else next_state <= S1;
                    end if;
        when S2 => if  low = '0'  then next_state <= S0;
                    else next_state <= S2;
                    end if;
        when others => next_state <= S0;
    end case;
end process;
end behavioral;
```

5.4 Mealy 型状态机的设计

  Mealy 型状态机的输出既与当前系统状态有关，又与输入信号有关，结构如图 5.6 所示。Mealy 型状态机的输出是在输入信号变化后立刻发生的，而且输入信号可以在时钟周期内的任何时候发生改变，因此 Mealy 型状态机对输入的响应比 Moore 型状态机对输入的响应要早一个时钟周期。Mealy 型状态机的设计和 Moore 型状态机的设计基本相同，区别是 Mealy 型状态机的组合进程中的输出信号由输入信号和系统当前状态共同决定。

图 5.6 Mealy 状态机的结构示意图

  图 5.7 所示的是一个简易交通灯控制系统的状态转移图。其中输入信号为红灯、绿灯和黄灯的定时器溢出信号，这里用 T0、T1 和 T2 表示，如果 T0 为 '1' 的话表示红灯信号来临，为 '0' 表示红灯信号没有来临，状态机转向下一个状态；如果 T1 为 '1' 的话表示绿灯信号来临，为 '0' 表示绿灯信号没有来临，状态机转向下一个状态；如果 T2 为 '1' 的话表示黄灯信号来临，为 '0' 表示黄灯信号没有来临，状态机转向下一个状态。输出信号为控制信号，这里用 Red、Green 和 Yellow 表示，如果 Red 为 '1' 的话表示当前系统点亮红灯，为 '0' 表示系统不点亮红灯；如果 Green 为 '1' 的话表示当前系统点亮绿灯，为 '0' 表示系统不点亮绿灯；如果 Yellow 为 '1' 的话表示当前系统点亮黄灯，为 '0' 表示系统不点亮黄灯。系统一共有 3 个状态，分别是：红灯状态、绿灯状态和黄灯状态，分别用 S0、S1 和 S2 表示。当复位信号 reset 为 '1' 时，系统进行复位操作，恢复到状态 S0，红灯状态。

  本小节中的简易交通灯控制系统主要模拟实现交通灯的功能，这里采用三段式结构实现，相应的 VHDL 代码如下：

```
LIBRARY IEEE;
use ieee. std_logic_1164. all;
use ieee. std_logic_arith. all;
```

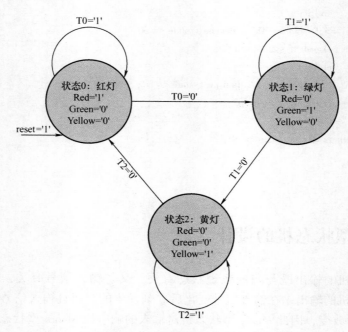

图 5.7 简易交通灯控制系统的状态转移图

```
use ieee. std_logic_unsigned. all;

entity trafficlightcon is
port( reset,clk: in std_logic;                    --reset 复位信号,clk 时钟信号
    T0,T1,T2:instd_logic;
    Red,Green,Yellow:outstd_logic);
end trafficlightcon;

architecture behavioral of trafficlightcon is
CONSTANT S0: STD_LOGIC_VECTOR (2 DOWNTO 0) := "001";
CONSTANT S1: STD_LOGIC_VECTOR (2 DOWNTO 0) := "010";
CONSTANT S2: STD_LOGIC_VECTOR (2 DOWNTO 0) := "100";
signal current_state,next_state   : STD_LOGIC_VECTOR (2 DOWNTO 0);
begin
reg:process(clk,reset)                            --时序进程
begin
if reset = '1' then current_state <= S0;
elsif clk'event and clk = '1' then current_state <= next_state;
end if;
end process;
output_decode:process(current_state,T0,T1,T2)     --输出逻辑进程
begin
if current_state = S0 and T0 = '1' then
```

```
                   Red <= '1';
                   Green <= '0';
                   Yellow <= '0';
        elsif current_state = S1 and T1 = '1' then
                   Red <= '0';
                   Green <= '1';
                   Yellow <= '0';
        elsif current_state = S2 and T2 = '1' then
                   Red <= '0';
                   Green <= '0';
                   Yellow <= '1';
        end if;
        end process;
        next_state_decode: process(current_state, high, low)          --次态逻辑进程
        begin
        next_state <= current_state;
        case current_state is
        when S0 => if    T0 = '0'    then next_state <= S1;
        end if;
        when S1 => if    T1 = '0'    then next_state <= S2;
        end if;
        when S2 => if    T2 = '0'    then next_state <= S0;
        end if;
        when others => next_state <= S0;
        end case;
        end process;
        end behavioral;
```

5.5 状态编码

在状态机的设计中，用文字符号定义各种状态量的状态机称为符号化状态机，其状态变量 $S0$、$S1$ 和 $S2$ 等的具体编码由综合器根据预设的约束规则确定。确定状态编码状态机是采用一组二进制数来表示不同状态的状态机，设计者可以自行设计不同状态的二进制取值。状态机的状态编码方式有很多种，这要根据实际情况来决定，既可以人为控制，也可以由综合器自动对编码方式进行选择。下面就介绍几种状态机常用的编码方式。

5.5.1 顺序编码

顺序编码是采用自然数的方式对状态机的状态进行编码，利用若干个触发器的编码组合来表示状态机的 n 个状态，是最简单的编码方式之一，表 5.1 就是对 6 个状态进行顺序编码的例子。相应的 VHDL 代码如下：

```
CONSTANT S0: STD_LOGIC_VECTOR (2 DOWNTO 0) : = "000";
```

CONSTANT S1：STD_LOGIC_VECTOR（2 DOWNTO 0）：= "001"；

CONSTANT S2：STD_LOGIC_VECTOR（2 DOWNTO 0）：= "010"；

CONSTANT S3：STD_LOGIC_VECTOR（2 DOWNTO 0）：= "011"；

CONSTANT S4：STD_LOGIC_VECTOR（2 DOWNTO 0）：= "100"；

CONSTANT S5：STD_LOGIC_VECTOR（2 DOWNTO 0）：= "101"；

SIGNAL current_state，next_ state：STD_LOGIC_VECTOR（2 DOWNTO 0）；

表 5.1 顺序编码方式

状　　态	状态顺序编码
S0	000
S1	001
S2	010
S3	011
S4	100
S5	101

采用顺序编码的方式时，n 个触发器可以描述2^n个状态。对于固定数量的状态来说，使用顺序编码所需要的触发器数量最少，剩余的非法状态最少，容错技术最为简单。这种编码方式的缺点是虽然节省了触发器的资源消耗，但是却增加了从一种状态跳转到另一种状态的转换译码组合逻辑电路，使该编码方式的运行速度降低。

5.5.2　枚举类型编码

在设计状态机时，最常用的编码方式是枚举类型的状态编码方式。这种方式根据所需要的状态，定义新的枚举类型，并使用枚举类型定义信号变量。比如简易交通灯控制系统中的红灯状态、绿灯状态和黄灯状态，可以定义为（Red，Green，Yellow）枚举类型来表示。设计者只需要对枚举类型进行操作就可以了，综合器会自动地将枚举类型转换二进制数来进行后续操作，相应的 VHDL 代码如下：

type state is（Red，Green，Yellow）；

signal current_state，next_state ：state ；

采用枚举类型编码的状态机的优点是程序的可读性强。

5.5.3　状态位直接输出型编码

直接输出型编码即状态的输出值与状态的编码一致，是状态机中一种特殊的编码类型。这种编码方式要求状态位的编码具有一定的规律。比如，状态机中有 3 个状态 S0、S1 和 S2，二进制编码分别为"00" "01"和"10"，状态机运行到 S0 状态的时候，系统的输出是"00"，当状态机运行到 S1 状态的时候，系统的输出是"01"，当状态机运行到 S2 状态的时候，系统的输出是"10"，这种状态机就是采用直接输出型编码的状态机。

这种状态位直接输出型编码方式的状态机的优点是输出速度快，节省器件资源，缺点是程序可读性差。

5.5.4 一位热码编码

一位热码编码方式就是用 n 个触发器来实现具有 n 个状态的状态机，状态机中的每一个状态都由一个确定的触发器的状态表示，其编码方式见表5.2。当处于某状态时，对应的触发器置为'1'，其余触发器置为'0'。一位热码编码方式尽管使用了较多的触发器，但其简单的编码方式大为简化了状态译码组合逻辑电路，提高了状态转换速度。

表5.2 一位热码编码方式

状　态	一位热码编码
S0	000001
S1	000010
S2	000100
S3	001000
S4	010000
S5	100000

5.6 安全状态机设计

在状态机的技术指标中，除了满足需要的功能特性和速度等基本指标外，安全性和稳定性也是状态机性能的重要考核内容。

在状态机设计中，无论使用枚举数据类型还是在指定状态编码，特别是使用了一位热码编码方式，总是不可避免地出现大量剩余状态，即未被定义的编码组合。这些状态在状态机的正常运行中是不需要出现的，通常称为非法状态。在状态机的设计中，如果没有对这些非法状态进行合理的处理，那么在外界不确定因素的干扰下，或是随机上电的初始启动中，状态机都有可能进入不可预测的非法状态，导致程序崩溃。因此，对于重要且稳定性要求较高的系统，状态机的剩余状态的处理是必须慎重考虑的问题。

另一方面，剩余状态的处理会不同程度地消耗逻辑资源，这就要求在选用何种状态机结构、何种状态编码方式、何种容错技术及系统的工作速度与资源利用率等诸多方面做权衡比较，尽可能满足设计需求。为了使状态机可靠运行，可以通过程序直接导引法和状态编码检测法两种方法进行处理。

5.6.1 程序直接导引法

在状态元素定义中对所有的状态，包括多余状态做出定义，对每一个状态，包括非法状态都进行明确的状态转移指示。当状态落入非法状态时，自动设置状态复位操作或其他操作。

假如S4，S5，S6，S7为非法状态，则可在程序中增加以下语句：

```
TYPE states IS(S0,S1,S2,S3,S4,S5,S6,S7);          --定义所有状态,S0 为初始状态
...
```

```
    when S4 => next_ state  <=  S0;
    when S5  => next_ state  <=  S0; --当落入非法状态的时候,自
    when S6  => next_ state  <=  S0;--动设置复位操作
    when S7  => next_ state  <=  S0;
```

在非法状态的转向设置中,不一定要将其都指向初始态 S0,只要导向专门用于处理非法状态的程序就可以。直接引导方法的优点是直观可靠,但缺点是可处理的非法状态较少,如果有大量非法状态存在,使用此方法会消耗大量逻辑资源。这时可以采用 WHEN OTHERS语句进行非法状态的处理。

5.6.2　状态编码检测法

由于有些状态编码很有规律,因此可以利用这点进行非法状态的处理,这就是状态编码检测法。例如,对于采用一位热码编码方式设计的拥有 5 个状态的状态机。正常的状态下有且只有一个触发器的值为'1',其余所有触发器的值均为'0'。除此之外的情况均属于非法状态。据此,可以在状态机设计程序中加入检测相应触发器中的'1'的个数是否有且只有1 的检测判断逻辑。当发现有多个触发器的值为'1'或者全为'0'时,产生一个警告信号swarnning,系统可根据此信号是否有效来决定是否进行复位操作或者其他操作。监测逻辑可以有多种形式,例如:

```
    If ((((S0 OR S1 OR S2 OR S3 OR S4 OR S5)/= '00001'  )   OR
        ((S0 OR S1 OR S2 OR S3 OR S4 OR S5)/= '00010'  )   OR
        ((S0 OR S1 OR S2 OR S3 OR S4 OR S5)/= '00100'  )   OR
        ((S0 OR S1 OR S2 OR S3 OR S4 OR S5)/= '01000'  )   OR
        ((S0 OR S1 OR S2 OR S3 OR S4 OR S5)/= '10000'   ) )   then
        swarnning <= '1';
    end if;
```

当 swarnning 为'1'时,表明状态机进入了非法状态,可由此信号启动相应操作。

● **本章小结**

本章主要讲述了有限状态机的基本概念、特点和基本结构等基础内容。在此基础上,对 Moore 型状态机和 Mealy 型状态机的结构、特性和设计方法进行了详细的举例说明。之后,介绍了状态位置直接输出型编码、顺序编码、枚举类型编码及一位热码编码四种不同的状态编码方式和程序直接导引法及状态编码检测法两种安全状态机的设计方法。比较全面地对有限状态机进行了介绍。

● **习　题**

5.1　简述 Moore 型状态机和 Mealy 型状态机的特点以及不同之处。

5.2　状态机的主要编码方式有哪几种?

5.3　状态机的非法状态指的是什么状态? 怎么处理非法状态?

5.4 图5.8是某一状态机的状态转移图，请采用一位热码编码对各个状态进行编码，使用 VHDL 语言完成该状态机的设计，需要考虑非法状态的处理。

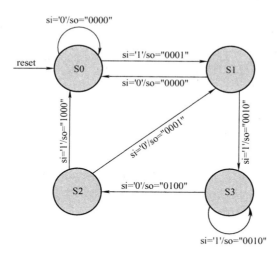

图 5.8 某状态机的状态转移图

第 6 章

VHDL优化设计

在 EDA 的硬件系统设计当中，由于每个人的编程风格不同，往往同样的系统功能，描述的方式是不一样的，综合出来的电路结构更是大相径庭，但是不同的电路构建往往会使得电路之间的性能指标存在差异，这些性能指标主要包括系统速度、资源利用率、可靠性等。因此在 EDA 实用技术当中必须包括优化设计和验证测试等方面的技术手段。设计优化是可编程逻辑设计的精华所在，如何节省所占用的面积、如何提高设计的性能是可编程逻辑设计的核心，这两点往往也成为一个设计甚至项目成败的关键因素。

由于 EDA 设计的优化效果同 EDA 工具、VHDL 的编码表述、可编程逻辑器件的结构之间存在着紧密的联系。所有的这一切在 EDA 业内具有相似性，因此本章讨论的内容具有一般性。

6.1 资源优化

硬件设计资源及所谓面积（Area）在 ASIC 设计中是一个重要的指标。面积优化是提高芯片资源利用率的一种方法，在设计过程中通过面积优化可以使用规模更小的芯片，从而降低成本和功耗，为以后技术升级预留更多的资源。面积优化最常用的方法有资源共享、逻辑优化和串行化。

VHDL 包含的语句非常丰富，不同的描述可以实现同样的逻辑功能，而且实现同样功能的不同描述，可能在综合出的电路规模上存在差异，即对资源的利用率有所不同。

FPGA/CPLD 资源的优化具有一定的实用意义：

（1）优化后可以使用规模更小的可编程逻辑器件，从而降低了系统的成本，提高了产品的性价比。

（2）对于某些 PLD 器件，由于布线资源有限，当耗用的资源过多时会严重影响电路的性能。

（3）为以后的技术升级留下了更多的可编程资源，方便添加产品的功能。

（4）对于多数可编程逻辑器件，资源耗用太多会使器件功耗显著上升。

6.1.1 资源共享

资源共享的主要思想是，通过数据缓冲或多路选择的方法来共享数据通道中占用资源较多的模块（如乘法器、多位加法器等算术模块）。通过共享有时可以较好地提高资源利用率，达到优化的目的。

在设计数字系统时常常需要反复地调用一个同样结构的模块，但该结构模块需要占用较多的资源，这类模块往往是基于组合电路的算术模块，比如乘法器、宽位加法器等。如果不对其进行优化，会使得系统大部分的组合逻辑资源被它们占用，并且由于它们的存在，会使得所选用器件的规模更大、成本更高。例6.1为一个典型的示例。

【例6.1】 先乘后选择的设计方法

```
LIBRARY IEEE;
use ieee. std_logic_1164. all;
use ieee. std_logic_unsigned. all;
use ieee. std_logic_arith. all;
ENTITY multmux IS
    PORT（A0, A1, B   : IN   std_logic_vector(3 downto 0);
                  sel  : IN  std_logic;
                 Result  : OUT std_logic_vector(7 downto 0));
end multmux;
ARCHITECTURE rtl OF multmux IS
begin
    process( A0, A1, B, sel)
    begin
        if( sel  =  '0' ) then  Result  <=  A0  *  B; -- sel 为0时, A0 与 B 相乘
                         else    Result  <=  A1  *  B; --A1 与 B 相乘
        end if;
    end process;
end rtl;
```

在此例中使用了两个4×4乘法器：A0×B和A1×B。该设计的RTL结构可以用图6.1进行描述：整个设计除了两个乘法器以外就只剩一个多路选择器了。又因为乘法器在设计中面积占用率最大，所以我们考虑通过减少乘法器的方式来实现面积优化。通过仔细观察可以发现，在该电路的结构中，当S = '0'时乘法器0被使用，用于完成A0×B的计算，而没有使用乘法器1；当S = '1'时乘法器1被使用，乘法器0是闲置的。同时输入B一直被接入乘法器模块并被使用，由于乘法器中一端的输入发生了变化，S信号便需要从两个乘法器中做出选择，进而完成在信号A0和A1之间的切换。通过以上分析，我们可以设法去掉一个乘法器，让剩下的乘法器共享利用，即不论S信号是什么，都只是使用同一个乘法器，或者说不同的S选择共享了同一个乘法器。优化后的RTL结构如图6.2所示。

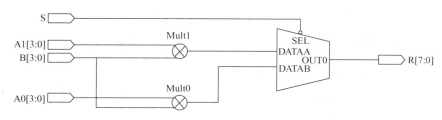

图6.1　先乘后选择的设计方法 RTL 结构

【例6.2】 先选择后乘的资源共享优化设计方法

```
ARCHITECTURE rtl OF muxmult IS
    signal temp : std_logic_vector(3 downto 0);
begin
```

```
process( A0,A1,B,sel)
begin
    if( sel = '0') then      temp <= A0; -- sel 为'0'时,将 A0 赋值给 temp
                    else      temp <= A1;--将 A1 赋值给 temp
    end if;
    result <= temp * B;
end process;
end rtl;
```

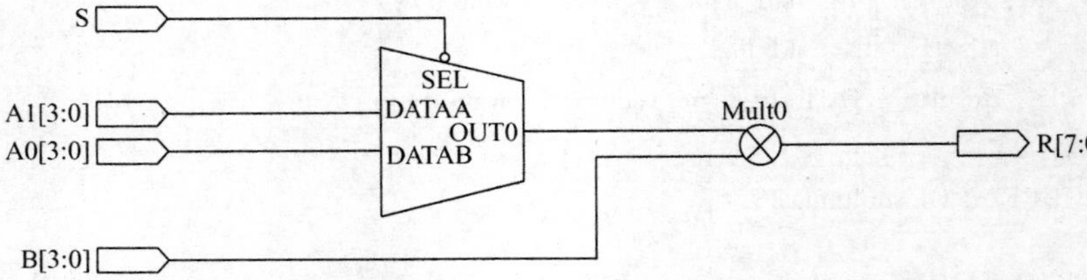

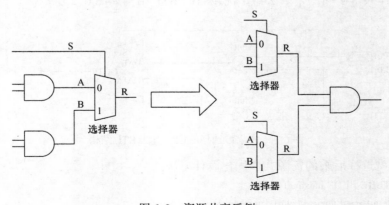

图 6.2　先选择后乘的设计方法 RTL 结构

如图 6.2 所示，在此次设计 RTL 结构中，使用 S 信号选择 A0、A1 作为乘法器的输入，B 信号固定作为共享乘法器的输入。与之前相比，在逻辑结构上并没有发生任何改变，然而却节省了一个代价高昂的乘法器，使得整个设计占用的面积几乎减少了一半。

虽然这只是资源优化的一个特例，但是此类资源优化思路具有一般性意义，它主要针对数据通路中耗费逻辑资源比较多的模块，通过选择、共用的方式共享使用该模块，以减少该模块的使用个数，达到减少资源使用、优化面积的目的。这也对应 HDL 特定的编码风格。

但是，并不是所有情况下都能通过资源共享实现资源优化。若对图 6.3 中的输入与门之类的模块使用资源共享，通常是无意义的，有时甚至会增加资源的使用（多路选择的面积显然要大于与门）。在对多位乘法器和快速进位加法器等算术模块使用资源共享技术时能够实现资源优化，并且能够大大的优化资源。随着某些高级的 HDL 综合器的出现，使用者可以通过设置就能够自动识别设计中需要资源共享的逻辑结构，从而自动进行资源共享。

图 6.3　资源共享反例

6.1.2 逻辑优化

通过逻辑优化以减少资源利用也是常用的面积优化方法，但是其代价往往是速度的牺牲。在延时要求不高的情况时，使用者可以采用这种方式来减少电路的复杂度和实现面积优化。使用优化后的逻辑进行设计，可以明显减少资源的占用。

在实际的设计中常常会遇到两个数相乘，而其中一个数为常数的情况。例6.3是一个较为典型的例子，它构建了一个两输入的乘法器：mc <= ta * tb，然后对其中一个端口赋予一个常数值。如果按照例6.4对其进行逻辑优化，则需要采用常数乘法器。在高级的HDL综合器中，这种优化设计能够自动调整，但我们需要了解这种设计思想。优化前后的两输入乘法器的RTL结构分别如图6.4和图6.5所示。

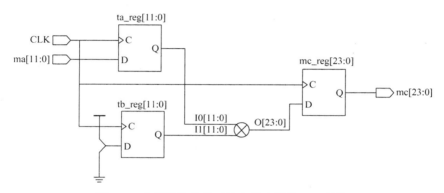

图6.4 未逻辑优化的两输入乘法器的 RTL 结构

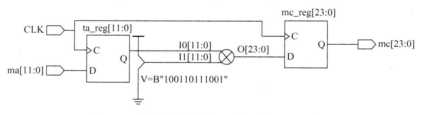

图6.5 逻辑优化的两输入乘法器的 RTL 结构

【例6.3】两输入乘法器的设计方法
```
LIBRARY IEEE；
use ieee. std_logic_1164. all；
use ieee. std_logic_unsigned. all；
use ieee. std_logic_arith. all；
ENTITY mult1 IS
    PORT( clk ： in std_logic；
            ma ： In std_logic_vector( 11 downto 0)；
            mc ： out std_logic_vector( 23 downto 0))；
end mult1；
ARCHITECTURE rtl OF mult1 IS
    signal ta,tb ： std_logic_vector( 11 downto 0)；
```

```
begin
process(clk) begin
    if(clk'event and clk = '1') then
        ta <= ma;tb <= "100110111001";   mc <= ta * tb;--对 tb 赋值后与 ta 相乘
    end if;
end process;
end rtl;
```

【例6.4】 逻辑优化后的两输入乘法器

```
LIBRARY IEEE;
use ieee. std_logic_1164. all;
use ieee. std_logic_unsigned. all;
use ieee. std_logic_arith. all;
ENTITY mult2 IS
    PORT(clk : in std_logic;
        ma : In std_logic_vector(11 downto 0);
        mc : out std_logic_vector(23 downto 0));
end mult2;
ARCHITECTURE rtl OF mult2 IS
    signal ta : std_logic_vector(11 downto 0);
    constant tb : std_logic_vector(11 downto 0) : = "100110111001";--定义 tb 为常量
begin
process(clk) begin
    if(clk'event and clk = '1') then   ta <= ma; mc <= ta * tb;
    end if;
end process;
end rtl;
```

6.1.3　串行化

串行化是指采用串行设计代替原来的并行设计，把原来的单个时钟周期完成的并行操作的逻辑功能分割出来，提取相同的功能单元，在时间上分时复用这些单元，在满足系统速度要求的前提下，用多时钟周期来完成单时钟周期即可完成的功能，但是其付出的代价是工作速度大大降低。比如 CPU 总是在时间上（表现在 CPU 上的指令周期）反复使用 ALU 来完成复杂的操作。

例如，一个乘法器，其位宽为 16 位，对 8 个 16 位数据进行乘法和加法运算，即

$$yout = a0 \times b0 + a1 \times b1 + a2 \times b2 + a3 \times b3$$

【例6.5】 未进行串行化的 16 位乘法器设计方法

```
LIBRARY IEEE;
use ieee. std_logic_1164. all;
use ieee. std_logic_unsigned. all;
use ieee. std_logic_arith. all;
ENTITY pmultadd IS
    PORT(clk : in std_logic;
```

```
        a0,a1,a2,a3 : in std_logic_vector(7 downto 0);
        b0,b1,b2,b3 : in std_logic_vector(7 downto 0);
        yout : out std_logic_vector(15 downto 0));
end pmultadd;
ARCHITECTURE p_arch OF pmultadd IS
begin
process(clk) begin
    if(clk'event and clk = '1') then
        yout <= ((a0 * b0) + (a1 * b1)) + ((a2 * b2) + (a3 * b3));--直接相乘并相加
    end if;
end process;
end p_arch;
```

此例采用并行逻辑设计。在此逻辑设计中，在 Vivado 中适配 basys3 器件，共耗用了 328 个 Slice LUTs、16 个 Slice Registers、100 个 Slice、328 个 LUT as Logic、328 LUT Flip Flop Pairs、81 个 Bonded IOB 和 1 个 BUFGCTRL。如果把上述设计用串行化的方式实现，只需用一个 16 位加法器和一个 8 位乘法器，如例 6.6。从综合后的电路可以看出，串行化后的 RTL 电路的结构明显变得更为复杂。综合后的电路中加入许多时序控制电路，包括增加了 2 个大的选择器和 3 位二进制计数器，但资源使用却要小得多，在此例中使用相同的 Vivado 综合/适配设置，共耗用 128 个 Slice LUTs、35 个 Slice Registers、46 个 Slice、128 个 LUT as Logic、140 LUT Flip Flop Pairs、82 个 Bonded IOB 和 1 个 BUFGCTRL。

需要注意的是串行化后的电路需要使用 5 个时钟周期才能完成一次运算，而且电路中还需要附加运算控制信号（start）；而对于并行设计，电路只需要 1 个时钟周期就可以完成一次运算而且并不需要运算控制信号。

【例 6.6】 串行化后的 16 位乘法器的设计方法

```
LIBRARY IEEE;
use ieee. std_logic_1164. all;
use ieee. std_logic_unsigned. all;
use ieee. std_logic_arith. all;
ENTITY smultadd IS
    PORT(clk, start : in std_logic;
        a0,a1,a2,a3 : In std_logic_vector(7 downto 0);
        b0,b1,b2,b3 : In std_logic_vector(7 downto 0);
        yout : out std_logic_vector(15 downto 0));
end smultadd;
ARCHITECTURE s_arch OF smultadd IS
    signal cnt : std_logic_vector(2 downto 0);
    signal tmpa,tmpb : std_logic_vector(7 downto 0);
    signal tmp,ytmp : std_logic_vector(15 downto 0);
begin
tmpa <= a0 when cnt = "000" else --当 cnt 为'000'时将 a0 赋值给 tmpa
            a1 when cnt = "001" else
            a2 when cnt = "010" else
```

```
                    a3 when cnt = "011" else
                    a0;
          tmpb <= b0 when cnt = "000" else --当 cnt 为'000'时将 b0 赋值给 tmpb
                    b1 when cnt = "001" else
                    b2 when cnt = "010" else
                    b3 when cnt = "011" else
                    b0;
    tmp <= tmpa * tmpb;
    process( clk) begin
        if( clk'event and clk = '1') then
            if( start = '1') then   cnt <= '000';
                ytmp <= ( others => '0');
            elsif ( cnt < '100') then   cnt <= cnt + 1;--每一个时钟周期 cnt 加 1
                ytmp <= ytmp + tmp;
            elsif ( cnt = '100') then   yout <= ytmp;
            end if;
        end if;
    end process;
    end s_arch;
```

6.2　速度优化

　　在大多数的设计当中，速度优化比资源优化更加重要，因此需要优先考虑速度优化。在设计当中影响速度的因素很多，如 FPGA 的结构特性、HDL 综合器性能、系统电路结构、PCB 制版情况、VHDL 程序表达等，这里讨论电路结构方面的速度优化方法。

6.2.1　流水线设计

　　流水线技术在速度优化中是最常用的技术之一。流水线技术是一种将每条指令分解为多步，并让各步操作重叠，从而实现几条指令并行处理的技术。程序中的指令仍是一条一条顺序执行，但可以预先取若干条指令，并在当前指令尚未执行完时，提前启动后续指令的另一些操作步骤，因此流水线技术能够显著地提高设计电路的运行速度上限。在现代微处理器（如微机中的 Intel CPU 就是用了多级流水线技术）、数字信号处理器、高速数字系统、高速 ADC、DAC 器件设计中，几乎都无法离开流水线技术，甚至在有的新型单片机设计中也采用了流水线技术，以期达到高速特性。

　　流水线技术是通过增加计算机硬件来实现的。例如要能预取指令，就需要增加取指令的硬件电路，并把取来的指令存放到指令队列缓存器中，使 MPU 能同时进行取指令和分析、执行指令的操作。因此，在 16 位/32 位微处理器中一般含有两个算术逻辑单元 ALU，一个主 ALU 用于执行指令，另一个 ALU 专用于地址生成，这样才可使地址计算与其他操作重叠进行。

　　事实上在原设计中加入流水线并不会减少总延时，有的时候还会增加插入的寄存器的延时以及信号同步的时间差，但是流水线设计却可以提高总体的运行速度，但这并不矛盾。图 6.6 是一个未使用流水线的设计，可以看出在此设计中存在一个延时较大的组合逻辑块。显而易见，在该设计中从输入到输出经过的时间至少为 T_a，就是说，时钟信号 CLK 周期不能够小于 T_a。图6.7是对图6.6的改进，使用2级流水线。在此次设计中我们把延时较大的组合逻辑块分割成了两块延时大致相等的组合逻辑块，并在两个逻辑块中间插入寄存器。设两个小的组合逻辑块的延时分别为 T_1、T_2。其中有 $T_1 \approx T_2$，并且 $T_a = T_1 + T_2$。

图6.6 未使用流水线

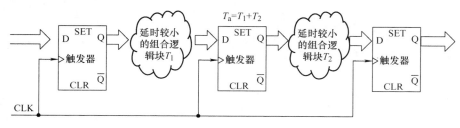

图6.7 使用流水线结构

但是对于改进后的设计，流水线的第一级（指的是输入寄存器至插入寄存器之间的新的组合逻辑设计），时钟信号 CLK 的周期可以接近 T_1，即第一级的最高工作频率 F_{max1} 可以约等于 $1/T_1$；同样，第二级的 F_{max2} 也可以约等于 $1/T_1$。由此可以知道图6.5中设计的最高频率为：$F_{max} \approx F_{max1} \approx F_{max2} \approx 1/T_1$。显然，改进后的设计比原先的设计速度更快了，其速度提升了将近一倍！

流水线的工作原理如图6.8所示，一个信号从输入到输出需要经两个寄存器（不考虑输入寄存器），供需时间为 $T_1 + T_2 + 2T_{reg}$（T_{reg} 为寄存器产生的时延），其中 $T_1 + T_2 + 2T_{reg} \approx T_a$。但是每隔 T_1 时间输出寄存器就输出一个结果，输入寄存器就输入一个新的数据。从图6.8可以看出，此时两个分隔开的逻辑块处理的不是同一个信号，资源被优化利用了，而寄存器对信号数据做了暂存。

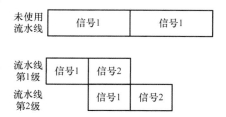

图6.8 流水线工作原理示意图

例6.7和例6.8都是八位加法器设计描述。前者是普通加法器描述方式；后者是二级流水线描述方式，其结构如图6.9所示，将八位加法分成了两个四位加法操作，其中用了锁存器来暂存中间数据。

读者可以对以下两个示例的工作时序，在 Vivado 上进行比较。图6.10和图6.11是对下面两例的时序仿真波形图。以 A9H + 78H 为例，由图可知，例6.7的结果在一个时钟后就出现了，而例6.8的结果在两个时钟后才出现。

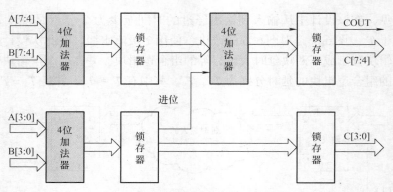

图 6.9　8 位加法器流水线工作图示

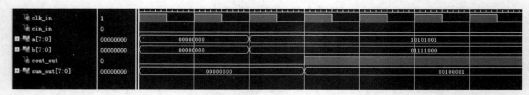

图 6.10　例 6.7 的时序仿真波形

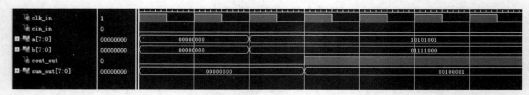

图 6.11　例 6.8 的时序仿真波形

【例 6.7】未使用流水线的普通加法器

```
LIBRARY IEEE;
use ieee. std_logic_1164. all;
use ieee. std_logic_unsigned. all;
use ieee. std_logic_arith. all;
ENTITY ADDER8 IS
PORT(A, B : IN std_logic_vector(7 downto 0);
CLK,CIN :IN std_logic;
COUT :OUT std_logic;
SUM :OUT std_logic_vector(7 downto 0));
end ADDER8;
ARCHITECTURE rt1 OF ADDER8 IS
SIGNAL SUMC,A0,B0: std_logic_vector(8 downto 0);
 begin
    A0 <= '0'&A; B0 <= '0'&B;
process(CLK) begin
if (RISING_EDGE(CLK)) then   SUMC <= A0 + B0 + CIN;   end if;--直接对八位数据相加
end process;
    COUT <= SUMC(8);   SUM <= SUMC(7  downto  0);
end rt1;
```

【例6.8】 使用流水线后的加法器

```
LIBRARY IEEE;
use ieee. std_logic_1164. all;
use ieee. std_logic_unsigned. all;
use ieee. std_logic_arith. all;
ENTITY CNT10 IS
PORT(A, B : IN   std_logic_vector(7 downto 0);
        CLK,CIN : IN   std_logic;
COUT : OUT std_logic;
SUM : OUT   std_logic_vector(7 downto 0));
end CNT10;
ARCHITECTURE rt1 OF CNT10 IS
SIGNAL SUMC,A9,B9 : std_logic_vector(8 downto 0);
    SIGNAL AB5,A5,B5,TA,TB,S : std_logic_vector(4 downto 0);
begin
    A5 <= '0'&A(3 downto 0); B5 <= '0'&B(3 downto 0);
process(CLK) begin
if(RISING_EDGE(CLK)) then
    AB5 <= A5 + B5 + CIN;   SUM(3 downto 0) <= AB5(3 downto 0);end   if;--低四位相加
end process;
process(CLK) begin
if (RISING_EDGE(CLK))   then
    S <= ('0'&A(7   downto 4)) + ('0'&B(7 downto 4)) + AB5(4); end   if; --高四位相加
end process;
    COUT <= S(4) ;SUM(7 downto 4) <= S(3 downto 0);
end rt1;
```

6.2.2　寄存器配平

图6.12所示的一项设计当中，如果其中的两个组合逻辑块的延时差别过大，如 T_1 大于 T_2 ，由于其总体的工作频率 F_{max} 取决于 T_1 ，即最大的延时模块，从而导致设计的整体性能受到限制。针对此类问题我们可以采用上节提到的流水线设计方法给予解决。

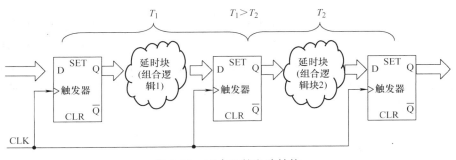

图6.12　不合理的电路结构

在此我们也可以采用寄存器配平的方式对设计进行改进，使其成为图 6.13 的结构。也就是把组合逻辑延时较大的部分进行拆分，把拆分后的一部分转移到组合逻辑较小的部分中去，以使得两部分的组合逻辑延时大体相等，即 $t_1 = t_2$，并且有 $T_1 + T_2 = t_1 + t_2$。根据之前的分析，此时的 F_{max} 将由 t_1 决定，由于 $t_1 < T_1$，显而易见，设计的速度得到了明显的提高。

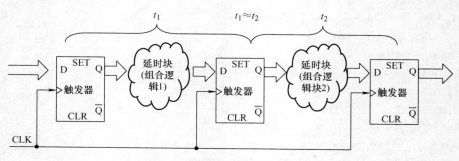

图 6.13　寄存器配平后的结构

这种速度优化方法的关键是配平寄存器之间的延时逻辑块，因此这种速度优化方法称为寄存器配平（Register Balancing）。

6.2.3　关键路径法

关键路径是指设计中从输入到输出经过的延时最长的逻辑路径。优化关键路径是一种提高设计工作速度的有效方法。一般地，从输入到输出的延时取决于信号所经过的延时最大的路径（又称为最长路径），而与其他具有较小延时的路径无关。在图 6.14 中，$T_{d1} > T_{d2}$，$T_{d1} > T_{d3}$，所以它的关键路径是延时为 T_{d1} 的组合逻辑块，只要我们能够减少此组合逻辑块的延时，从输入到输出总延时就能够

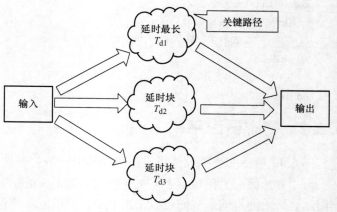

图 6.14　关键路径示意图

得到改善，关键路径就能够减小。在设计优化的过程当中，关键路径法能够反复使用，直到不可能减少关键路径延时位置。HDL 综合器及设计分析器通常都提供关键路径的信息以方便设计者改进设计，提高速度。高级的 HDL 综合器的时序分析器可以帮忙找到延时最长的关键路径。对设计者来说对于一个结构一定的设计进行速度优化，关键路径法是首选的方法，它可以与其他优化技巧配合使用。

6.2.4　乒乓操作法

乒乓操作法是 FPGA 开发中的一种数据缓冲优化设计技术，可以看成是另一种形式的流水线技术。其原理如图 6.15 所示，输入数据通过"输入数据流选择单元"将数据等时分配到两

个数据缓冲模块中，在第一个缓冲周期，将输入的数据流缓存到"数据缓冲模块 1"中，在第二个缓冲周期，通过"输入数据单元"切换，将输入的数据缓存到"数据缓冲模块 2"，同时将"数据缓冲模块 1"缓存的第一个周期数据通过"数据选择单元"的选择，送到"数据流运算处理模块"进行处理，在第三个缓冲周期通过"输入数据流选择单元"再次切换，将输入的数据流缓存到"数据缓冲模块 1"中，同时将"数据缓冲模块 2"缓存的第二个周期的数据通过"输出数据流选择单元"切换，送到"数据流运算处理模块"进行运算处理。如此循环。

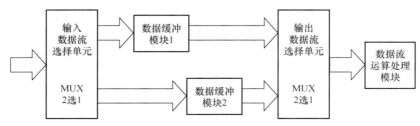

图 6.15　乒乓操作数据缓存结构示意图

乒乓操作的最大特点是通过"输入数据流选择单元"和"输出数据流选择单元"按节拍的切换，将经过缓冲的数据流没有停顿地送到"数据流运算处理模块"进行运算处理。把乒乓操作当作一个整体，站在这个模块的两端看数据，输入数据和输出数据都是连续不断的，因此非常适合对数据流进行流水线式处理，完成数据的无缝缓冲与处理。

乒乓操作的第二个优点是可以节约缓冲区空间。比如在 WCDMA 基带应用中，1 帧是由 15 个时隙组成的，有时需要将 1 整帧的数据延时一个时隙后处理，比较直接的办法是将这帧数据缓存起来，然后延时 1 个时隙进行处理。这时缓冲区的长度是 1 整帧数据长，假设数据速率是 3.84Mbit/s，1 帧长 10ms，则此时需要缓冲区长度是 38400 位。如果采用乒乓操作，只需定义两个能缓冲 1 个时隙数据的 RAM（单口 RAM 即可）。由于单口 RAM 只能缓冲 1 个时隙的数据，而 1 帧共 38400 位有 15 个时隙组成，则每一个时隙为 2560 位。当向一块 RAM 写数据时，从另一块 RAM 读数据，然后送到处理单元处理，此时每块 RAM 的容量仅需 2560 位即可，两块 RAM 加起来也只有 5120 位的容量。

另外，巧妙运用乒乓操作还可以达到用低速模块处理高速数据流的效果。如图 6.16 所示，数据缓冲模块采用了双口 RAM，并在 DPRAM 后引入了一级数据预处理模块，这个数据预处理可以根据需要的各种数据运算，比如在 WCDMA 设计中，对输入数据流的解扩、解扰、去旋转等。假设端口 A 的输入数据流的速率为 100Mbit/s，乒乓操作的缓冲周期是 10ms。以下分析各个节点端口的数据速率。

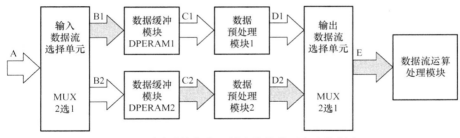

图 6.16　乒乓操作实现低速模块处理高速数据流

A端口处输入数据流速率为100Mbit/s，在第1个缓冲周期10ms内，通过"输入数据选择单元"，从B1到达DPRAM1。B1的数据速率也是100Mbit/s，DPRAM1要在10ms内写入1Mb数据。同理，在第2个10ms，数据流被切换到DPRAM2，端口B2的数据速率也是100Mbit/s，DPRAM2在第2个10ms被写入1Mb数据。在第3个10ms，数据流又切换到DPRAM1，DPRAM1被写入1Mb数据。

在第3个缓冲周期中，留给DPRAM1读取数据并送到"数据预处理模块1"的时间一共是20ms。首先，在第2个缓冲周期向DPRAM2写数据的10ms内，DPRAM1可以进行读操作；另外，在第1个缓冲周期的第5ms起（绝对时间为5ms时刻），DPRAM1就可以一边向500K以后的地址写数据，一边从地址0读数，到达10ms时，DPRAM1刚好写完了1Mb数据，并且读了500K数据，这个缓冲时间内DPRAM1读了5ms；在第3个缓冲周期的第5ms起（绝对时间为35ms时刻），同理可以一边向500K以后的地址写数据一边从地址0读数，又读取了5ms，所以截止DPRAM1第一个周期存入的数据被完全覆盖以前，DPRAM1最多可以读取20ms，而所需读取的数据为1Mb，所以端口C1的数据速率为：1Mb/20ms＝50Mbit/s。因此，"数据预处理模块1"的最低数据吞吐能力也仅仅要求为50Mbit/s。同理，"数据预处理模块2"的最低数据吞吐能力也仅仅要求为50Mbit/s。换言之，通过乒乓操作，"数据预处理模块"的时序压力减轻了，所要求的数据处理速率仅仅为输入数据速率的1/2。

通过乒乓操作实现低速模块处理高速数据的实质是：通过DPRAM这种缓存单元实现了数据流的串并转换，并行用"数据预处理模块1"和"数据预处理模块2"处理分流的数据，是面积与速度互换原则的体现。

6.2.5　加法树法

加法树法速度优化技术部分类似于流水线法。如图6.17所示，例如若要实现A＋B＋C三个加数的加法操作，高速处理法加法方法首先是实现其中两个数的加法运算，如A＋B，将其和用寄存器锁存一个时钟周期，然后将寄存器的和与第三个被加数C相加。这种思路被称为2输入法树结构，若将加法树逐级拓展，可以实现更长的树结构。例如实现A＋B＋C＋D＋E五个加数的加法器，在中间就需要三级寄存器缓存。

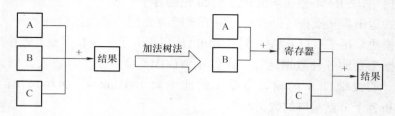

图6.17　加法树法示意图

6.3　硬件毛刺剔出

信号在FPGA器件内部通过连线和逻辑单元时，都有一定的延时。信号的高低电平转换也需要一定的过渡时间。由于存在这两方面因素，多路信号的电平值发生变化时，在信号变化的瞬间，组合逻辑的输出有先后顺序，并不是同时变化，往往会出现一些不正确的尖峰信号，这些尖峰信号称为"毛刺"，它们的排除和避免常常成为数字系统设计工程师必须面对的棘手问题。状态机的输出信号都是由组合逻辑电路输出的，易产生"毛刺"现象。要想提高状态机的可靠性，需要改变状态机设计方法和本身的结构。下面介绍三种基于不同原理的去干扰和毛刺的方法，可用于状态机或其他容易产生毛刺或电平抖动的电路。只需在键输入口、状态机或特定系统模块的外部的输入或输出口增加这些电路，即可能有明显效果。同时，作为启示性示例，读者也可以以此提出更好的解决方式。

6.3.1 延时方式

为了消除数字系统中的冒险竞争或毛刺现象，常用的措施是使信号有微量的延时。在传统的数字电路设计技术中，比较常用的方式是在通道上增加门电路或利用所谓的冗余技术来解决，甚至加滤波电容。但是这些方法在现代数字技术中完全行不通，主要有以下几点原因：

首先，在基于 EDA 的自动化设计过程中，EDA 软件只是负责按照设定的约束条件进行综合与优化，它对于在数据通道上对构建逻辑功能上没有贡献的逻辑器件将会自动删除。

其次，尽管基于 EDA 的专用集成电路设计中基本时序元件，如 D 触发器等，确有具体的元件或可供调用的标准单元，但对于 PLD 等器件却没有诸如门电路的纯组合电路的元件。在 PLD 中组合逻辑电路功能的实现，可以很好地满足逻辑函数的功能实现，但未必需要具体的门电路实体。由于在设计当中只是在可编程逻辑门阵列中多一个或几个熔丝点便可实现门电路的逻辑功能。所以在逻辑图中多一个或少一个逻辑门并不一定会影响延时，有时反而会有相反的作用。

此外，由于每一种目标器件的基本延时特性都是不同的，并且延时特性会随着外部因素，如温度、压力的变化而变化，因此如果只是希望通过增加一些门电路产生的延时来克服冒险竞争，其延时量极难控制，显然这本身就是一种不可靠的措施。

最后值得注意的是，现代数字系统属于高速系统，即使有可能介入延时逻辑器件，但仅仅增加几个门电路达到需要的延时也是不可能的。至于用滤波电容的方法更属于无效的低速技术。

因此现代数字工程中，当为了某种目的要实现逻辑通路的延时时，绝对不会考虑使用组合电路来实现，而是通过使用时序元件，如触发器来实现延时的目的。

延时技术就是使用触发器或寄存器等时序元件或电路对输入或输出或电路通道上的信号进行适当的延时，或延时采样，使得处理过的信号在输出后能避开毛刺。

图 6.18 中的两图是使用一个触发器完成的延时电路，延时量由延时时钟信号 DELAY_CLK 决定。通常 CLK_OR_DATA 的时钟周期宽度应该大于 DELAY_CLK 的周期，必要时，两者应该符合特定的比例关系。图 6.19 与图 6.18 的电路没有本质区别。只是表示可以用不同的方式控制信号的延时量。

对于进入 FPGA 的信号或时钟（工作时钟），建议使用图 6.18 和图 6.19 上方的电路排除毛刺，特别是由专用时钟输入口（Dedicated Clock，如 5E + 系统的 EP3C5E144 的 CLK0、1、2、3、4、5、6、7）而并非普通的 I/O 口进入 FPGA 的时钟。进入锁相环的时钟信号入口虽然也是专用时钟口，但不必加任何额外电路。对于一般情况的非驱动锁相环的时钟信号（由 Dedicated Clock 进入的信号）的毛刺预防，延时控制时钟 DELAY_CLK 的频率应该远高

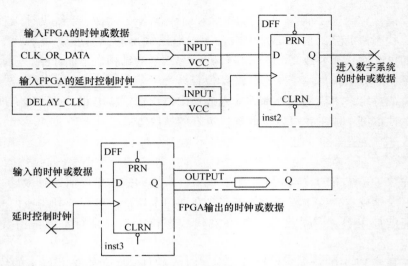

图 6.18 单触发器输入（上图）或输出（下图）延时电路

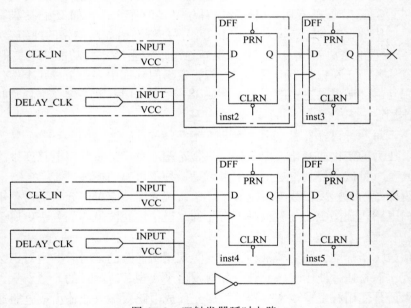

图 6.19 双触发器延时电路

于工作时钟，且 DELAY_CLK 最好来自锁相环。图 6.20 电路（其中的 nDFF 是 8 位寄存器）的用意与图 6.19 相同，但主要针对总线数据通道的延时。

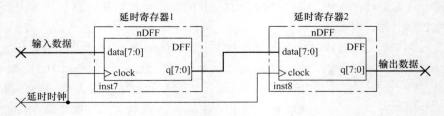

图 6.20 双寄存器数据延时电路

6.3.2　逻辑方式去毛刺

以上介绍的延时电路主要针对数据或时钟单边沿的毛刺，且延时时钟信号的周期应该与主通道的输入数据时序宽度或时钟的周期有较好的配合。但是对于双边沿都有毛刺的或抖动的时钟信号，如按键的抖动，来自电动机转速光电测控脉冲信号的抖动（见图6.21）等含有大量随机干扰毛刺的时钟信号，以上介绍的电路所起到的效果就会微乎其微了。

下面介绍一种能够去除含电子抖动，且能从电路上控制输出信号的脉宽的电路。这是一种更实用、功能更加完善的电路。这种电路在功能上相当于一个信号滤波器，它可以将信号的毛刺、随机噪声信号或电子抖动信号都"滤除"掉，只让真正的时钟信号通过。

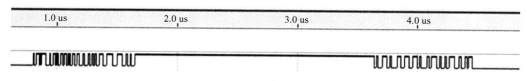

图6.21　信号上升与下降沿都含随机干扰抖动信号

如图6.21所示的信号波形，在正常信号的上升沿和下降沿处含有一些随机干扰信号，类似于一些毛刺脉冲群，或随机抖动脉冲。为了去除这些抖动干扰脉冲，可以使用如图6.19所示的电路来实现这个目标。

如图6.22所示的电路由4个边沿触发型D触发器和一个4输入与门构成。设KEY_IN是键输入信号，或工作时钟，CLK是去抖动电路本身的工作时钟。四个D触发器连接成同步时序方式，即将它们的时钟输入端都连在一起。工作时与时钟同步工作，输入信号以移位串行方式向前传递。信号KEY_IN的输出口是KEY_OUT。

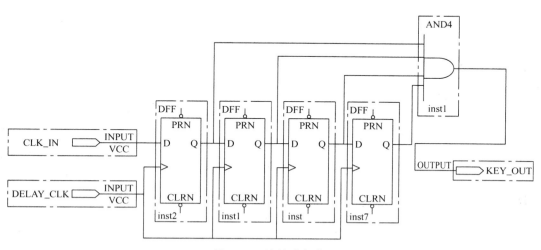

图6.22　消抖动电路

6.3.3　定时方式去毛刺

例6.9给出了另一个去除双边抖动或毛刺的电路设计。它的主要原理是分别用两个计数器对输入信号的高电平和低电平的持续时间（脉宽）进行计数（在时间上是同时但独立计数）。只有当高电平的计数时间大于某值，则判为遇到正常信号，输出'1'；若低电平的计数时间大于某值，则输出'0'。此例的仿真波形如图 6.23 所示。

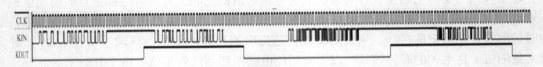

图 6.23　例 6.9 消抖动电路仿真波形

【例 6.9】去除双边抖动或毛刺的电路设计方案

```
LIBRARY IEEE;
use IEEE. std_logic_1164. all;
use IEEE. std_logic_unsigned. all;
use IEEE. std_logic_arith. all;
ENTITYTRM0 IS
     PORT( CLK, CIN : IN std_logic;        --工作时钟和输入信号
KOUT : OUT std_logic);
end TRM0;
ARCHITECTURE behav OF TRM0 IS        --定义对高电平和低电平脉宽计数的寄存器
SIGNAL KH, KL: std_logic_vector( 3 downto 0);
begin
     process( CLK) begin
     if RISING_EDGE( CLK)    then
          if ( KIN = '0') then KL <= KL + 1 ; --对键输入的低电平脉宽计数
               else KL <= "0000";    end if; end if; --若出现高电平则计数清零
     end process;
     process( CLK, KIN) begin
     if RISING_EDGE( CLK)    then
          if ( KIN = '1')    then KH <= KH + 1    ; --同时对键输入的高电平脉宽计数
               else    KH <= "0000"; end if; end if; --若出现低电平则计数器清零
     end process;
     process( CLK, KH, KL) begin
     if RISING_EDGE( CLK)    then
     if ( KH > "1100")    then KOUT <= '1'; --对高电平脉宽计数若大于 12 则输出 1
     elsif ( KL > "0111")    then KOUT <= '0'; --低电平脉宽计数若大于 7 则输出 0
          end    IF; END IF;
     end    process;
     end rt1;
```

由波形图可见，其输出信号脉宽比逻辑方式输出信号要宽得多。此例的输出脉宽与正常信号高电平 KH 的位宽和工作时钟频率共同决定，不单纯由时钟决定，所以优于以上的逻辑方式。例 6.9 给出的设计比前面的电路更容易控制，且效果更好，只是耗用的资源比较多。此电路同样能用于消除来自不同情况的干扰、毛刺和电平抖动。其中的工作时钟 CLK 的频率大小要视干扰信号和正常信号的宽度决定。对于类似键抖动产生的干扰信号，频率可以低

一些，数万赫即可；若比较高速的时钟信号，则可利用 FPGA 内的锁相环，使 CLK 能达到 400MHz 以上。此外，KH 和 KL 的计数位宽和计数值都可以根据具体情况调节的。

● 本章小结

本章主要介绍了在 EDA 的硬件系统设计中 VHDL 的优化设计。首先介绍了 FPGA/CPLD 的资源利用优化。资源优化主要包括资源共享、逻辑优化和串行化。由于对于大多数的设计来说，速度优化比资源优化更重要，所以介绍了速度优化，并依次阐述了流水线设计、寄存器配平、关键路径法、乒乓操作法和加法树法。最后本章详细介绍了如何排除和避免不希望的毛刺或随机干扰信号，主要包括延时方式去毛刺、逻辑方式去毛刺和定时方式去毛刺。

● 习　题

6.1　利用资源共享的面积优化方法对下面的程序进行优化（仅要求在面积上优化）。
LIBRARY IEEE；
use IEEE. std_logic_1164. all；
use IEEE. std_logic_unsigned. all；
use IEEE. std_logic_arith. all；
ENTITY addmux IS
　　PORT（R：　OUT std_logic_vector（7 downto　0）；
　　　　sel　：IN std_logic；
　　　　A，B，C，D　：IN　std_logic_vector（7 downto 0））；
end addmux；
ARCHITECTURE rt1 of addmux IS
begin
　　process（A，B，C，D，sel）　　BEGIN
　　if（sel = '0'）then　R <= A + B；　else　R <= C + D；　end if；
　　end process；
　end　rt1；

6.2　在 VHDL 设计优化中速度优化包括哪几种优化方式？

6.3　在 VHDL 设计优化中乒乓操作法的作用有哪些？

6.4　设计一个连续乘法器，输入为 a0、a1、a2、a3，位宽各为 8 位，输出 rout 为 32 位，完成 rout = a0 * a1 * a2 * a3。试实现之。

6.5　对习题 6.4 进行优化，判断以下实现方法中哪一种方法更好。

（1）rout = （（a0 * a1）* a2）* a3

（2）rout = （a0 * a1）*（a2 * a3）

第 7 章

Vivado集成设计环境导论

7.1　Vivado 设计套件

　　Vivado 设计套件是 Xilinx 公司 2012 年发布的集成设计环境，该套件提供高度集成的设计环境和新一代从系统到 IC 级的设计工具，均建立在共享的可扩展数据模型和通用调试环境的基础上。Vivado 设计套件是一款基于业界标准的开放式设计环境，诸如 AMBA ® AXI4 互联、IP‐XACT IP 封装元数据、工具命令语言（Tcl）、Synopsys 设计约束（SDC）以及其他有助于设计流程满足用户需求的业界标准。Xilinx 设计的 Vivado 设计套件支持各类可编程技术的组合使用，并可以扩展到 1 亿个 ASIC 等效门设计。

7.1.1　单一的、共享的、可扩展的数据模型

　　Xilinx 公司利用 Vivado 设计套件打造了一个最先进的设计实现流程，可以让设计者更快地实现设计收敛。为了减少设计的迭代次数和总体设计时间，提高整体生产力，Xilinx 公司采用了单一的、共享的、可扩展的数据模型架构，建立其设计实现流程，这种架构也常见于当今最先进的 ASIC 设计环境。这种共享的、可扩展的数据模型架构可以让实现流程中的综合、仿真、布局规划、布线等操作在内存数据模型上运行，因此在流程中的每一步都可以进行调试和分析，这样设计者就可以在设计流程中尽早地掌握关键设计指标的情况，比如时序、功耗、资源利用和布线拥塞等。并且这些指标的估测将在实现过程中随着设计流程的推进而趋向于更加精确。

　　具体来说，这种统一的数据模型使 Xilinx 能够将其新型多维分析布局布线引擎与 Vivado 设计套件的 RTL 综合引擎、新型多语言仿真引擎，以及 IP 集成器（IP Integrator）、引脚编辑器（Pin Editor）、布局规划器（Floor Planner）和器件编辑器（Device Editor）等工具紧密地联系在一起。设计者可以通过使用该套件的全面交叉观测功能来跟踪并交叉观测原理图、时序报告、逻辑单元或者其他视图，直至代码中的给定问题。

7.1.2　标准化 XDC 约束文件 SDC

　　FPGA 器件的设计技术，随着其规模的不断增长而日趋复杂，设计工具的设计流程也随之不断发展，越来越像 ASIC 芯片的设计流程。

　　如今的 FPGA 设计者正在采用一种新型的设计方法，在整个设计流程中贯穿约束机制。也就是说借鉴 ASIC 的设计方法，在 FPGA 设计中添加了较为完善的约束文件，然后通过 RTL 仿真、时序分析、后仿真来解决问题，尽量避免在 FPGA 电路板上进行调试。Xilinx 最新的 Vivado 设计套件就支持当下最流行的一种约束方法——Synopsys 设计约束（SDC）格式。

SDC 是一款基于 Tcl 格式，用来设定设计目标，包括设计的时序、功耗和面积约束。SDC 约束包括时序约束（例如创建时钟、创建生成时钟、设置输入延迟和设置输出延迟）和时序例外（例如设置错误路径、设置最大延迟、设置最小延迟以及设置多周期路径），这些 SDC 约束通常应用于寄存器、时钟、端口、引脚和网线等设计对象。需要注意的是，尽管 SDC 是标准化格式，但是生成和读取的 SDC 在不同工具之间还是略有差异的，了解这些差异并积极地采取措施，有助于避免意外的发生。

7.1.3　多维度解析布局器

Xilinx 的上一代 FPGA 设计套件采用一维、基于时序的布局布线引擎，通过模拟退火算法随机确定工具应该在什么位置布置逻辑单元。使用这类工具时设计者先输入时序，模拟退火算法伪随机的布置功能"尽可能的"与时序要求吻合，在当时这是一种可行的设计方法，因为当时的设计规模较小，逻辑单元是造成延迟的主要原因。但是随着设计的日趋复杂化和芯片工艺的进步，互连和设计拥塞等问题突现，已经成为延迟的主要原因。

采用模拟退火算法的布局布线引擎对于低于 100 万门的 FPGA 设计来说是完全可以胜任的，但是对于超过该规模的 FPGA 设计，布局布线引擎便不堪负重。此外当设计规模超过 100 万门后，设计的结果也开始变的更加不可预测。

鉴于以上原因，Xilinx 为 Vivado 设计套件开发了新型的多维分析布局引擎，它可以与当代价值百万美元的 ASIC 布局布线工具中采用的引擎相媲美。该新型布局布线引擎可以通过分析从根本上找到使设计时序、拥塞和走线长度三维问题最小化的解决方案。Vivado 设计套件的布局布线利用"解析的"求解程序，对给定的网表文件将布局问题正式转化为数学方程，从而找到一个最佳的实现，达到时序要求、引线长度和布局拥塞等多个变量的最小化"成本"函数，从而为设计者节省更多的时间和资源。

Vivado 设计套件的算法从全局进行优化，实现了最佳时序、布线拥塞和引线长度等，它对整个设计进行通盘的考虑，不像模拟退火算法只着眼于布局调整。这样该工具可以迅速、决定性地完成千万门级别 FPGA 设计的布局布线，同时保持始终如一的高质量结果。由于同时处理三大要素，也意味着可以减少重复运行设计流程的次数。

7.1.4　IP 封装器、集成器和目录

对于 Vivado 设计套件，Xilinx 公司开发了 IP 封装器、IP 集成器和可扩展 IP 目录三种全新的 IP 功能。

当今很难找到不采用 IP 的 IC 设计。采用业界标准，提供专门便于 IP 开发、集成和存档（维护）的工具，可以帮助各 IP 厂商和客户快速地构建 IP，提高设计生产力。

采用 IP 封装器，可以在设计流程中的任何阶段将设计转换为可重用的内核，这些设计可以是 RTL、网表、布局后的网表甚至是布局布线后的网表。IP 封装器可以创建 IP 的 IP - XACT 描述，这样设计者使用新型 IP 集成器就可以方便地将 IP 集成到未来的设计中。IP 封装器在 XML 文件中设定了每个 IP 的数据，一旦 IP 封装完成，用 IP 集成器的功能就可以将 IP 集成到设计的其他部分。

Vivado 设计套件可提供业界首款即插即用型 IP 集成设计环境并具有 IP 集成器的特性，用于实现 IP 智能集成，解决 RTL 设计生产力的问题。Vivado IP 集成器可提供基于 Tcl 脚本

编写或者设计器件正确的图形化设计开发流程。IPI 特性可提供具有器件和平台层面的互动环境，能确保实现最大化的系统带宽，能支持关键 IP 接口的智能自动连接、一键式 IP 子系统生成、实时 DRC 和接口修改传递等功能，此外还提供强大的调试功能。

在 IP 之间建立连接时，开发者工作在"接口"而不是"信号"的抽象层面上，这可以大幅度地提高生产力。接口通常采用业界标准的 AXI4 接口，不过 IPI 也支持数十种其他接口。

7.1.5 Vivado HLS

Vivado 设计套件采用的是高层次综合技术 Vivado HLS，这是 Xilinx 2010 收购 AutoESL 后获得的。

在 HLS 出现之前，对于采用 C、C++ 或者 SystemC 编写的算法进行硬件实现，需要设计者用 Verilog HDL 或者 VDHL 描述语言重新编码。这一过程速度慢且手动执行容易出错，需要进行大量的调试工作。有了 HLS 后，这一过程得以大幅度提速。将 C、C++ 或者 SystemC 代码传送至 Vivado HLS 工具，就能快速生成可实现的硬件算法加速器所需要的 HDL 代码，而且提供了完整的 AXI 接口。

Vivado HLS 全面覆盖了 C、C++ 和 SystemC 给出的设计算法描述，能够进行任意精度的浮点运算。这意味着只要设计者愿意，可以在算法开发环境而不是典型的硬件开发环境中使用该工具。这样做的优点在于在这个层面上的算法的验证速度要比在 RTL 级上有数量级的提升。也就是说既可以提升算法的速度，也可以探索算法的可行性，更能在架构级实现吞吐量、时延和功耗的权衡取舍。

Vivado HLS 工具可以对设计执行两种不同类型的综合：算法综合，将函数声明综合到 RTL 声明；接口综合，将函数参数综合到 RTL 端口，提供特定的时序协议，使新的 IP 核设计能够与系统中其他的 IP 模块进行通信。

Vivado HLS 工具可以执行大量优化，从而生成高质量的 RTL，进而满足性能和面积利用率优化的要求。此外 Vivado HLS 工具可以自动实现函数和回路的流水线。

设计者使用 Vivado HLS 工具可以通过各种方式执行各种功能。用户可以通过一个通用的流程开发 IP 并将其集成到自己的设计当中。在这个流程中，设计者先创建一个设计 C、C++ 或者 SystemC 的表达式，以及一个用于描述期望的设计行为的 C 测试平台。随后用 GCC/C++ 或者 Visual C++ 仿真器验证设计的系统行为。一旦设计行为运行良好，对应的测试平台的问题全部解决，就可以通过 Vivado HLS Synthesis 运行设计，生成 RTL 设计，代码可以是 Verilog HDL 也可以是 VHDL。有了 RTL 后，随即可以设计相应的仿真，进一步验证行为和功能。

7.1.6 Tcl 特性

工具命令语言（Tool command language，Tcl）在 Vivado 设计套件中起着不可或缺的作用，不只是对设计项目进行约束，还支持设计分析、工具控制和模块构建。除了利用 Tcl 指令运行设计程序之外，还可以利用 Tcl 指令添加时序约束，生成时序报告和查询设计网表等操作。

Tcl 在 Vivado 集成开发环境中支持：

（1）Synopsys 设计约束，包括设计单元和整个设计的约束。

（2）XDC 设计约束专门指令为设计项目、程序编辑和报告结果等。

（3）网表文件、目标器件、静态时序和设计项目等包含的设计对象。

（4）通用的 Tcl 指令中，支持主要对象的相关指令清单是大量的，可以方便地直接使用。

不是所有"法定的"Tcl 指令在 Vivado 设计套件中都可以运行，对于 FPGA 设计只需要它的一个子集。Vivado 设计套件中的 Tcl 脚本支持两种设计模式：基于项目的模式以及基于非项目的批作业模式。

在 Vivado 集成开发环境中使用 Tcl 指令具有以下优点：

（1）设计约束文件 XDC 利用 Tcl 进行综合和实现，而时序约束是改善设计性能的关键。

（2）强大的设计诊断和分析的能力，静态时序分析 STA 用 Tcl 指令进行是最好的处理方法，具有快速构建设计和定制时序报告的能力。

（3）工业标准的工具控制，包括 Synplify、Precision 和所有 ASIC 综合和布局布线，第三方的 EDA 工具利用相同的接口。

（4）包含 Linux 和 Windows 的跨平台脚本方式。

7.2　Vivado 系统级设计流程

Vivado 系统级设计流程如图 7.1 所示。除了传统上的寄存器传输级到比特流的 FPGA 设计流程以外，Vivado 设计套件新提供了系统级的设计流程，这个新的系统级设计流程的中心是基于 IP 核的设计。

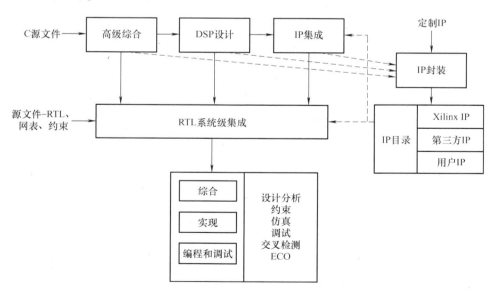

图 7.1　Vivado 系统级设计流程

Vivado 设计套件包含 Vivado 综合、Vivado 实现、Vivado 时序分析、Vivado 功耗分析和比特流生成等。该套件提供了一个设计环境，用于配置、实现、验证和集成 IP。通过 Vivado 设计套件提供的 IP 目录，就可以对 Xilinx IP、第三方 IP 和用户自定义 IP 进行例化和配置。在 Vivado 设计套件中，IP 的范围包括基本逻辑、嵌入式处理器、数字信号处理器模块或者基于 C 的 DSP 算法设计等。在设计流程的任何时候，设计者都可以对设计进行分析和验证，其中包括逻辑仿真、I/O 和时钟规划、功耗分析、时序分析、设计规划检查（DRC）、设计逻辑可视化、实验结果的分析和修改以及编程和调试。通过 AMBA AXI4 互连协议，Vivado IP 集成器环境可以将不同的 IP 组合到一起，设计者可以使用块图风格的接口交互式地配置和连接 IP，并且可以像原理图那样，通过绘制 DRC 正确地将各个接口连接在一起，最后可以将这些 IP 块设计进行封装，作为一个单独的设计源。Vivado 设计套件也提供了 I/O 引脚规划环境，将 I/O 端口分配到指定的封装引脚。通过使用 Vivado 引脚规划器内的视图和表格，设计者可以很容易地分析器件以及相关的 I/O 数据。

Vivado 设计套件允许设计者根据自己的喜好，使用不同的方法运行工具。设计者可以使用基于工程的方法自动管理设计过程和设计数据，即工程模式（Project Mode）。在工程模式下，需要在磁盘上创建一个目录结构，用于管理设计源文件，运行结果和跟踪工程状态。通过该运行结构，管理自动的综合和实现过程，以及跟踪运行状态。这个过程可以通过单击鼠标，在 Vivado 集成环境内运行完整的设计流程。设计者也可以选择使用基于 Tcl 脚本的编译风格方式。通过这种方式，设计者可以自己管理源文件和设计流程，这种方式被称为非工程模式。在非工程模式下，通过使用 Tcl 命令语句，可以单独运行设计中的每一步、可以设置设计参数和实现选项，还可以保存检查点和创建报告。本书主要介绍工程模式下的设计方法。

7.3 Vivado 设计套件的安装

在使用 Vivado 集成开发环境之前，首先要将 Vivado 设计套件安装到计算机上，本书使用的 Vivado 版本为 Vivado 2014.4，Vivado 设计套件支持 Xilinx 公司 7 系列及以后的产品。下面，简要介绍下 Vivado 2014.4 设计套件的安装流程。

7.3.1 下载

Vivado 设计套件有多种版本可供选择，适应于不同系统、不同型号的计算机。读者可以登录 http：//www.xilinx.com/support/download/index.htm 下载适合自己计算机的 Vivado 设计套件。

7.3.2 安装

安装 Vivado 2014.4 设计套件的步骤如下：

（1）下载好 Vivado 2014.4 集成开发环境的安装包后，确认当前计算机上没有安装任何版本的 Vivado 软件。若有，则需要先行卸载，然后再安装 Vivado 2014.4 设计套件。

（2）打开 Vivado 2014.4 设计套件源文件所在位置，运行 "xsetup.exe" 进入安装向导。如图 7.2 所示。单击【Next】后，进入协议许可界面，全部选择 "I Agree" 后单击【Next】，进入安装内容选择界面，这里选择第三项 "Vivado System Edition"，如图 7.3 所示，当然也可以根据自己的需要选择想要安装的内容。单击【Next】后进入组件安装界面，将所有组件都选中后，单击【Next】进入安装目录选择界面，如图 7.4 所示。设定好安装目录后，单击【Next】，本书选择的安装目录是 "F：\Xilinx"。最后确认信息无误后，单击【Install】按钮进行安装操作。

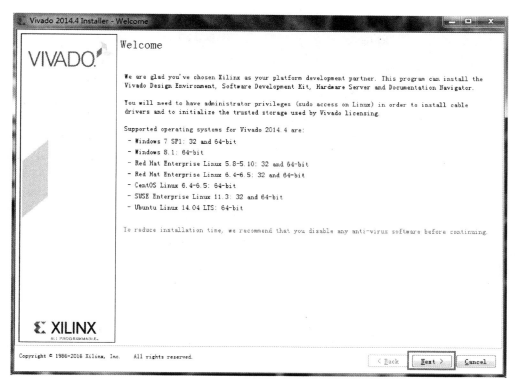

图7.2　安装向导界面

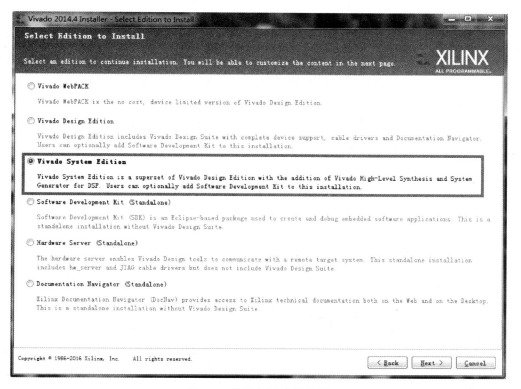

图7.3　选择安装内容界面

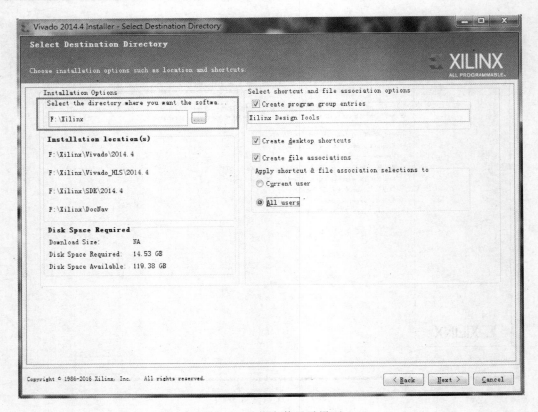

图 7.4　选择安装目录界面

　　在 Vivado 设计套件安装的过程中会弹出 3 个对话框，一个是提示安装 WinPcap 对话框，一个是关联 MATLAB 软件对话框，还有一个是证书安装对话框。当弹出提示安装 WinPcap 的对话框时，正常安装即可；当弹出关联 MATLAB 软件的对话框时，程序会自动检测能和当前版本 Vivado 设计套件匹配的 MATLAB 软件，只需要选中想要关联的 MATLAB 软件并单击【apply】按钮就可以完成 MATLAB 软件和 Vivado 设计套件之间的关联，如图 7.5 所示；当弹出证书安装对话框时，单击窗口左侧的 "Load License" 选项加载已经获得的证书即可，

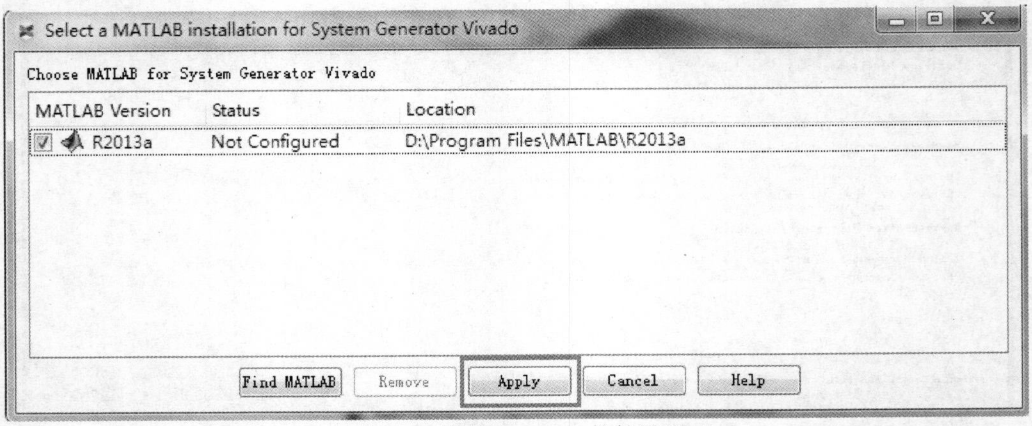

图 7.5　关联 MATLAB 软件界面

如图 7.6 所示。读者可以通过 http：//www.xilinx.com/getlicense 页面获得免费的试用证书；也可以通过购买 Xilinx 相关产品获得证书，具体方法请参考购买产品后所获得的资料。当成功完成上述所有操作后，Vivado 2014.4 设计套件就成功安装完成。

图 7.6　加载证书界面

7.4　Vivado 中工程数据的目录结构

在 Vivado 集成开发环境中，所有和用户相关的数据都保存在当前用户工程下的目录中，用户工程相关的数据和主要目录包括：

（1）"工程名.xpr" 文件是用户设计工程，包含工程的设置信息。

（2）"工程名.runs" 目录包含所有运行数据，例如综合和实现过程的数据。

（3）"工程名.srcs" 目录包含所有导入的 HDL 源文件、网表和 XDC 文件。

（4）"工程名.data" 目录包含布局规划和网表数据。

（5）"工程名.sim" 目录包含与仿真测试相关的文件。

7.5 Vivado 网表文件

基于 Vivado 集成开发环境的 FPGA 设计的各个环节，比如设计的综合、网表优化、布局布线等过程都是基于设计项目的底层数据库进行的。每一个设计过程将会对前面的一个设计过程产生的网表文件进行操作处理，对网表文件进行更新或者生成新的网表文件为后面的处理做准备。

一个 Vivado 设计主要由以下三个网表文件构成

（1）详细描述（Elaborated）设计网表文件。

（2）综合（Synthesized）设计网表文件。

（3）实现（Implemented）设计网表文件。

网表文件是对创建的设计项目所做的一个完整描述，网表文件由单元（Cell）、引脚（Pins）、端口（Port）和网线（Net）四种元素构成。

（1）单元（Cell） 单元是设计的对象，它可能是：设计项目中的模块或者实体、标准库元件（查找表、触发器、存储器或者 DSP 模块等）、硬件功能的通用技术表示或者黑盒等。

（2）引脚（Pins） 引脚是单元之间的连接点。

（3）端口（Port） 端口是设计项目顶层的输入输出端口。

（4）网线（Net） 网线包含引脚与引脚以及端口与引脚之间的连接线。

由单元、引脚、端口和网线组成的网表对象如图 7.7 所示。

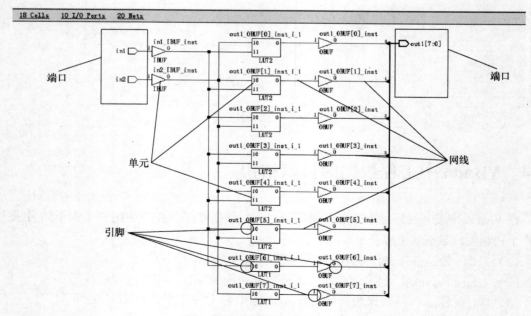

图 7.7 由四种元素组成的网表

7.6 Vivado 集成设计环境主界面

本节将介绍 Vivado 集成设计环境的主界面。安装好 Vivado 集成开发环境后，单击程序快捷方式"Vivado 2014.4.exe"启动 Vivado 集成开发环境。当启动 Vivado 集成设计环境之后，会进入 Vivado 2014.4 集成开发环境的主界面，如图 7.8 所示。该界面内的各个功能图标以小组分类排列。下面对 Vivado 集成设计环境的主界面进行简要介绍。

图 7.8 Vivado 集成开发环境的主界面

7.6.1 "Quick Start" 分组

1. "Create New Project"（创建一个新的工程）

该选项用于打开创建一个新工程的向导，引导设计者创建不同类型的工程。设计者也可以使用该向导导入通过 PlanAhead 工具创建的工程（.ppr 扩展名文件）或者 ISE 设计套件创建的工程（.xise 扩展名文件）。

2. "Open Project"（打开已存在的工程）

设计者可以通过该选项打开一个已经存在的工程文件（.xpr 扩展名文件）。此外，也可以通过窗口右侧的"Recent Projects"窗口打开最近打开过的工程。

3. "Open Example Project"（打开示例工程）

图 7.9 给出了可以打开的示例工程的类型。其中"BFT Core"选项是打开小型的 RTL 工程；"CPU（HDL）"选项是打开大型的混合语言 RTL 工程；"CPU（Synthesized）"选项

是打开大型的综合的网表工程;"Wavegen（HDL）"选项是打开小型的基于 IP 的工程,包含 3 个 IP 核,设计者可以使用该示例工程了解和学习集成 IP 核的使用方法;"Embedded Design..."提供了基于 MicroBlaze 设计和 Zynq 设计的模板。

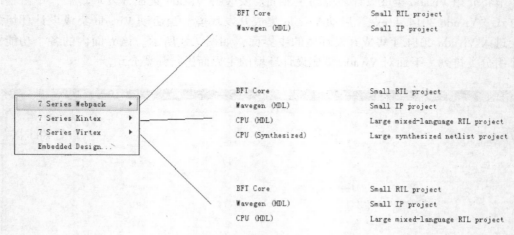

图 7.9　可以打开的示例工程类型

7. 6. 2　"Tasks"分组

1."Manage IP"(管理 IP)

设计者可以创建一个 IP 目录,用于配置和管理 IP。这样就可以使不同的设计工程和源控制管理系统访问它们。通过 Vivado IP 目录,设计者可以浏览和定制交付的 IP 以及打开已经存在的 IP。

2."Open Hardware Manager"(打开硬件管理器)

通过该选项设计者可以快捷地打开 Vivado 集成开发环境中的下载和调试器界面,将设计编程下载到目标器件中。通过该工具所提供的 Vivado 逻辑分析仪和 Vivado 串行 I/O 分析仪,设计者可以对设计进行调试。

3."Xilinx Tcl Store"(Xilinx Tcl 商店)

Xilinx Tcl 商店是 Tcl 代码开源容器,用于在 Vivado 设计套件中进行 FPGA 设计的辅助。Tcl 商店提供了来自多个不同来源的多个脚本和工具的访问,用于解决不同的问题以及提高设计效率。设计者可以使用其他人分享的 Tcl 脚本,也可以将自己的 Tcl 脚本分享给其他人。Tcl 命令可以在主界面最下方的"Tcl Console"窗口编写。

7. 6. 3　"Information Center"分组

1."Documentation and Tutorials"(文档和教程资源)

提供 Xilinx 的教程和支持设计的数据。

2."Quick Take Videos"(快速打开视频文件)

提供 Xilinx 视频教程资源。

3. "Release Note Guide"（打开文档阅读器）

打开 Xilinx Documentation Navigator 2014.4，可以进行文档的阅读和管理。

7.7　Vivado 设计主界面

Vivado 设计主界面包括流程处理主界面、工程管理器主界面、工作区窗口和设计运行窗口。

7.7.1　流程处理主界面

图 7.10 给出了 Vivado 设计套件的工作界面，图中左侧粗线选框内是流程处理主界面，主要用来处理设计中的各种流程操作，包括：

1. Project Manager（工程管理器）

（1）Project Settings（工程设置）。

（2）Add Sources（添加源文件）。

（3）Language Templates（语言版块）。

（4）IP Catalog（IP 目录）。

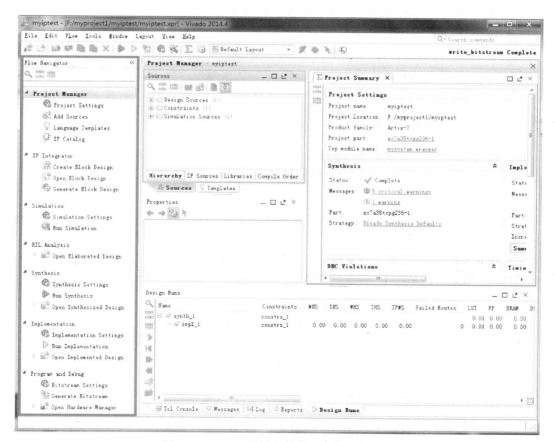

图 7.10　Vivado 设计套件的流程处理主界面

2. IP Integrator（IP 集成器）

（1）Create Block Design（创建块设计）。

（2）Open Block Design（打开块设计）。

（3）Generate Block Design（生成块设计）。

3. Simulation（仿真）

（1）Simulation Settings（仿真设置）。

（2）Run Simulation（运行仿真）。

4. RTL Analysis（RTL 分析）

Open Elaborated Design（打开详细描述设计）。

5. Synthesis（综合）

（1）Synthesis Settings（综合设置）。

（2）Run Synthesis（执行综合）。

（3）Open Synthesized Design（打开综合后的设计）。

6. Implementation（实现）

（1）Implementation Settings（实现设置）。

（2）Run Implementation（执行实现）。

（3）Open Implemented Design（打开实现后的设计）。

7. Program and Debug（编程和调试）

（1）Bitstream Settings（比特流设置）。

（2）Generate Bitstream（生成比特流）。

（3）Open Hardware Manager（打开硬件管理器）。

7.7.2 工程管理器主界面

图 7.11 给出了 Vivado 设计套件的设计主界面，图中粗线选框内是工程管理器主界面，主要用来管理设计中的设计文件以及文件间的关系，包括：

1. Sources（源窗口）

该窗口允许设计者管理工程源文件，其中包括添加文件、删除文件以及对源文件进行重新排列，以满足设计需求。

（1）Design Sources（设计源文件）　存放各种类型的源文件，主要类型包括 Verilog、VHDL、NGC/NGO、EDIF、IP 核、数字信号处理模块、嵌入式处理器和 XDC/SDC 约束文件。

（2）Constraints（约束文件）　存放对设计进行约束的约束文件。

（3）Simulation Sources（仿真源文件）　存放用于仿真测试的源文件。

2. 源文件窗口视图

如图 7.11 中粗线选框中上半部分，该窗口提供了如下视图，用于显示不同的页面。

（1）Hierarchy（层次）　层次视图下显示设计模块和例化的层次。顶层模块定义了用于编译、综合和实现的设计层次。

（2）IP Sources（IP 源）　IP 源文件视图显示由 IP 核定义的所有文件。

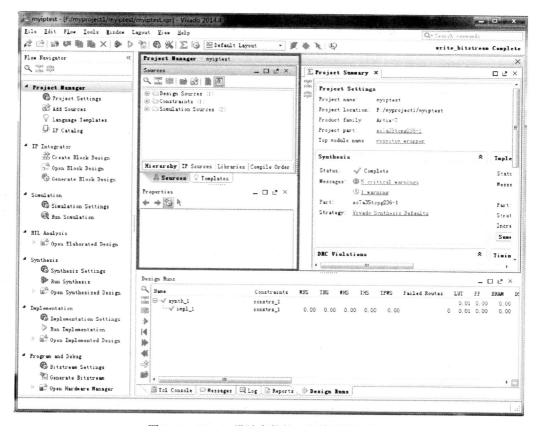

图7.11　Vivado设计套件的工程管理器主界面

（3）Libarary（库）　库视图显示保存到各种库的源文件。

（4）Compiler Order（编译顺序）　该视图显示所有需要编译的源文件的顺序。通常，顶层模块是最后编译的。基于定义的顶层模块和精细的设计，Vivado集成环境可以自动确定编译的顺序。另外，设计者也可以手动控制设计的编译顺序。

7.7.3　工作区窗口

图7.12粗线选框表示的工作区窗口主要用来显示设计工作中各个流程的显示内容。在该窗口下可以显示设计过程中的各种源文件、实现设计输入、网表文件、仿真测试结果、实现后的器件图以及各种设计报告等内容。

7.7.4　设计运行窗口

图7.13粗线选框中显示的是Vivado设计套件设计主界面的设计运行窗口，该窗口提供如下标签：

1. Tcl Console（Tcl控制界面）

该窗口可以输入Tcl命令语句，控制设计流程的每一步操作。

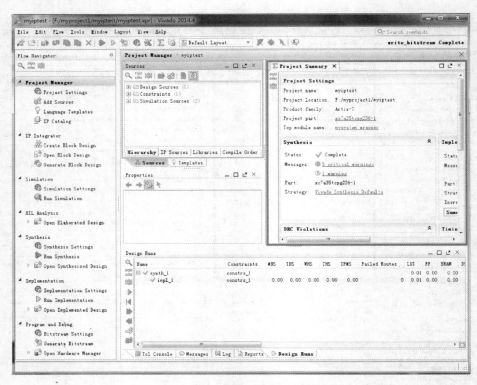

图 7.12　Vivado 设计套件的工作区窗口

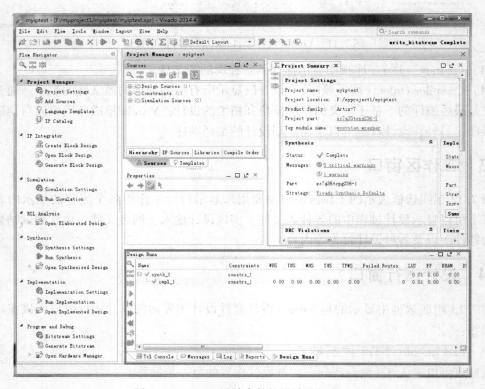

图 7.13　Vivado 设计套件的设计运行窗口

2. Messages（消息窗口）

该窗口显示设计和报告消息。通过不同的选项组，对消息进行分组表示，以便设计者可以从不同的工具以及处理过程快速的定位消息。所显示的消息有一个可以到达相关文件的链接，设计者可以通过单击链接，快速到达指定位置。

3. Log（日志）

该窗口显示设计编译活动的输出状态。该显示是连续滚动形式的，当运行新的命令时，当前输出显示就会覆盖之前的输出显示。

4. Reports（报告）

该窗口显示当前活动所产生的报告。当完成不同的步骤后，该报告会自动更新。双击特定报告，可以在文本编辑器中打开相应的报告信息。

5. Design Runs（设计执行）

该窗口显示当前设计工程的设计流程的简要信息。

本章小结

本章介绍了 Vivado 设计套件的基本知识以及 Vivado 设计套件的界面信息。首先，简单介绍了 Vivado 设计套件的特性；其次介绍了使用 Vivado 设计套件的系统级设计流程；然后介绍了 Vivado 设计套件的安装过程；之后介绍了各个工程文件夹存放的文件类型以及网表文件的相关知识；最后介绍了 Vivado 设计套件的基本界面信息。

第 8 章
Vivado工程模式下设计基础

本章将通过介绍一个简单的设计实例，从工程模式角度介绍 Vivado 集成开发环境下的基本设计实现流程。工程模式下的基本设计实现流程包括：创建一个新的设计工程、创建或添加新的设计文件、RTL 详细描述和分析、设计综合和分析、设计行为级仿真、创建实现约束、设计实现和分析、设计时序仿真、生成编程文件以及下载比特流文件到 FPGA 芯片。

本章中的实例主要实现逻辑门功能，有两个 1 位逻辑输入，一个 8 位逻辑输出，输入端由 Basys3 开发板左下方的 2 个拨动开关控制，输出端由 Basys3 开发板上的 8 个 LED 灯的亮灭表示。通过本章的学习，读者可以掌握 Vivado 集成开发环境下工程模式的最基本的设计实现方法。

8.1 创建一个新的设计工程

本节将介绍如何创建一个新的工程，创建一个新设计工程的步骤如下：

第一步：双击"Vivado 2014.4.exe"快捷方式打开 Vivado 集成开发环境。

第二步：在 Vivado 集成开发环境主界面的"Quick Start"分组下，单击"Create New Project"选项打开新工程的创建向导，单击【Next】按钮继续。在当前界面，需要填写工程名字以及工程的存放目录，在此设置工程名为"mygate"，存放位置为"E:/myproject1"，设置好后，如图 8.1 所示，单击【Next】按钮继续。

图 8.1 填写工程名及存放位置

第三步：在工程类型选择界面中，可以选择新创建工程的类型，如图8.2所示。下面分别介绍可选择的各个工程类型。

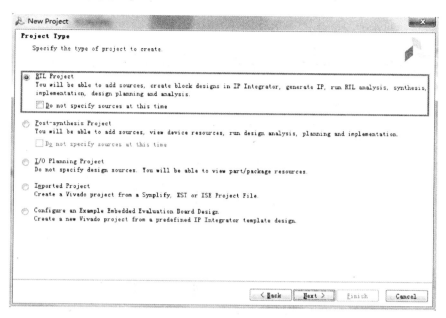

图8.2　选择新创建工程的类型

（1）RTL Project　选择该项时，可以通过 Vivado 集成设计环境管理从 RTL 创建到生成比特流的整个设计流程。设计者可以添加以下文件：RTL 源文件、Xilinx IP 目录内的 IP、用于层次化模块的 EDIF 网表、Vivado IP 集成器内创建的设计以及 DSP 源文件。

（2）Post－synthesis Project　选择该项时，设计者可以使用综合后的网表创建工程。网表文件可以通过 Vivado、XST 或者第三方综合工具生成。

（3）I/O Planning Project　选择该项时，可以创建一个空的 I/O 规划工程，在设计的早期阶段就可以进行时钟资源和 I/O 的规划设计。I/O 端口可以在 Vivado 集成开发环境中定义，也可以通过逗号分隔值文件（CSV）或者 XDC 文件导入。

分配完 I/O 后，Vivado 集成开发环境可以创建 CSV、XDC 和 RTL 输出文件。当有可用的 RTL 源文件或者网表文件时，这些文件也可以用于设计的后期。输出文件也可以用于创建原理图符号，用于 PCB 设计。

（4）Imported Project　选择该项时，可以导入由 Synplify、XST 或者 ISE 套件所创建的 RTL 工程数据。在导入这些文件时，同时也可以导入工程的源文件和编译顺序，但是不可以导入实现的结果和工程的设置。

（5）Configure an Example Embedded Evaluation Board Design　选择该项时，设计者可以从预定义的 IP 集成模板设计中创建一个新的 Vivado 工程。

这里选择"RTL Project"选项创建一个新的工程，单击【Next】按钮进入下一个界面。

第四步：在接下来三个界面，如果有相应类型的源文件，可以直接通过浏览文件添加到新建的工程中，如果没有，选择【Next】按钮跳过即可。注意不要忘记选择编译语言和仿真语言，如图8.3所示。

图 8.3　选择编译和仿真语言

第五步：在选择芯片界面下，选择想要使用的芯片型号，本书使用的是 Basys3 开发板，所以芯片选择"xc7a35tcpg236-1"型号的芯片，如图 8.4 所示。

第六步：单击【Next】按钮后，再单击【Finish】按钮完成新工程的创建。

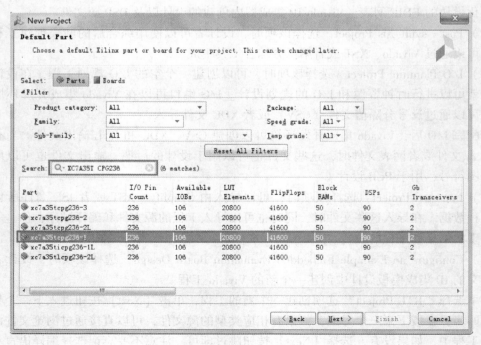

图 8.4　选择芯片型号

8.2　创建并添加新的设计文件

本节将介绍如何在新建的工程中添加各种类型的设计源文件。下面给出创建并添加设计源文件的具体步骤：

第一步：在 Vivado 设计主界面下的"Source"窗口中，单击 按钮，或者在该窗口下任意位置右击鼠标按键，在弹出的浮动菜单中选择"Add Source..."命令，或者在 Vivado主界面的菜单下，单击"File"菜单选项，选中浮动菜单栏中的"Add Source..."命令，选择想要添加的文件类型，如图 8.5 所示。

在该界面，可以选择添加若干种类型的源文件：

（1）Add or create constraints（添加或者创建约束文件）。

（2）Add or create design sources（添加或者创建设计源文件）。

（3）Add or create simulation sources（添加或者创建仿真文件）。

（4）Add or create DSP sources（添加或者创建 DSP 源文件）。

（5）Add existing block design sources（添加已存在的块设计源文件）。

（6）Add existing IP（添加已存在的 IP）。

这里选择第二项，创建一个新的设计源文件。

图 8.5　选择创建并添加文件的类型

第二步：单击【Next】按钮后，进入如图8.6所示的界面。在这个界面中，可以通过单击"Add Files"按钮添加一个已经存在的 VHDL 源文件，也可以单击"Create File"创建一个新的 VDHL 源文件。在这里单击"Create File"创建一个新的 VHDL 源文件。

图 8.6　添加或创建文件界面

第三步：单击"Create File"后，弹出的窗口如图 8.7 所示。这里选择将要创建文件的语言类型为 VHDL，将源文件的名称设置为"my_ gate"。填写完毕之后，单击【OK】按钮即可。

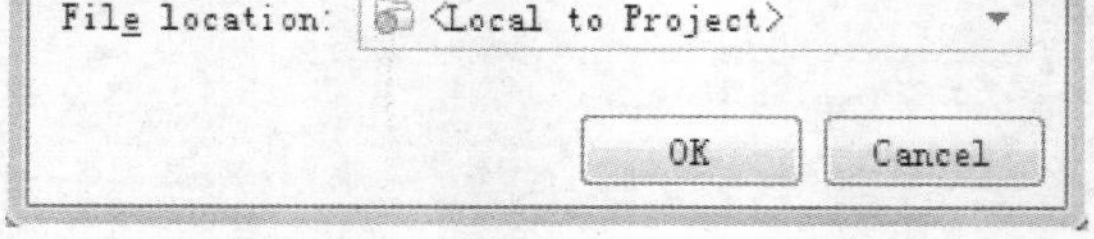

图 8.7　填写创建文件信息界面

第四步：做完前面的操作后，单击【Finish】按钮完成 VHDL 源文件的创建。这时，Vivado 设计套件会弹出一个新的窗口，如图 8.8 所示。这里可以预先设置刚刚创建的 VHDL 源文件的实体名字和结构体的名字以及输入和输出端口的名字、方向和位宽，当然也可以不在这里进行设置，直接在源文件中进行编写。单击【OK】按钮后，一个新的 VHDL 源文件就创建完成了。

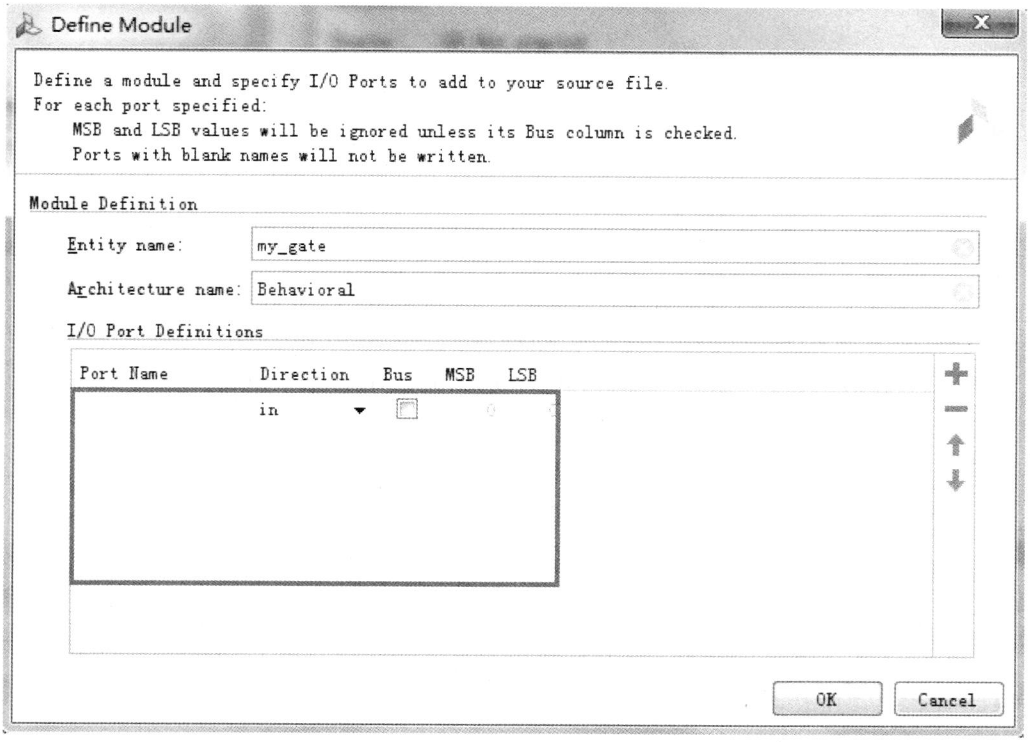

图 8.8　端口预设置界面

第五步：在 "Source" 窗口中的 "Design Sources" 文件夹中找到刚刚创建好的 VHDL 源文件，双击打开，添加如下代码后，保存。该代码实现的功能是逻辑门，有 2 个一位逻辑输入 in1 和 in2，1 个八位逻辑输出 out1。八位逻辑输出的每一位为两个输入间的逻辑操作后的结果。例如，八位逻辑输出的最低位 out1(0) 表示两个输入信号 in1 和 in2 进行与操作后的结果。

```
library IEEE;
use IEEE. STD_LOGIC_1164. ALL;
entity my_gate is
     Port ( in1 : in STD_LOGIC;
in2 : in STD_LOGIC;
out1 : out STD_LOGIC_VECTOR (7 downto 0));
end my_gate;

architecture Behavioral of my_gate is
```

```
begin
    out1(0) <= in1 and in2;
    out1(1) <= in1 or in2;
    out1(2) <= in1 nand in2;
    out1(3) <= in1 nor in2;
    out1(4) <= in1 xor in2;
    out1(5) <= in1 xnor in2;
    out1(6) <= not in1;
    out1(7) <= not in2;
end Behavioral;
```

8.3　RTL 详细描述和分析

详细描述（Elaboration）是指将 RTL 优化到 FPGA 的技术。Vivado 集成开发环境可以提供以下功能：

（1）设计者导入和管理 RTL 源文件，其中包括 Verilog、System Verilog、VHDL、NGC，或者测试平台文件。

（2）通过 RTL 编辑器创建和修改源文件。

（3）源文件层次视图，以层次化显示设计中的模块。

（4）库，以目录的形式显示源文件。

在基于 RTL 的设计中，详细描述是第一步。当设计者打开一个 RTL 设计后，Vivado 集成环境可以对 RTL 源文件进行编译，并且加载 RTL 网表，用于交互式分析。设计者也可以查看 RTL 结构、语法和逻辑定义。

RTL 详细描述和分析的步骤如下：

第一步：在"Source"窗口中"Design Sources"文件夹下，找到并选择刚刚创建好的 VHDL 源文件。

第二步：在 Vivado 左侧的"Flow Navigator"窗口中选择"RTL Analysis"选项卡并展开。

第三步：在展开项中，选择"Open Elaborated Design"选项后，Vivado 设计套件就会自动开始进行"Elaborated Design"过程。该过程完成后提供了 3 个选项：

（1）Report DRC（运行设计规则检查，并报告检查结果）。

（2）Report Noise（基于 XDC 文件，在设计上检查 SSO（同时开关输出））。

（3）Schematic（打开原理图）。

当运行完"Elaborated Design"过程后，"Open Elaborated Design"选项就会变为"Elaborated Design"。同时 Vivado 设计套件会自动打开"RTL Schematic"窗口，在该窗口可以看到生成的对 VHDL 详细描述后得到的网表结构，如图 8.9 所示。

第四步：查看 RTL 级网表，在"Source"窗口下，选择"RTL Netlist"标签后，就可以看到网表的结构，如图 8.10 所示。

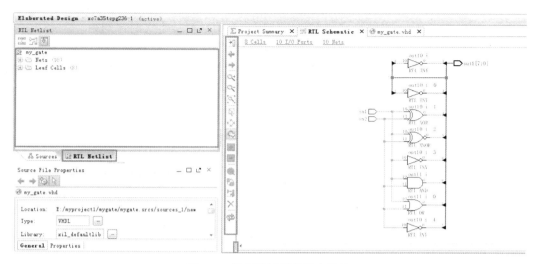

图8.9　详细描述后的网表结构

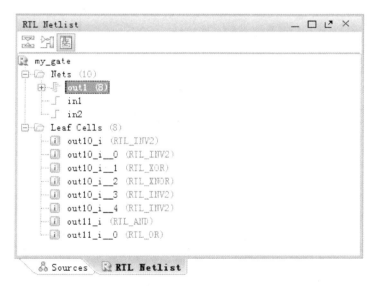

图8.10　RTL Netlist 标签页

8.4　设计综合和分析

本节将对该工程进行综合，综合就是将 RTL 级的设计描述转换成门级的描述，在这个过程中，进行逻辑优化，以及映射到 Xilinx 器件原语操作（也被称作是技术映射）。

Vivado 集成开发环境的综合是基于时间驱动的，专门为存储器的利用率以及性能等做了优化。综合工具支持 SystemVerilog、VHDL、Verilog 以及 VHDL 和 Verilog 的混合语言。该综合工具也支持 XDC 文件。

对于综合过程，需要知道如下一些基本概念：

（1）综合的过程中，综合工具使用 XDC 约束驱动的综合优化，因此必须有 XDC 文件。

（2）时序约束考虑，当综合完成后可以使用约束向导初步定义时序约束。

（3）综合设置提供了一些对额外选项的访问。

（4）当打开被综合的设计后，可以通过设置调试点，将调试特性集成在 Vivado 环境中。

（5）找到"Flow Navigator"窗口中的"Synthesis"选项卡，单击"Synthesis Settings"后可以通过弹出的窗口设置设计综合的属性。

下面简单介绍如何对一个设计进行综合操作。

第一步：单击"Synthesis"选项卡下的"Run Synthesis"选项进行综合。

第二步：综合完成后，会弹出如图 8.11 所示的窗口。该窗口提供了 3 个选项。

（1）Run Implementation（运行实现过程）。

（2）Open Synthesized Design（打开综合后的设计）。

（3）View Reports（查看报告）。

在这里选择"Open Synthesized Design"选项打开综合后的设计。如图 8.12 所示。

图 8.11　综合后的弹窗

第三步：当我们执行完上述操作之后，"Flow Navigator"窗口中的"Synthesis"选项卡中就会提供如下选项：

（1）Constraints Wizard（约束向导）。

（2）Edit Timing Constraints（编辑时序约束）。

（3）Set Up Debug（设置调试）。

（4）Report Timing Summary（报告时序总结）。

（5）Report Clock Networks（报告时钟网络）。

（6）Report Clock Interaction（报告时钟相互作用）。

（7）Report DRC（报告 DRC）。

（8）Report noise（报告噪声）。

（9）Report Utilization（报告利用率）。

（10）Report Power（报告功耗）。

（11）Schematic（原理图）。

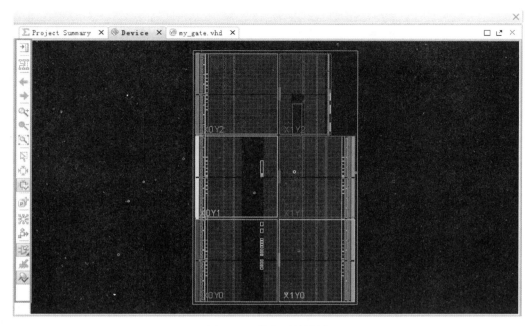

图 8.12　综合后的设计

第四步：单击"Schematic"选项，查看该设计进行综合后的网表结构。如图 8.13
所示。

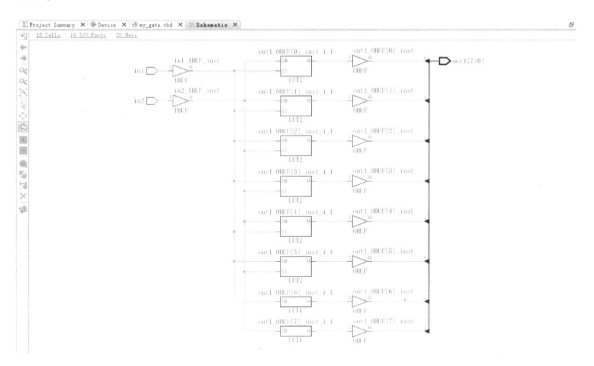

图 8.13　综合后的网表结构

第五步：查看每个 LUT 的内部映射关系。选中"Schematic"中的 LUT 后，可以在"Source"窗口下面的"Cell Properties"窗口中查看 LUT 的详细信息。选择下方不同的标签可以查看不同的信息。比如，当选择"Truth Table"标签后就可以查看 LUT 的真值表映射信息，如图 8.14 所示。

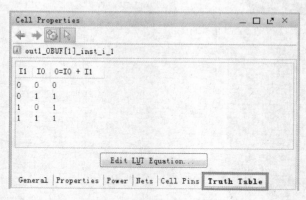

图 8.14　LUT 的真值表映射

第六步：综合报告的查看。在 Vivado 设计主界面右下的窗口中，选择"Report"标签就可以查看综合后生成的报告。如图 8.15 所示。也可以单击"Flow Navigator"窗口中的"Synthesis"标签下的各类报告选项查看相应的报告。

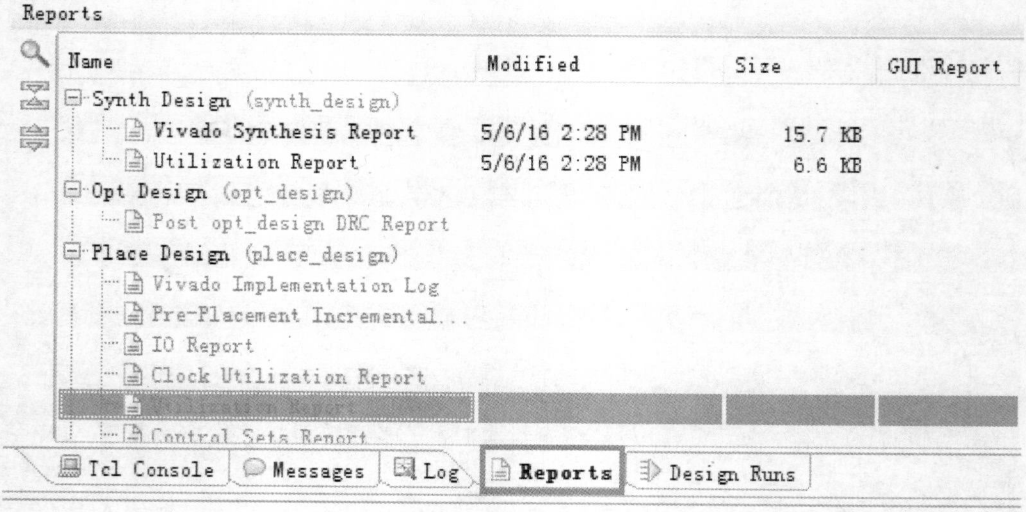

Reports			
Name	Modified	Size	GUI Report
Synth Design (synth_design)			
Vivado Synthesis Report	5/6/16 2:28 PM	15.7 KB	
Utilization Report	5/6/16 2:28 PM	6.6 KB	
Opt Design (opt_design)			
Post opt_design DRC Report			
Place Design (place_design)			
Vivado Implementation Log			
Pre-Placement Incremental...			
IO Report			
Clock Utilization Report			
Control Sets Report			

Tcl Console　　Messages　　Log　　**Reports**　　Design Runs

图 8.15　查看综合后生成的报告

8.5　设计行为级仿真

本节将介绍如何对设计进行行为级仿真。行为级仿真的步骤如下：

第一步：按照前面介绍的添加文件的方法，为当前工程添加一个名字为"test"的仿真测试源文件。新建立好的仿真测试源文件可以在"Source"窗口中的"Simulation Sources"文件夹中看到。

第二步：双击打开仿真测试源文件"test"，并添加如下仿真测试代码。仿真测试源文件的基本编写规则如下：

（1）实体部分不用填写代码，主要编写结构体部分。

（2）在结构体部分要用元件例化的方法声明源文件的实体。

（3）在结构体中需要建立测试信号，并且需要将测试信号和元件例化声明的源文件的实体连接到一起。

（4）通过对测试信号设置测试参数进行测试仿真。

```vhdl
library IEEE;
use IEEE. STD_LOGIC_1164. ALL;


entity test is                                        --实体不用填写代码
--    Port ( );
end test;


architecture Behavioral of test is
component my_gate                                     --元件例化
port( in1 : in STD_LOGIC;
      in2 : in STD_LOGIC;
out1 : out STD_LOGIC_VECTOR(7 DOWNTO 0)
);
end component;
signal in1 : std_logic : = '0';                       --测试信号的建立
signal in2 : std_logic: = '0';
signal out1 : std_logic_vector(7 downto 0);


begin
uut:my_gate port map(in1 => in1,in2 => in2,out1 => out1);  --将测试信号和源文件的实体进行连接


process                                               --测试参数
begin
  in1 <= '0';                                         --首先将 in1 和 in2 的输入置位为 '0'
  in2 <= '0';
  wait for 200ns;                                     --等待 200ns
  in1 <= '0';                                         --然后将 in1 置位为 '0',in2 置位为 '1'
  in2 <= '1';
  wait for 200ns;                                     --等待 200ns
  in1 <= '1';                                         --然后将 in1 置位为 '1',in2 置位为 '0'
  in2 <= '0';
  wait for 200ns;                                     --等待 200ns
  in1 <= '1';                                         --最后将 in1 置位为 '1',in2 置位为 '1'
```

```
        in2 <= '1';
        wait for 200ns;                                --等待200ns
    end process;                                       --结束测试
    end Behavioral;
```

第三步：在"Flow Navigator"窗口中选择"Simulation"选项卡下的"Run Simulation"进行仿真操作。如图8.16所示。仿真结果如图8.17所示。

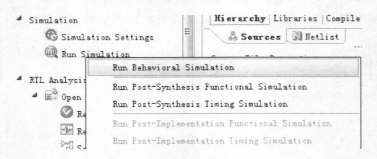

图8.16　执行行为仿真操作

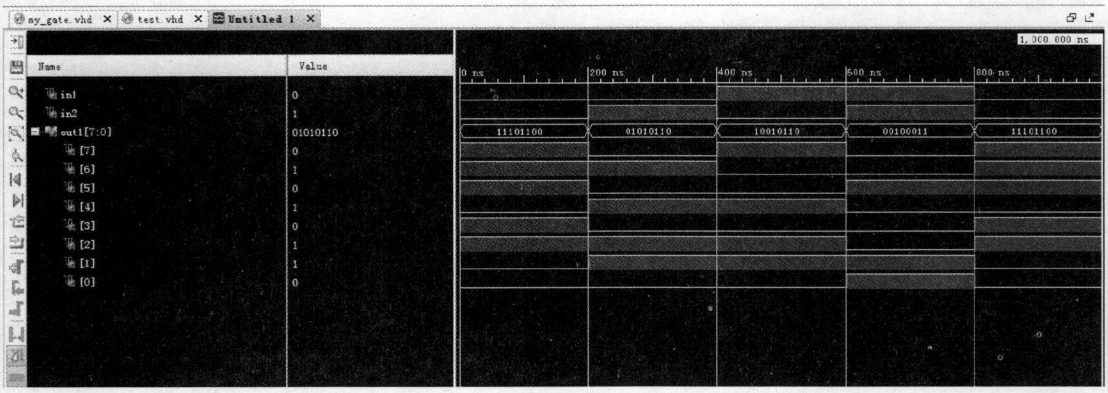

图8.17　行为仿真结果

8.6　创建实现约束

本节将介绍创建实现约束的过程。主要介绍如何为设计添加引脚约束。

第一步：通过前面介绍的添加文件的方法，添加一个名字为"my_gete"的XDC源文件到当前工程中。创建完成后的文件在"Source"窗口下的"Constraints"文件夹中。

有两种方式可以为当前设计添加引脚约束：一种是直接编写XDC源文件，这种方法需要设计者比较了解XDC的书写格式以及书写规范；另一种是通过Vivado集成开发环境的"I/O Planning"界面为设计添加引脚约束，这种方法不需要设计者具备特定的知识。这里主要介绍第二种添加引脚约束的方式。

第二步：退出之前的仿真界面，在菜单栏中的模式选择菜单选择"I/O Planning"选项。如图8.18所示。打开后的界面如图8.19所示。

图8.18　进入I/O Planning界面

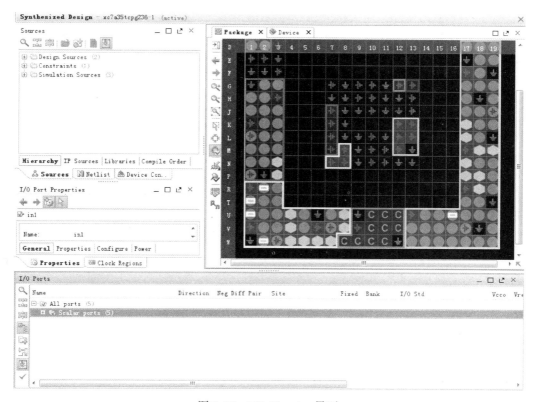

图8.19　I/O Planning界面

　　第三步：在"I/O Planning"界面下方的对话框中，可以为当前设计中的端口选择要绑定到所用开发板的具体端口。如图8.20所示。Basys3开发板上各个端口都有唯一的标号。例如，Basys3开发板上左下方的拨码开关的标号是"R2"。这里将in1端口绑定到Basys3开发板的标号为"R2"的拨码开关上，将in2端口绑定到Basys3开发板的标号为"T1"的拨码开关上，将out1端口的八个输出逻辑位分别绑定到Basys3开发板的标号为"L1""P1""N3""P3""U3""W3""V3"和"V13"的LED灯上。全部选择完之后，单击鼠标右键弹出浮动菜单栏，选择浮动菜单栏中的"Export I/O Ports"选项进行XDC引脚约束文件的建立与保存，保存的目录设置为之前创建的 XDC 文件夹下。之后可以在"Source"窗口中的"Constraints"文件夹下查看创建好的 XDC 源文件。设计者也可以在创建好的空白 XDC 文件中直接编写下面的代码进行引脚绑定操作。

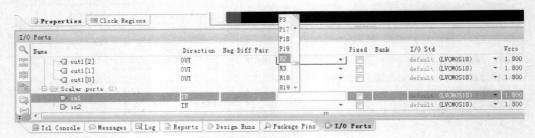

图 8.20　绑定端口操作

set_property DIRECTION OUT [get_ports {out1[7]}]

set_property IOSTANDARD LVCMOS18 [get_ports {out1[7]}]

set_property DRIVE 12 [get_ports {out1[7]}]

set_property SLEW SLOW [get_ports {out1[7]}]

set_property DIRECTION OUT [get_ports {out1[6]}]

set_property IOSTANDARD LVCMOS18 [get_ports {out1[6]}]

set_property DRIVE 12 [get_ports {out1[6]}]

set_property SLEW SLOW [get_ports {out1[6]}]

set_property DIRECTION OUT [get_ports {out1[5]}]

set_property IOSTANDARD LVCMOS18 [get_ports {out1[5]}]

set_property DRIVE 12 [get_ports {out1[5]}]

set_property SLEW SLOW [get_ports {out1[5]}]

set_property DIRECTION OUT [get_ports {out1[4]}]

set_property IOSTANDARD LVCMOS18 [get_ports {out1[4]}]

set_property DRIVE 12 [get_ports {out1[4]}]

set_property SLEW SLOW [get_ports {out1[4]}]

set_property DIRECTION OUT [get_ports {out1[3]}]

set_property IOSTANDARD LVCMOS18 [get_ports {out1[3]}]

set_property DRIVE 12 [get_ports {out1[3]}]

set_property SLEW SLOW [get_ports {out1[3]}]

set_property DIRECTION OUT [get_ports {out1[2]}]

set_property IOSTANDARD LVCMOS18 [get_ports {out1[2]}]

set_property DRIVE 12 [get_ports {out1[2]}]

set_property SLEW SLOW [get_ports {out1[2]}]

set_property DIRECTION OUT [get_ports {out1[1]}]

set_property IOSTANDARD LVCMOS18 [get_ports {out1[1]}]

set_property DRIVE 12 [get_ports {out1[1]}]

set_property SLEW SLOW [get_ports {out1[1]}]

set_property DIRECTION OUT [get_ports {out1[0]}]

set_property IOSTANDARD LVCMOS18 [get_ports {out1[0]}]

```
set_property DRIVE 12 [get_ports {out1[0]}]
set_property SLEW SLOW [get_ports {out1[0]}]
set_property DIRECTION IN [get_ports in1]
set_property IOSTANDARD LVCMOS18 [get_ports in1]
set_property DIRECTION IN [get_ports in2]
set_property IOSTANDARD LVCMOS18 [get_ports in2]
set_property PACKAGE_PIN R2 [get_ports in1]
set_property PACKAGE_PIN T1 [get_ports in2]
set_property PACKAGE_PIN L1 [get_ports {out1[7]}]
set_property PACKAGE_PIN P1 [get_ports {out1[6]}]
set_property PACKAGE_PIN N3 [get_ports {out1[5]}]
set_property PACKAGE_PIN P3 [get_ports {out1[4]}]
set_property PACKAGE_PIN U3 [get_ports {out1[3]}]
set_property PACKAGE_PIN W3 [get_ports {out1[2]}]
set_property PACKAGE_PIN V3 [get_ports {out1[1]}]
set_property PACKAGE_PIN V13 [get_ports {out1[0]}]
```

8.7　设计实现和分析

本节将对设计实现过程进行简单介绍。

Vivado 提供了很多设计实现的选项，可以根据需要在"Flow Navigator"窗口里的"Implementation"选项卡下的"Implementation Settings"选项里进行设置。设计实现的具体步骤如下：

第一步：在"Source"窗口中，选择"Design Sources"文件夹下之前建立的 VHDL 源文件。

第二步：单击"Flow Navigator"窗口里的"Implementation"选项卡下的"Run Implementation"进行实现操作。

第三步：设计实现操作完成后，Vivado 设计套件会弹出新的窗口，该窗口提供 3 个选项，如图 8.21 所示。

（1）Open Implemented Design（打开实现后的设计）。

（2）Generate Bitstream（生成比特流）。

（3）View Reports（查看报告）。

在这里选择"Open Implemented Design"选项打开实现操作完成后的设计，如图 8.22 所示。

第四步：接下来可以在实现完成后的窗口中通过放大器来查看具体内容，也可以通过左侧菜单栏中的布线资源查看设计的布线情况。

第五步：查看实现后的报告。和前面查看设计综合后的报告操作类似。可以单击 Vivado 设计主界面右下窗口中的"Report"标签在"Report"窗口中查看，也可以通过"Flow Navigator"窗口中的"Implementation"选项卡下的"Open Implementation Design"选项下的各个选项查看相应的报告信息。

图 8.21 实现操作完成后的弹窗

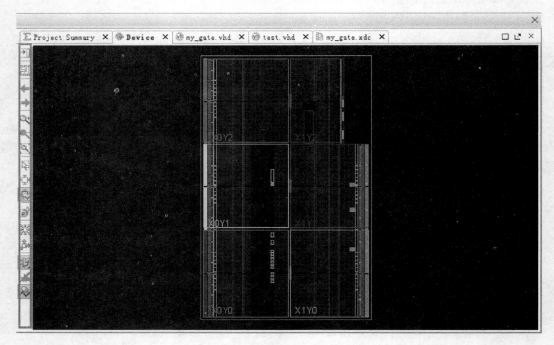

图 8.22 实现操作完成后的设计

8.8 静态时序分析

本节将介绍静态时序分析的作用和方法。

对于一个设计来说,它是由单元和网络互连组成的,很明显:

(1) 一个设计的功能由 RTL 设计文件决定。

(2) 可以由仿真工具验证设计功能的正确性。

（3）一个器件的性能由构成设计单元的延迟所决定，它可以通过静态时序分析（Static Timing Analysis，STA）验证。

（4）在STA中，设计元件的功能并不是很重要。

（5）对于设计中的每个器件来说，都需要花费一定的时间去执行它的功能，比如：对一个LUT来说，存在从它的输入到输出之间的传播延迟；对于一个网络来说，存在从驱动器到接收器之间的传播延迟；对于一个触发器来说，在它的采样点周围的一个要求时间内有稳定的数据等。

（6）延迟取决于很多因素，例如：FPGA器件的物理特性和环境因素等。

在Vivado集成开发环境中，可以通过"Flow Navigator"窗口中的"Implementation"选项卡下的"Report Timing Constraints"选项来打开静态时序分析报告。单击后将会弹出时序报告设置信息，如图8.23所示。在这里设计者可以根据自己的需要定制时序报告的细节，这里直接使用默认的时序报告，单击【OK】按钮后产生如图8.24所示的时序报告信息。

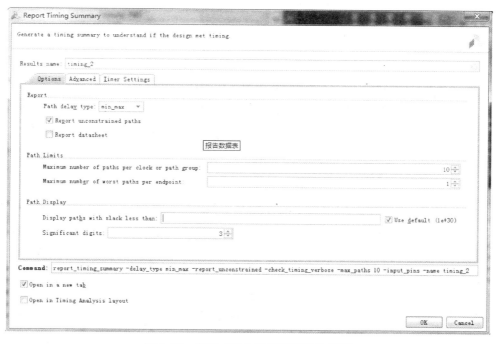

图8.23　定制或默认启动时序报告摘要

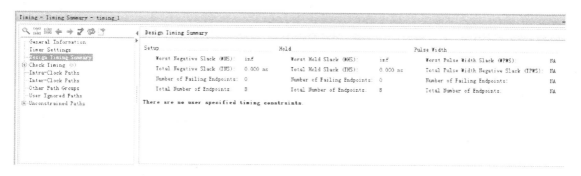

图8.24　静态时序分析报告

1. "Options" 标签页

(1) "Path delay type" 选项 设置运行分析的类型。当选择 "min" 的时候，对于综合后的设计，默认只执行最小延迟分析 (保持/去除)；当选择 "max" 的时候，对于综合后的设计，默认只执行最大延迟分析 (建立/恢复)；当选择 "min_max" 的时候，默认可以执行最小和最大延迟分析 (建立/保持，恢复/去除)。

(2) "Report unconstrained paths" 选项 在没有时序要求的路径上生成信息。默认的，在 Vivado 集成开发环境中选中该项。

(3) "Report datasheet" 选项 生成设计的数据手册。

(4) "Path Limits"

① "Maximum number of paths per clock or path group" 选项：控制每个时钟对路径或者路径组所报告的最大路径的个数。

② "Maximum number of worst paths per endpoint" 选项：控制在每个路径断点潜在报告的最大路径个数。

(5) "Path Display"

① "Display paths with slack less than" 选项：显示不少于延迟值的路径。该选项不影响总结表中的内容。

② "Significant digits" 选项：控制显示在报告中的数字精度。

2. "Advanced" 标签页

(1) "Pins" "Show input pins in path" 选项：显示输入端口，推荐始终选中该选项。

(2) "File Output" "Write results to file" 选项：将结果写到指定的文件中，默认情况下，会写到相应的指定位置。

(3) "Miscellaneous"

① "Ignore command errors" 选项：执行命令，忽略任何命令行错误，不返回信息。

② "Suspend message limits during command execution" 选项：暂时无视任何信息的限制，返回所有信息。

3. "Timer Settings" 标签页

(1) "Interconnect" 控制网络延迟时基于：

① "actual" 选项：对于布线的网络，网络延迟取决于布线互连间真实的硬件延迟。在时序路径报告上，这个网络标记为 "routed"。

② "estimated" 选项：对于没有布线的网络，基于驱动器和负载的本质，以及扇出，网络延迟值对应于最可能的布局，在时序报告中，在没有布局的叶子单元 (Leaf Cell) 引脚之间的网络标记为 "unplaced"。

③ "none" 选项：在时序报告中，不考虑互连延迟。将网络延迟置为 0。

(2) "Speed grade" 选项 设置元件的速度等级。默认的，该选项基于创建工程或者打开一个设计检查点时，所选择的元器件类型。

(3) "Muti – Corner Configuration" 选项 为指定的时序拐点规定用于分析的路径延迟类型。有效值为 "none" "min" "max" 和 "min_max"。选择 "none" 时，禁止为指定的拐点进行时序分析。

(4) "Disable flight delays" 选项 I/O 延迟的计算中不添加封装延迟。

8.9　设计时序仿真

本节将对设计进行时序仿真。时序仿真和行为级仿真的最大不同点在于时序仿真是带有标准延迟格式（Standard Delay Format，SDF）信息的。人们熟知的毛刺、竞争冒险等时序问题都会表现在设计时序仿真中。执行时序仿真的步骤如下：

第一步：在"Source"窗口中的"Design Sources"文件夹下选择需要进行时序仿真的VHDL源文件。

第二步：在"Flow Navigator"窗口中的"Simulation"选项卡下的"Run Simulation"选项中选择"Run Post – Implementation Timing Simulation"选项，如图8.25所示对当前设计进行时序仿真。

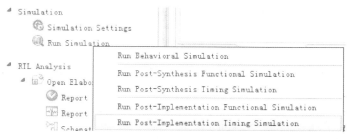

图8.25　执行时序仿真操作

第三步：时序仿真完成后将会弹出执行仿真后的波形窗口，如图8.26所示。在该窗口可以进行相应的查看与分析。

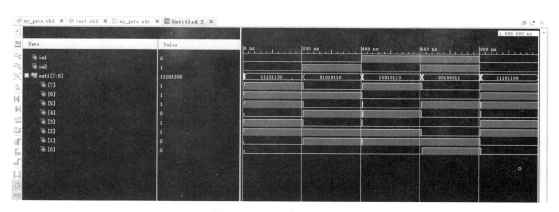

图8.26　时序仿真波形图

8.10　生成编程文件并下载到目标芯片

本节将介绍如何生成编程文件以及将编程文件下载到FPGA芯片中对其进行配置。

首先介绍如何生成编程文件。经过前面的一系列操作后，已经成功地完成了设计的建立以及验证，下面可以通过"Flow Navigator"窗口下的"Program and Debug"选项卡中的

"Bitstream Settings" 对想要生成的编程文件做一些设置，这里直接采用默认设置即可。接下来，单击该选项卡下的 "GenerteBitstream" 选项生成本设计的编程文件。生成完毕后会弹出如图 8.27 所示的窗口。

图 8.27　生成编译文件后的窗口

该窗口有三个选项：

（1）Open Implementated Design（打开实现后的设计）。

（2）View Reports（查看报告）。

（3）Open Hardware Manager（打开硬件管理器）。

这里直接选择 "Open Hardware Manager" 选项，打开硬件管理器。另外，也可以在 "Flow Navigator" 窗口的 "Program and Debug" 选项卡下选择 "Hardware Manager" 选项来打开硬件管理器。

编程文件生成完毕后，可以通过计算机与 Basys3 开发板之间的 JTAG 通道，将编程文件下载到目标开发板中，具体操作如下：

第一步：将 Basys3 开发板和计算机连接好，等待驱动安装完成。

第二步：单击如图 8.28 位置所示的 "Open New Target" 选项打开选择器件向导。也可以通过单击 "Flow Navigator" 窗口下的 "Program and Debug" 选项卡下的 "Open Hardware Manager" 选项中的 "Open Target" 选项打开器件选择向导。

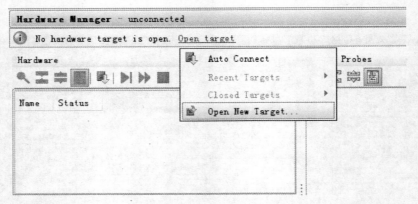

图 8.28　开启向导操作

第三步：单击【Next】按钮进入下一步选择器件界面，这里选择本地器件，也就是 Basys3 开发板，如图 8.29 所示。之后不断选择【Next】按钮，完成向导选择器件向导。

第四步：右击 "Hardware" 窗口中刚刚添加的 Basys3 开发板的芯片，选择 "Program Device" 选项将之前生成的比特流文件导入到芯片中，如图 8.30 所示。之后会弹出一个选择比特流文件的窗口，默认情况下是本设计此前生成的比特流文件，也可以选择导入其他比特流文件，这里选择 "Program" 选项直接将比特流文件导入到芯片中，如图 8.31 所示。

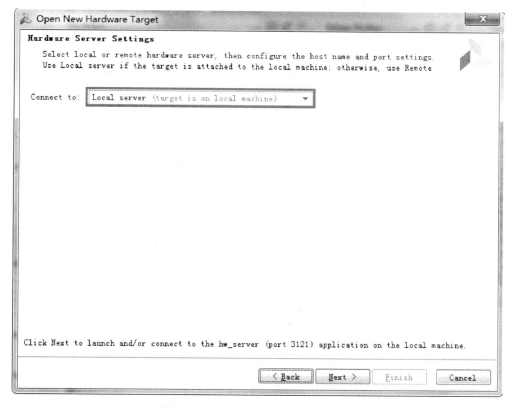

图8.29 选择本地器件作为目标器件

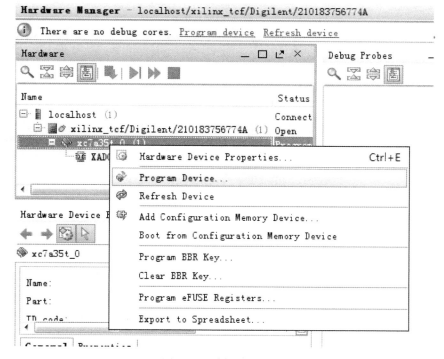

图8.30 编译芯片操作

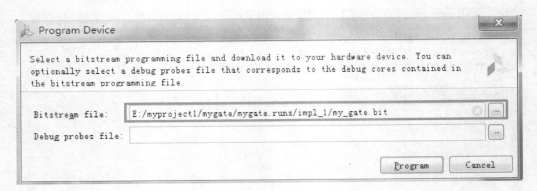

图 8.31　选择想要导入的比特流文件

第五步：完成上述所有操作后，就完成了工程模式下一个新的设计工程的基本设计流程。逻辑门设计在 Basys3 开发板上的效果如图 8.32 所示。

图 8.32　逻辑门设计在 Basys3 开发板上的效果图

● **本章小结**

本章介绍了在 Vivado 集成开发环境的工程模式下的设计工程的基本设计实现流程。

工程模式下的基本设计实现主要步骤包括：创建一个新的设计工程、创建并添加设计源文件、RTL 描述与分析、设计综合、行为级仿真、建立约束、设计实现与分析、静态时序分析、设计时序仿真以及生成编程文件并下载到目标芯片。

习　　题

请使用 Vivado 集成开发环境利用工程模式方法设计实现一个加法器。该加法器支持两个个位数相加，其中一个加数由 Basys3 开发板左下 4 个拨码开关输入，另一个加数由右下 4 个拨码开关输入，结果由数码管显示。例如，计算 4 加 9 时，需要将开发板左侧下方拨码开关拨动为 "0100"，开发板右侧下方拨码开关拨动为 "1001"，最后 13 这个结果会显示在开发板的数码管上。

创建和封装用户IP核

如今的 FPGA 设计，不仅规模庞大而且功能十分复杂，设计者不可能从头开始进行设计。通常采用的方式是，在设计中尽可能使用现有的功能模块，当没有现成的模块时，设计者才需要花费时间和精力设计。这些现成的模块就是 IP 核。

本章将通过 Vivado 集成开发环境内所提供的 IP 核封装器工具（IP Packager）实现用户 IP 的定制。在 Vivado 集成开发环境中定制用户 IP 的流程包括：创建新的用于创建 IP 的工程、设置定制 IP 的库和目录以及封装定制 IP 的实现。

通过对本章内容的学习，读者可以掌握定制用户 IP 的基本设计流程。

9.1 IP 核概述

IP 核是指 Xilinx 及其合作公司提供的逻辑功能模块，它针对其 FPGA 芯片进行了优化和预先配置，设计者可以直接在自己的设计中使用，应用范围十分广泛。在 FPGA 的设计开发过程中使用 IP 核，可以大大缩短开发周期，高度优化的 IP 核可以使 FPGA 设计者专注于系统级开发，从而有助于加速开发进程，降低开发成本。

从复杂性的角度来看，既包括诸如算术操作器、延时单元等简单的 IP 核，也包括诸如数字信号处理中的滤波器、变换器以及网络模块、接口等比较复杂的系统级构造 IP 核模块。IP 核可以通过 Xilinx IP 核生成工具软件、Xilinx 构造向导、Xilinx 平台开发环境（XPS）或者是系统生成工具引用，非 Xilinx 的第三方 IP 核以独立文件方式提供。具体引用工具和机制有以下几种。

1. IP 核生成工具

Xilinx 公司提供的 IP 核生成工具可以用于创建针对 Xilinx FPGA 优化的预定义 "软" IP 核参数化模块，提供包括存储器、数字信号处理、数学运算、标准总线接口、标准逻辑以及网络功能等多种 IP 核。可以通过 IP 核生成工具创建 CORE Generator IP，然后在编写的 HDL 文件或者是原理图设计中进行例化，最后集成在设计者的设计中使用。

2. 构造向导

构造向导用于配置 FPGA 结构或者 "硬" IP 属性和模块，如数字时钟管理器（DCM）、DSP48 块等。使用构造向导比较容易实现 IP 核的配置，避免编写大量代码来对功能进行限制或者规定 HDL 属性。

3. 网表 IP

网表 IP 是已经经过综合和网表化的 IP 核，许多 IP 核联盟成员或者其他第三方 IP 提供商给出的"黑盒 IP 核"都属于网表 IP。Xilinx 公司和 IP 核联盟成员通过 Xilinx IP 中心提供的针对 Xilinx FPGA 的网表化 IP 核。

4. 微处理器和外设 IP

嵌入式开发包（EDK）中提供的 Xilinx 平台开发环境中，可以用软核或者 Xilinx FPGA 芯片中的硬嵌入式处理器来创建嵌入式处理器 IP 核。比如，可以利用 PowerPC 嵌入式硬处理器或者 MicroBlaze 嵌入式软处理器来实现嵌入式 IP 核。

5. 针对 DSP 的系统生成工具

利用 Xilinx 提供的系统生成工具可以设计在 FPGA 芯片中实现高性能的 DSP 系统。MathWorks 公司 Simulink 软件包的 Xilinx 模块几种包含了大量面向 Xilinx FGPA 优化的信号处理算法和函数，使用系统生成工具，可以直接利用 Xilinx 模块集构建 DSP 系统。

Vivado IP Integrator 可以帮助设计者通过实例化和互联 IP 核来创建一个复杂的系统设计，这些 IP 核在 Vivado IP 目录中统一管理。接下来，将介绍如何使用 Vivado 集成开发环境定制一个用户 IP。

9.2 创建用于定制用户 IP 的工程

本节将介绍如何创建一个用于定制用户 IP 的工程，创建用于定制用户 IP 设计的工程和创建普通工程一样。

按照前面章节所介绍的步骤创建一个名字为"mygate_ip"的工程。然后为新建立好的工程添加一个名字为"mytestgate"的 VHDL 源文件，将下面的代码添加到源文件中并保存。该代码实现的功能是逻辑门，有 2 个一位逻辑输入 in1 和 in2，1 个一位逻辑输出 out1。当类属参量"functionchange"的值为 1 时，结构体实现与门功能；当类属参量"functionchange"的值为 2 时，结构体实现或门功能；当类属参量"functionchange"的值为 3 时，结构体实现或非门功能；当类属参量"functionchange"的值为其他值时，结构体实现异或门功能。

```
library IEEE;
use IEEE. STD_LOGIC_1164. ALL;

entity mytestgate is
GENERIC (functionchange : INTEGER : = 1 );        --类属参量,用于改变结构体实现的功能
    Port (   in1 : in STD_LOGIC;
             in2 : in STD_LOGIC;
             out1 : out STD_LOGIC);
end mytestgate;

architecture Behavioral of mytestgate is
begin
process( in1 , in2 )
begin
if( functionchange = 1 ) then                      --当 functionchange 为 1 时,实现与门功能
    out1 <= in1 and in2;
```

```
elsif（functionchange = 2）then                    --当 functionchange 为 2 时,实现或门功能
    out1 <= in1 or in2;
elsif（functionchange = 3）then                    --当 functionchange 为 3 时,实现或非门功能
    out1 <= in1 nor in2;
else
    out1 <= in1xor in2;                            --当 functionchange 为其他值时,实现异或门功能
end if;
end process;
end Behavioral;
```

9.3　设置定制 IP 的库名和目录

本节将介绍如何设置定制 IP 的库名和目录。设置库名和目录的步骤如下:

第一步:在 Vivado 集成开发环境当前工程的主界面左侧的 "Flow Navigator" 窗口中,找到 "Project Manager" 选项卡,单击 "Project Settings" 选项。

第二步:在弹出的 "Project Settings" 对话框中,选择左侧的 IP 选项,然后在右侧窗口中选择 "Packager" 标签页。在该界面可以为设计的 IP 设置库名和目录。这里将库名设置为 "Mytest",将目录设置为 "/MytestIP",如图 9.1 所示。单击【OK】按钮完成设置。

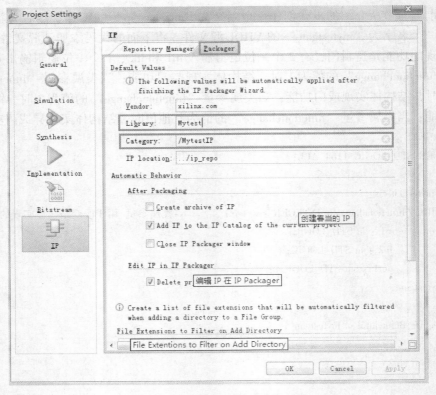

图 9.1　设置定制 IP 的库名和目录

9.4　封装定制 IP 的实现

本节将介绍如何将 VHDL 源文件"mytestgate"封装成一个用户定制 IP。封装 IP 的步骤如下：

第一步：在 Vivado 当前工程主界面主菜单下，执行菜单栏命令"Tool"下的"Create and Package IP…"选项。执行后，将会弹出"Create and Package New IP"窗口。

第二步：单击【Next】按钮后，有 3 个选项可供选择：

（1）Package your current project（使用本设计中的资源创建一个新的 IP）。

（2）Package a specified directory（选择指定目录中的资源创建一个新的 IP）。

（3）Create a new AXI4 peripheral（创建一个新的 AXI4 IP）。

在这里，选择第一项，使用本设计中的资源"mytestgate"创建一个新的 IP，单击【Next】按钮继续。

第三步：在接下来的窗口中可以选择新建 IP 存放的位置，设置好后，单击【Next】按钮继续。最后单击【Finish】按钮完成向导。

第四步：完成上述操作后，Vivado 右侧窗口中就会出现配置 IP 参数的界面，如图 9.2 所示。在"Identification"选项界面下，可以设置一些基本参数：

（1）Library：IP 的库名。

（2）Name：IP 的名字。

（3）Version：当前 IP 的版本号。

（4）Display name：显示的名字。

（5）Description：当前 IP 的描述信息。

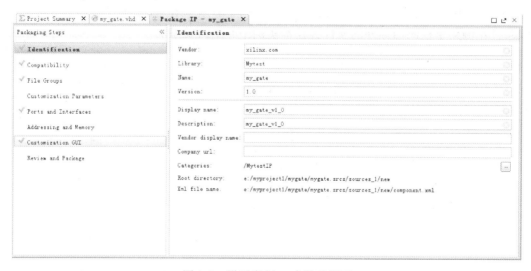

图 9.2　设置定制 IP 参数的界面

由于前面的操作，上述属性有一些已经默认填写完毕。这里只需要填写 IP 的显示名称"Display Name"和 IP 的说明描述"Description"两个参数。在此，将"Display name"修改为"mytestgate_v1_0"，这个名字就是该 IP 在使用的时候所显示的名字，将"Description"

修改为 "different value of functionchange means different logic gate function. 1 for and；2 for or；3 for nor；others for xor. "，这个参数可以提示使用者该 IP 的使用说明信息。

如果是更新以前已经存在的 IP 的话，最好将 Version 属性更新下，表明当前 IP 进行了更新。如果有需要的话，供应商名字 "Vendor display name" 和公司地址 "Company url" 也可以填写。

第五步：选择 IP 窗口左侧的 "Compatibility" 兼容性选项，设定该 IP 支持的 FPGA 芯片。在右侧区域中单击鼠标右键就可以进行 FPGA 芯片类型的添加，如图 9.3 所示。这里就不再添加其他类型的兼容芯片了。

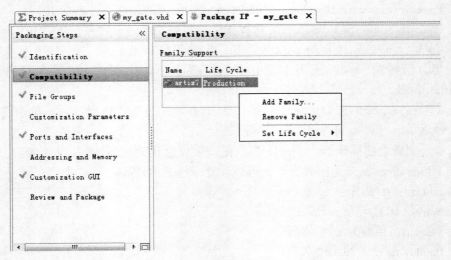

图 9.3　添加其他兼容的 FPGA 芯片

第六步：IP 窗口左侧的 "File Groups" 选项用于显示本 IP 的文件信息，如图 9.4 所示。可以通过左侧菜单栏添加额外的文件，在本实例中并不需要添加。

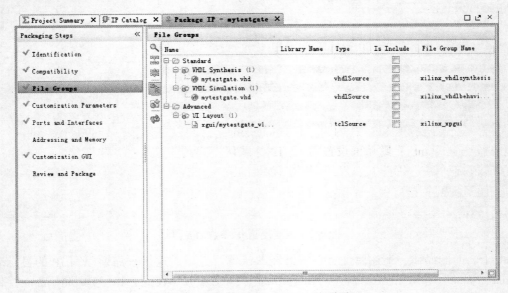

图 9.4　封装 IP 的 File Groups 选项页面

第七步：选择 IP 窗口左侧的"Customization Parameters"选项，可以设定参数信息。此处可以配置"mytestgate"文件中的类属参数"functionchange"的属性信息。在"function-change"参数位置单击鼠标右键，选择"Edit Parameter..."选项，如图 9.5 所示。

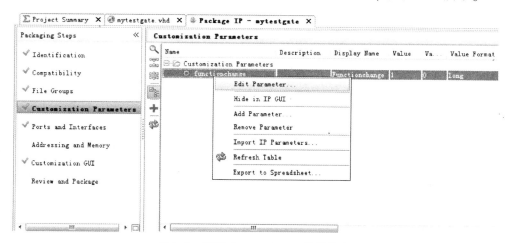

图 9.5　编辑 functionchange 参数信息

第八步：配置参数"functionchange"。可配置的选项如下：

（1）"Is the parameter visible in the 'Customization GUI'?"，该选项表示是否该参数对于用户是可见的。

（2）"What is the parameter display name?"，该选项用于设置该参数的显示名称。

（3）"Is the value editable by the user?"，该选项用于设置是否使用该 IP 的用户可以修改该参数的值，如果不想让用户修改该参数的值选择"No"，如果想让用户修改该参数的值选择"Yes"。

（4）"What data format is the value?"，该选项用于表示该参数的数据类型是哪种。

（5）"How is the value determined?"，该选项用于表示该参数的取值形式，是常量还是表达式。

（6）"What is the default value?"，参数的默认值是多少？

（7）"Should the value be restricted?"，该选项用于设置该参数值是不是具有约束性的。

在本实例中，"functionchange"参数的功能是控制选择 IP 的实现功能，第一项应该选择"Yes"；第二项为该参数的名称，设置为"Functionchange"即可；该参数对用户应该是可编辑的，第三项选择"Yes"；因为"functionchange"是整数类型，第四项选择 long 型，第五项选择"Constant"；默认值设置为 1，IP 的默认实现功能是与门；由于"functionchange"参数可以取 4 个值，因此，选择约束形式为"list of values"。然后将 4 个取值 1、2、3 和 4分别添加到右侧的窗口中。添加方法很简单，在左侧的编辑框中填写要添加的数字，比如1，然后单击"指向右的箭头"完成添加。添加完毕之后，将其余 3 个值 2、3 和 4 也添加到右侧的窗口中。"functionchange"参数设置完成后如图 9.6 所示。

第九步：选择 IP 左侧的"Customization GUI"选项查看正在创建的 IP，如图 9.7 所示。该 IP 有两个输入端口，一个输出端口，"functionchange"参数有 4 个取值，当"function-change"参数取值不同时，IP 实现的功能也不同。

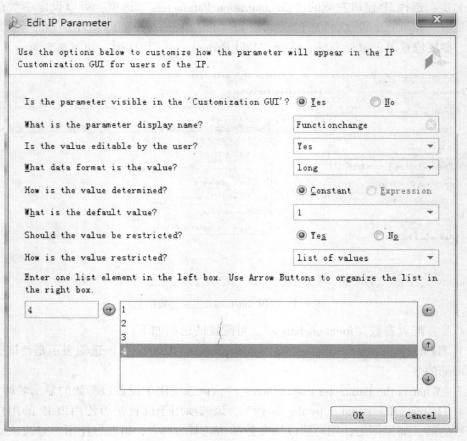

图 9.6 functionchange 参数信息

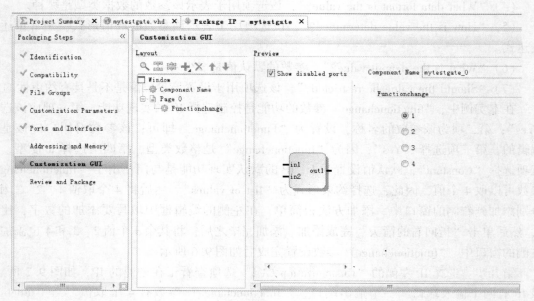

图 9.7 用户定制 IP 的 GUI

第十步：选择 IP 窗口左侧的 "Review and Package" 选项，再选择窗口右侧的 "Package IP" 选项封装 IP，如图 9.8 所示。到此为止就完成了用户定制 IP 的封装操作。

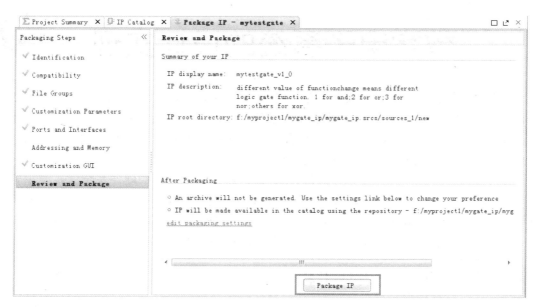

图 9.8　封装 IP

● **本章小结**

本章介绍了 Vivado 集成设计环境下创建和封装用户 IP 的基本流程。

创建和封装用户 IP 的主要步骤包括：创建一个用于定制用户 IP 的工程、设置定制 IP 的库名和目录以及封装 IP。

● **习　　题**

请封装定制两个用户 IP，其中一个 IP 实现的功能是半加器，另一个 IP 实现的功能是或门。

第 10 章
数字电子系统的设计实现

本章将通过一个简单的设计实例，介绍如何在 Vivado 集成开发环境下基于 IP 思想创建一个硬件系统的基本流程。基于 IP 的系统设计实现主要步骤包括：创建一个新的设计工程、创建基于 IP 的系统、行为级仿真、设计综合、建立约束、设计实现与分析、静态时序分析、设计时序仿真以及生成编程文件并下载到芯片。

本章中的实例利用上一章中创建的用户 IP 核构建了一个简单的硬件系统，系统主要实现逻辑门的功能，有 4 个 1 位逻辑输入，一个 1 位逻辑输出，输入端由 Basys3 开发板左下方的 4 个拨动开关控制，输出端由 Basys3 开发板上最右侧的 LED 灯的亮灭表示。通过本章的学习，读者可以掌握 Vivado 集成开发环境下基于 IP 的最基本的系统设计实现方法。

10.1　创建一个新的设计工程

启动 Vivado 2014.4 集成开发环境。单击"Create New Project"启动新建设计项目的向导，根据向导的指引，创建一个名字为"myiptest"的"RTL Project"类型的工程，该工程的芯片型号选择"xc7a35tcpg236 - 1"。

10.2　设置调用 IP 的路径

本节将介绍如何设置需要调用的用户 IP 的路径，步骤如下：

在 Vivado 设计主界面左侧"Flow Navigator"窗口中找到"Project Manager"选项卡，单击"Project Settings"选项。然后选中窗口左侧的 IP 选项，在"Repository Manager"标签页中选择"Add Repository..."选项添加想要调用的用户 IP 所在路径。此处选择上一章中创建的逻辑门 IP 所在的目录即可，如图 10.1 所示。

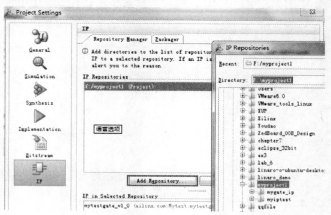

图 10.1　添加定制用户 IP 的目录

10.3　创建基于 IP 的系统

本节将介绍如何创建一个基于 IP 的系统。步骤如下：

第一步：在 Vivado 设计主界面左侧的"Flow Navigator"窗口下找到"IP Integrator"选项卡，单击"Create Block Design"选项，创建一个空白的系统设计。在弹出的窗口中，设置新建设计的名称为"mysystem"。单击【OK】按钮完成操作。Vivado 界面右侧工作区窗口将出现一个空白的设计界面，如图 10.2 所示。

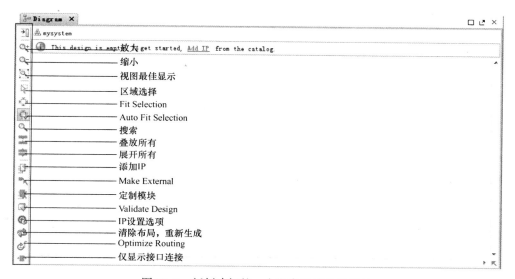

图 10.2　新创建好的一个空白系统设计窗口

第二步：单击空白窗口中提示信息中的"Add IP"选项或者菜单栏左侧的添加 IP 选项。在弹出的滚动目录的搜索框中搜索上一章创建的 IP "mytestgate_v1_0"，如图 10.3 所示，将

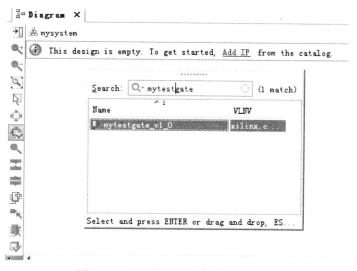

图 10.3　向设计中添加定制的用户 IP

它添加到当前空白的系统中。此时可以看到，Vivado 设计套件已经集成了很多 IP 核，从简单的数字电路到复杂的数字信号处理、网络应用、嵌入式应用以及标准接口等。只需要将这些 IP 添加到系统中，就可以使用这些 IP 的功能简单的构建自己的系统。

第三步：双击添加的用户 IP，在弹出的 "Re－customize IP" 窗口中，配置 "function-change" 的参数信息，此处设置 "functionchange" 参数为 2，将该 IP 配置成或门功能。如图 10.4 所示。

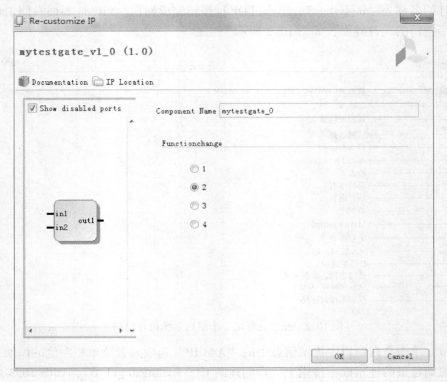

图 10.4　设置 functionchange 的参数

第四步：在空白区域单击鼠标右键，选择浮动菜单栏中的 "Add IP" 选项，再为该系统添加两个相同的 IP，将三个 IP 按图 10.5 所示的位置摆放好，将左侧的两个模块的输出分别连接到右侧模块的两个输入端口。然后将左侧两个模块的 "functionchange" 参数值设置为 2，配置成或门功能，将右侧模块的 "functionchange" 参数值设置为 4，配置成异或门功能。

第五步：将鼠标移动到模块的空闲端口处，单击鼠标右键，选择 "Make External..." 选项引出外部端口，如图 10.6 所示。将其余空余端口也做此处理，完成后如图 10.7 所示。

在 Vivado IP Integrator 中，IP 核以图形化的方式表示在画布中，可以对其进行重新配置、用鼠标轻松的将两个接口连接到一起或者将特定的接口连接到外部端口。对于简单的系统，可以手动连接和引出。但是，对于复杂的系统来说，Vivado IP Intergrator 会自动检测到端口的连接，并且提供自动连接工具，帮助完成复杂接口的连接操作。对于一些特定的 IP 核，Vivado 也提供了相应的自动连接工具，设计者只需要对 IP 的相应参数进行合理配置就能够快速的完成系统设计。Vivado IP Integrator 支持很多常用开发板，可以大大缩短系统设计时间。

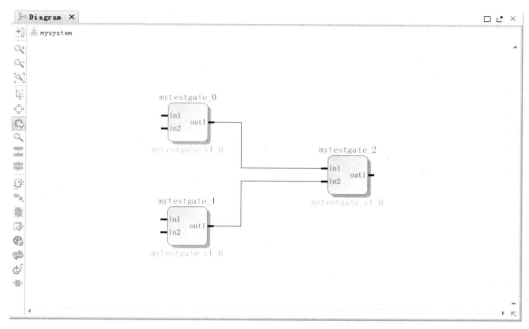

图 10.5 添加定制好的 IP

图 10.6 引出外部端口

Vivado IP Integrator 以模块化的方式构建系统，接口连接清晰明了，整体结构层次鲜明，在很大程度上屏蔽了底层的 VHDL 设计，对于设计者来说，可以很容易的通过各种 IP 核快速的构建出自己的系统。

第六步：单击设计主界面菜单栏左上角"File"菜单中的"Save Block Design"选项保存当前系统设计。

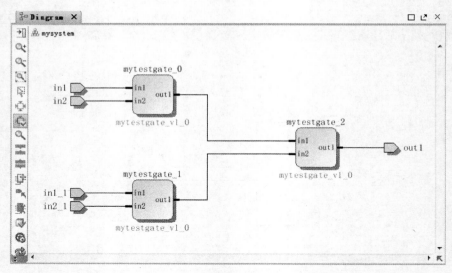

图 10.7　使用 IP 搭建的系统图

第七步：在"Source"窗口下找到"Design Sources"文件夹，选择"mysystem.bd"系统设计文件，单击鼠标右键执行"Create HDL Wrapper..."，生成相应的 VHDL 代码。如图 10.8 所示。在弹出的选择框中，选择"Let Vivado manager wrapper and auto–update"选项将系统设计自动转换成 VHDL 源文件。

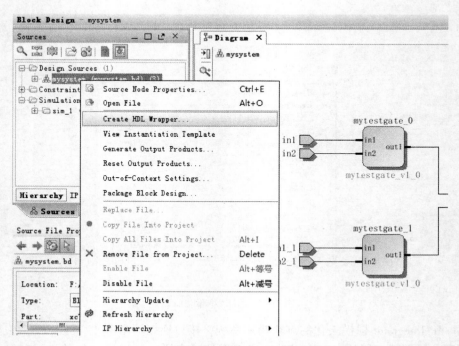

图 10.8　创建 HDL 包装

到此为止就完成了一个基于 IP 的系统搭建。该设计实现的功能是逻辑门，有 4 个输入端口，一个输出端口。

10.4 系统行为级仿真

在本节中，将为建立好的设计工程添加行为仿真测试文件，对该系统进行行为级仿真。添加仿真测试文件并执行行为级仿真的步骤如下：

第一步：在 Vivado 集成开发环境的当前界面的"Sources"窗口下，选中"Simulation Sources"文件夹，单击鼠标右键，在出现的浮动栏中选择"Add Sources..."选项添加一个名为"test"的仿真测试源文件。

第二步：将如下代码填写到新创建的"test"仿真测试源文件中并保存。

```vhdl
library IEEE;
use IEEE. STD_LOGIC_1164. ALL;

entity test is
--    Port ( );
end test;

architecture Behavioral of test is
component mysystem is
port (
in1  : in STD_LOGIC;
in2  : in STD_LOGIC;
in1_1 : in STD_LOGIC;
in2_1 : in STD_LOGIC;
out1  : out STD_LOGIC
  );
end component mysystem;
signal in1 :std_logic: = '0';
signal in2 :std_logic: = '0';
signal in1_1 :std_logic: = '0';
signal in2_1 :std_logic: = '0';
signal out1 :std_logic;

begin
mysystem_i: component mysystem
port map (
        in1  => in1,
        in1_1 => in1_1,
        in2  => in2,
        in2_1 => in2_1,
        out1 => out1
      );
process
begin
    in1 <= '0';
```

```
        in2 <= '1';
        in1_1 <= '0';
        in2_1 <= '1';
    wait for 200ns;
        in1 <= '1';
        in2 <= '1';
        in1_1 <= '0';
        in2_1 <= '0';
    wait for 200ns;
        in1 <= '1';
        in2 <= '0';
        in1_1 <= '1';
        in2_1 <= '0';
    wait for 200ns;
    end process;
    end Behavioral;
```

第三步：在 Vivado 集成开发环境的当前设计工程主界面左侧的"Flow Navigator"窗口下，找到"Simulation"选项卡，选择"Run Simulation"选项，单击右键，在出现的浮动菜单栏中选择"Run Behavioral Simulation"选项，执行行为级仿真。验证逻辑门的功能。

需要注意的是，如果有多个仿真文件的情形下，可以通过"Flow Navigator"窗口下，"Simulation"选项卡中的"Simulation Settings"选项设置当前要使用的仿真文件，如图 10.9 所示。

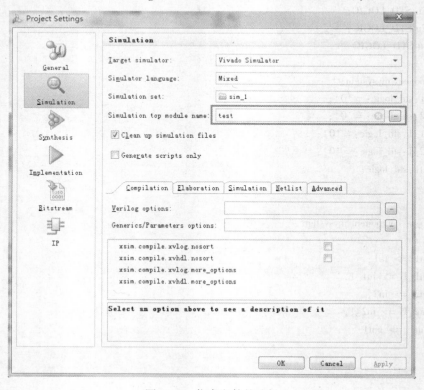

图 10.9　仿真文件的选择

仿真操作完成后，可以在仿真波形界面观察和分析仿真结果，如图 10.10 所示。图中左侧的粗线框里显示的是仿真测试信号。设计者可以通过粗线选框右侧的竖列菜单栏对仿真波形进行分析，比如放大、缩小或者以最佳比例显示仿真波形等；可以通过图中指示标签查看各个时刻的各个信号高低电平信息，如果需要更多的指示标签可以单击菜单栏中的添加指示标签选项；还可以右键单击信号的名字对信号信息做一些调整。比如可以通过"Signal Color"选项改变信号的波形颜色，让波形图更加清晰明了，也可以通过"Radix"选项改变信号值的表示方式，例如以十进制表示、十六进制表示或者二进制表示等，让分析变的更加容易。

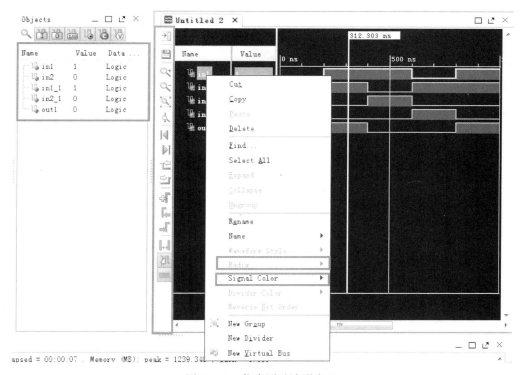

图 10.10　仿真测试波形窗口

10.5　RTL 详细描述和分析

通过 Vivado 集成开发环境的"Flow Navigator"中的"RTL Analysis"选项卡打开详细描述设计网表文件，如图 10.11 所示。

在该界面下，设计者不仅可以查看当前设计的 RTL 原理图，还可以通过在详细描述设计网表文件的各个元素上单击鼠标右键进行信息的查看和分析。例如，单击"Cell Properties"选项可以查看相关元素的信息；单击"Highlight"选项可以更改当前选中元素的颜色，便于分析；单击"Go To Source"选项可以直接跳转到该元素所在的源文件位置，查看相关代码。双击顶层模块可以查看顶层模块下的底层模块，如图 10.12 所示。"mysystem_i"模块由 3 个"mytestgate"模块构成，左边两个"mytestgate"模块是或门功能，右边的"mytestgate"模块是异或门功能。

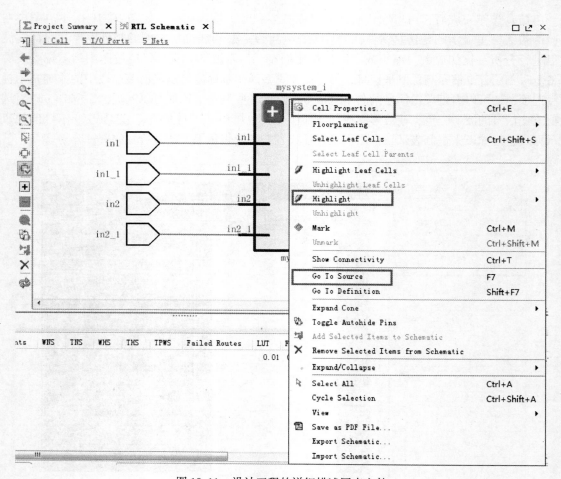

图 10.11　设计工程的详细描述网表文件

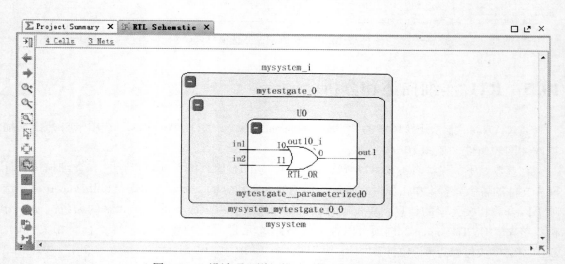

图 10.12　设计项目详细描述网表文件的底层设计

10.6 系统设计综合与分析

本节将对系统设计进行综合，并对综合后的结果进行分析。

首先，在"Flow Navigator"窗口界面下，找到"Synthesis"选项卡，单击"Synthesis Settings"选项打开综合属性设置窗口，如图10.13所示。

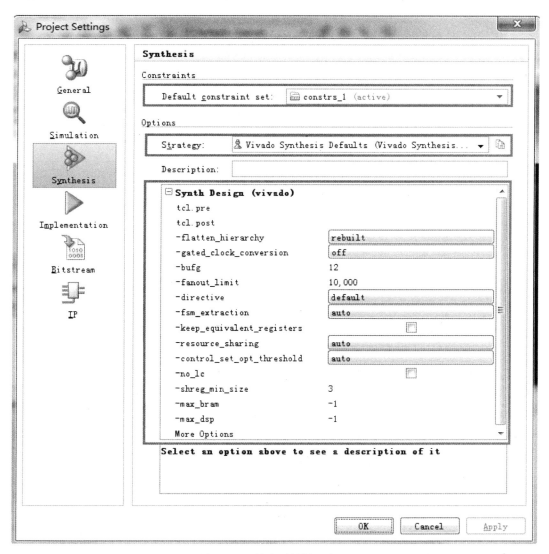

图10.13 综合属性设置窗口

1. "Default constraint set"（默认约束设置）

在该选项中，设计者可以单击下拉菜单选择用于综合的多个不同的设计约束集合。一个约束集合是多个文件的集合，它包含XDC文件中用于该设计的设计约束条件。有两种类型的约束文件：

（1）物理约束：定义了引脚的位置和内部单元的绝对或者相对位置。内部单元包括块RAM、LUT、触发器和器件配置设置等。

（2）时序约束：定义了设计要求的频率。如果没有时序约束，Vivado 集成设计环境仅对布线长度和布局阻塞进行优化。

2. "Strategy"（策略）

在该选项中，设计者可以选择用于运行综合的预定义综合策略，当然，设计者也可以自己定义综合策略。表 10.1 给出了运行策略的选项，默认设置和其他选项。

表 10.1 运行策略选项

运行策略选项	默认设置	其他选项
− flatten_hierarchy	rebuilt	full/none
− gated_clock_conversion	off	on
− bufg	12	用户设置
− fanout_limit	10000	用户设置
− directive	default	RuntimeOptimized/AreaOptimizedHigh
− fsm_extraction	auto	off/one_hot/sequential/Johnson/gray
− keep_equivalent_registers	不选中	选中
− resource_sharing	auto	on/off
− control_set_opt_threshold	auto	1 − 16
− no_lc	不选中	选中
− shreg_min_size	3	用户设置
− max_bram	− 1	用户设置
− max_dsp	− 1	用户设置

下面简单介绍下这些选项的含义：

（1）tcl. pre 和 tcl. post：这两个选项用于 Tcl 文件的绑定，分别在综合前和综合后立刻执行。

（2）− flatten_hierarchy：该选项有以下三种选择：

① none：设置综合器，使综合器不要将层次化设计平面化（展开）。综合后的输出和最初的 RTL 具有相同的层次。

② full：设置综合器，使综合器将层次化设计完全展开，只留下顶层结构。

③ rebuilt：设置综合器，使综合器基于最初的 RTL 重新建立层次。

（3）− gated_clock_conversion：该选项用于打开或者关闭综合工具对带有使能时钟逻辑转换的能力。

（4）− bufg：该选项控制综合工具推断设计中需要使用的 BUFG 个数。在网表内，当设计中使用的 BUFG 对综合过程是不可见的时候，使用这个选项。例如，当该选项设置的值为 10 时，在 RTL 内已经例化了 3 个 BUFG，那么，该工具能推断出还有 7 个 BUFG。

（5）− fanout_limit：该选项指定在开始复制逻辑前，信号必须驱动的负载个数。这个的目标限制值通常是引导性质的。当工具确定必须复制逻辑时，就可以忽略该项的设置。

（6）- directive：这个选项可以选择不同的优化策略对设计进行综合，当它的值为"Default"和"RuntimeOptimized"时，Vivado 设计套件将进行更快的综合，进行较少的优化。

（7）- fsm_extraction：该选项控制如何提取和映射有限自动状态机。当选项为"off"时，将状态机综合为逻辑。当选择其他值时可以设置状态机的编码类型，比如"one - hot"、"sequential"、"Johnson"、"jzaij"或者"auto"。

（8）- keep_equivalent_registers：该选项用于阻止将带有相同逻辑输入的寄存器进行合并。

（9）- resource_sharing：该选项用于在不同的信号间共享算术操作符。可选的值有"on"、"off"和"auto"。

（10）- control_set_opt_threshold：该选项设置时钟使能优化的门限，用于降低控制设置的个数，默认值为 1。

（11）- no_lc：当选中该项时，关闭 LUT 的组合，即不允许将两个 LUT 组合到一起构成一个双输出 LUT。

（12）- shreg_min_size：该选项用于推断 SRL 的门限，推断将寄存器连接起来映射到 SRL 的个数。

（13）- max_bram：默认值为 - 1，表示让工具尽可能的选择 BRAM，它由器件内 BRAM 的个数所限制。

（14）- max_dsp：默认值为 - 1，表示让工具尽可能的选择 DSP，它由器件内 DSP 的个数所限制。

在 Vivado 集成开发环境当前工程主界面左侧的"Flow Navigator"窗口中找到"Synthesis"选项卡，单击"Run Synthesis"进行综合。综合完成后，展开"Open Synthesized Design"选项，如图 10.14 所示。单击"Schematic"选项可以查看综合后的网表文件，如图 10.15a 所示。双击"mysystem_i"模块后显示该模块底层内容，如图 10.15b 所示。双击"mytestgate_0"模块后显示该模块底层内容，如图 10.15c 所示。

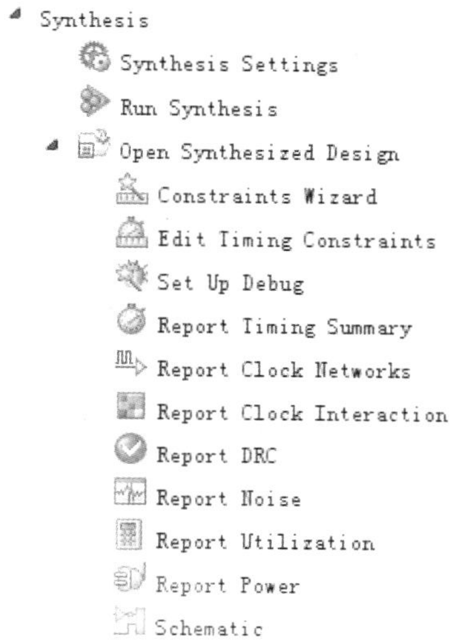

图 10.14　综合选项卡

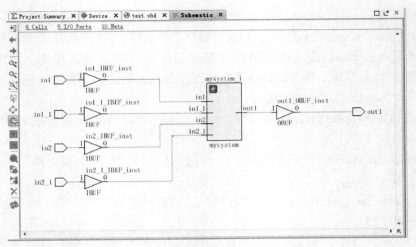

a) 设计的综合后网表文件

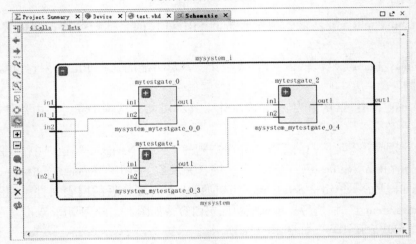

b) mysystem_i模块内部的结构

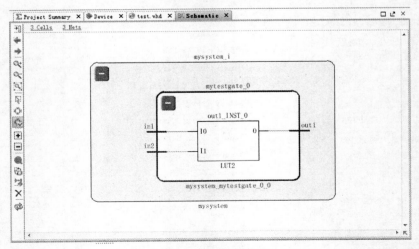

c) mytestgate_0模块内部的结构

图 10.15　设计的综合后网表文件和模块内部结构图

综合的结果是否满足设计需求，可以通过综合报告来分析。Vivado 集成开发环境的综合报告包含以下信息：综合的 HDL 文件，综合进度，读入的时序约束，从 RTL 级设计到 RTL 级原语的映射。也包含时序优化的目标，工艺映射，移去的端口和引脚，最终单元的使用等。设计者可以通过图 10.14 中的各个选项打开相应的报告查看分析。

10.7 创建实现约束

本节将介绍 XDC 约束文件的相关知识。XDC 是 Xilinx Vivado 集成开发环境使用的 Xilinx 设计约束（Xilinx Design Constraints，XDC）格式，而不再支持原来的用户约束文件（User Constraints File，UCF）格式。

XDC 和 UCF 之间有很大的区别。XDC 约束是基于标准的 Synopsys 的设计约束（SDC，SynopsDesign Constraints）格式。SDC 已经使用和发展了 20 多年，使得它成为一种用于描述设计约束的流行和被验证过的格式。

XDC 约束由业界标准的 Synopsys 设计约束（SDC V1.9）和 Xilinx 专有的物理约束构成。XDC 文件的特性：

（1）它不再是简单的字符串，而是遵循 Tcl 语法的命令。

（2）通过 VivadoTcl 翻译器将 XDC 文件解析后，可以让设计者像理解 Tcl 命令一样理解它。

（3）它类似于其他 Tcl 命令，可以读取，然后按顺序从语法上分析。

Vivado 集成开发环境允许设计者使用一个或者多个约束文件。虽然使用一个约束文件对于一个完整的编译流程来说看起来很方便，但是在一些情况下，这会使得问题变的更加复杂。比如，一个设计使用了不同的 IP 核或者由不同开发团队开发的模块构成。

不管设计者在设计中使用一个还是多个 XDC 文件，Xilinx 推荐设计者使用下面的顺序来组织约束。

```
##Timing Assertions Section
#Primary clocks
#Virtual clocks
#Generated clocks
#Input and output delay constraints

##Timing Exceptions Section( sorted by precedence)
#False Paths
#Max Delay/Min Delay
#Multicycle Paths
#Case Analysis
#Disabel Timing

##Physical Constraints Section
#located anywhere in the file, preferably before or after the timing constraints
#or sorted in a separate XDC file
```

表 10.2 为 XDC 文件中常用的命令。

表 10.2 XDC 文件中常用的命令

时 序 约 束	物 理 约 束	网表对象查询
create_clock	add_cells_to_pblock	all_cpus
create_generated_clock	create_pblock	all_dsps
set_clock_latency	delete_pblock	all_fanin
set_disable_timing	remove_cell_from_pblock	all_fanout
set_input_delay	resize_pblock	all_inputs
set_output_delay	网表约束	all_outputs
set_max_delay		all_rams
set_min_delay	set_load	all_registers
set_input_jitter	set_logic_dc	all_ffs
set_system_jitter	set_logic_one	all_latches
set_external_delay	set_logic_zero	all_cells
	set_logic_unconnected	all_nets
器件对象查询	通用	all_pins
		all_ports
get_iobanks	set	时序对象查询
get_package_pins	list	all_clocks
get_nodes	filter	get_clocks
get_pips	get_property	布局规划对象查询
get_site_pins	set_property	
get_wires	set_units	get_pblocks
get_bels	startgroup	get_macros
get_tiles	endgroup	

接下来为该系统设计添加约束文件。

这里将四个输入端口分别绑定到 Basys3 开发板最左侧的 4 个拨码开关，将输出端口绑定到最右侧的 LED 灯。Basys3 开发板的引脚标号可以直接通过观察开发板得知，如果开发板上的数字看不清，可以下载相关文档查看引脚标号。这里将 in1 端口绑定到 Basys3 开发板的标号为"R2"的拨码开关上，将 in1_1 端口绑定到 Basys3 开发板的标号为"T1"的拨码开关上，将 in2 端口绑定到 Basys3 开发板的标号为"U1"的拨码开关上，将 in2_1 端口的绑定到 Basys3 开发板的标号为"W2"的拨码开关上，将 out1 端口绑定到 Basys3 开发板的标号为"U16"的 LED 灯上。

可以通过"I/O Planning"界面来为设计添加引脚约束，如图 10.16 所示。也可以直接将下面的代码写到约束文件中。

```
set_property DIRECTION IN [ get_ports in1 ]
set_property IOSTANDARD LVCMOS18 [ get_ports in1 ]
set_property DIRECTION IN [ get_ports in1_1 ]
set_property IOSTANDARD LVCMOS18 [ get_ports in1_1 ]
set_property DIRECTION IN [ get_ports in2 ]
set_property IOSTANDARD LVCMOS18 [ get_ports in2 ]
set_property DIRECTION IN [ get_ports in2_1 ]
set_property IOSTANDARD LVCMOS18 [ get_ports in2_1 ]
set_property DIRECTION OUT [ get_ports out1 ]
```

set_property IOSTANDARD LVCMOS18 [get_ports out1]

set_property DRIVE 12 [get_ports out1]

set_property SLEW SLOW [get_ports out1]

set_property PACKAGE_PIN R2 [get_ports in1]

set_property PACKAGE_PIN T1 [get_ports in1_1]

set_property PACKAGE_PIN U1 [get_ports in2]

set_property PACKAGE_PIN W2 [get_ports in2_1]

set_property PACKAGE_PIN U16 [get_ports out1]

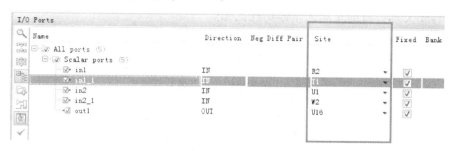

图 10.16　引脚约束位置

10.8　设计实现和分析

在 Vivado 集成设计环境主界面的"Flow Navigator"窗口中，选择"Implementation"选项卡，单击"Implementation Settings"打开实现设置窗口，如图 10.17 所示。

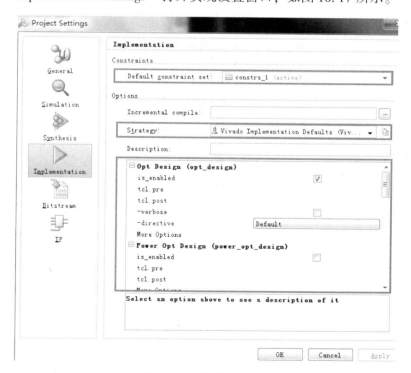

图 10.17　实现设置窗口

1. 策略选项含义

Vivado 集成设计环境已经包含了一些预定义的策略集。设计者可以直接选择这些预定义的策略集进行实现操作。当然设计者也可以自己创建策略集进行实现操作。

根据策略的目的，可以分为不同的类别，类别的名字作为策略的前缀。表 10.3 给出了各个类别的策略及其功能描述。

（1）Performance 类别：目的是提高设计性能。

（2）Area 类别：目的是减少 LUT 个数。

（3）Power 类别：目的是添加整体功耗优化。

（4）Flow 类别：目的是修改流程步骤。

（5）Congestion 类别：减少阻塞和相关的问题。

表 10.3　实现策略的种类及其功能描述

实现策略的名称	功　能　描　述
Vivado Implementation Defaults	平衡运行时间，努力实现时序收敛
Performance_Explore	用多个算法进行优化、布局和布线
Performance_ExplorePostRoutePhysOpt	在布局布线之后可以进行物理优化
Performance_RefinePlacement	在布局后优化阶段中，禁止在布线器内产生时序发散
Performance_WLBlockPlacement	忽略用于布局的 BRAM 和 DSP 的时序约束
Performance_WLBlockPlacementFanoutOpt	忽略用于布局的 BRAM 和 DSP 的时序约束，并且执行对高扇出驱动器的复制
Performance_LateBlockPlacement	使用大概的 BRAM 和 DSP 布局，知道布局的后期阶段，可能产生更好的整体布局
Performance_NetDelay_high	补偿乐观的延迟估计。为长距离和高扇出连接，添加额外的延迟代价（最悲观的情况）
Performance_NetDelay_medium	补偿乐观的延迟估计。为长距离和高扇出连接，添加额外的延迟代价（适中情况）
Performance_NetDelay_low	补偿乐观的延迟估计。为长距离和高扇出连接，添加额外的延迟代价（最乐观的情况）
Performance_ExploreSLLs	探索 SLR 的重新分配，以改善整体的时序余量
Performance_Retiming	以额外的优化和高额的延迟为代价进行重定时
Area_Explore	使用多个算法进行优化，使 LUT 使用最少
Power_DefaultOpt	添加功耗优化，减少功耗
Flow_RunPhysOpt	和默认模式类似，但是会进行物理优化
Flow_RunPostRoutePhysOpt	和默认模式类似，但是会在布线前后进行物理优化
Flow_RuntimeOptimized	每个实现步骤用设计性能换取更好的设计时间，进制物理优化
Flow_Quick	只运行布局和布线，禁止所有的优化和时间驱动行为
Congestion_SpreadLogic_high	将逻辑分散到整个器件，以避免创建阻塞区域。High 表示最高程度的分散

（续）

实现策略的名称	功 能 描 述
Congestion_SpreadLogic_medium	将逻辑分散到整个器件，以避免创建阻塞区域。Medium 表示中等程度的分散
Congestion_SpreadLogic_low	将逻辑分散到整个器件，以避免创建阻塞区域。Low 表示最低程度的分散
Congestion_SpreadLogicSLLs	分配 SLL，避免在 SLR 内创建阻塞区域
Congestion_BalanceSLLs	分配 SLL，减少 SLR 内的阻塞
Congestion_BalanceSLRs	分区，避免在一个 SLR 内创建阻塞区域
Congestion_CompressSLRs	用较高 SLR 利用率分区，以降低整体 SLL 数量

2. 实现过程选项

（1）"Opt Design"选项　该选项用于控制逻辑优化过程，如图 10.18 所示。该选项可以为布局提供最优的网表，包括来自综合后的 RTL、IP 模块的网表进行进一步的逻辑优化：

① 对输入的网表执行逻辑裁剪操作。

② 除去不必要的静态逻辑。

③ LUT 等式的重映射。

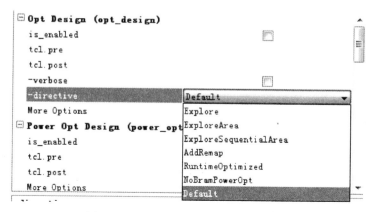

图 10.18　"Opt Design"选项设置界面

（2）"power_opt_design"选项　该选项用于控制功耗优化的过程，如图 10.19 所示。该过程包含细粒度时钟门控解决办法，它能降低大约 30% 的功耗。在整个设计中，自动执行智能时钟门控优化，而对已经存在的逻辑或者时钟不产生改变。在整个设计中自动的降低功耗。

图 10.19　"power_opt_design"选项设置界面

（3）"Place Design"选项　该选项用于控制布局过程，如图 10.20 所示。在布线的过程中，可以使用一个输入的 XDEF 作为起点。该过程是一个完整的布局阶段，执行：

① 预布局 DRC：检查不能布线的连接，有效的约束以及检查是否过度使用资源。并且执行 I/O 和时钟布局操作。

② 宏和原语布局：采用时序驱动和线长驱动策略，拥有拥塞感知机制。

③ 纤细的布局：改进小"形态"的位置，比如触发器或者 LUT 等，并进行封装到切片操作。

④ 提交后进行优化操作。

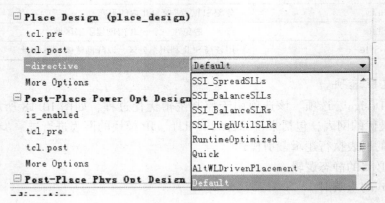

图 10.20 "Place Design" 选项设置界面

（4）"Post – Place Phys Opt Design" 选项　该选项用于控制物理综合过程，如图 10.21 所示。该过程在 "Place Design" 和 "Route Design" 过程之间。该过程是基于时序驱动的，在该过程中，复制和放置带有负松弛时间的高扇出驱动器。

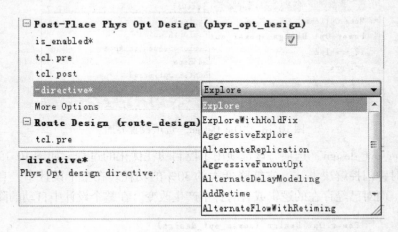

图 10.21 "Post – Place Phys Opt Design" 选项设置界面

（5）"Route Design" 选项　该选项用于控制布线过程，如图 10.22 所示。该过程是一个完整的布线阶段，执行：

① 特殊网络和时钟的布线。

② 时序驱动的布线：有限考虑关键的建立/保持路径，交换 LUT 输入引脚改善关键路径，修复合理的保持时间冲突。默认地，在执行该过程时，布线器起始于布局后的设计，并且尝试布线所有的网络。

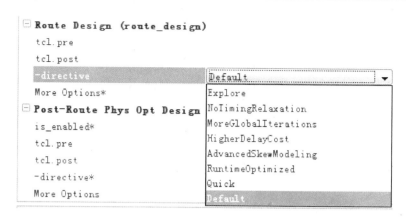

图 10.22　"Route Design" 选项设置界面

3. 设计实现流程

主要包括：网表优化（opt_design）、功率优化（power_opt_design）、布局设计（place_design）、物理优化（phys_opt_design）以及布线设计（route_design）。

（1）网表优化（opt_design）　网表优化为布局提供优化的网表，对综合后的 RTL、IP Block 整合后的网表进行深度的逻辑优化。

① 对进入的网表文件执行逻辑整理（Retarget）。为了下游逻辑的优化更加容易，将一个单元类型用另一个替代，例如某些结构可以用 LUT 替代，以便后续与其他的 LUT 进行组合等。

② 利用 "常数传播" 技术（Propconst）。常数传播技术就是通过淘汰、简化和冗余等方法处理有逻辑传播的常数。可以移除不必要的静态逻辑。

淘汰逻辑（Obsolete Logic）：当逻辑与是和一个值为 0 的常数相与时，可以淘汰逻辑与。

简化逻辑（Reduced Logic）：当三输入的逻辑或中有一个值为 1 的常数输入时，可以简化为二输入逻辑或。

冗余逻辑（Redundant Logic）：当二输入的逻辑或中有一个值为 1 的常数输入时，可以简化为一根网线。

③ 重新映射 LUT 方程（Remap）。组合多个 LUT 的逻辑方程合并到一个 LUT 中，这样可以减少逻辑的深度，达到节约资源和功耗的目的。

④ 清理无负载的逻辑单元（Sweep）。网表优化在基于项目的设计流程中会自动执行；在非项目的批作业流程中是可以选择的，但是推荐使用。

（2）功率优化（power_opt_design）　功率优化包含对高精度门控时钟的调整，可降低30%的动态消耗，这种优化不会改变现有的逻辑和时钟。自动降低功率，包括对 FFGA 的 ASIC 工艺验证；自动关闭设计中不使用的部分。

（3）布局设计（place_design）　逻辑优化后的下一步是布局。一个完整的布局主要包括以下几个阶段，首先进行布局前的 DRC 检查，检查设计中不可布线的连接、有效的物理约束、有无超出器件容量等；接着开始布局，进行 I/O、时钟、宏单元和原语组件布局，时序驱动和线长驱动以及拥塞判别；再进行细节布局，改善小的 "形态"、触发器和 LUT 的位置，提交到位置点，即封装进 Slice；最后进行提交后的优化。

（4）物理优化（phys_opt_design）　物理优化在 "place_design" 和 "route_design" 之间

使用，在基于项目和非项目的批作业流程中都是可用的，并可以在设置界面中选择关闭。

物理优化是布局后时序驱动的优化，对高扇出带负裕量网线的驱动进行复制和布局，如果改善时序只执行复制，裕量必须在临界范围内，接近最坏负裕量的 10%。

（5）布线设计（route_design） 布线设计用于产生布线器报告，校验单个网线的布线状态，完整的布线列出布线资源或失败的布线。

布线器在全面布线阶段，先布线专门的网线和时钟，再进行时序驱动的布线，有建立/保持路径的关键性安排特权，交换 LUT 输入来改善关键路径，修复大量保持时间违反规则的布线。

布线有两种模式：

① 默认的正常布线模式：布线器对已布局的设计进行全部网线的布线操作。

② 只对非项目批作业流程的 Re‑Entrant 布线模式：布线器可以布线/不布线以及锁定/不锁定专门的网线。

单击 Vivado 集成开发环境中设计主界面的"Flow Navigator"窗口中"Implementation"选项卡里的"Run Implementation"选项进行实现操作。实现完成后会弹出器件的结构图窗口，如图 10.23 所示。

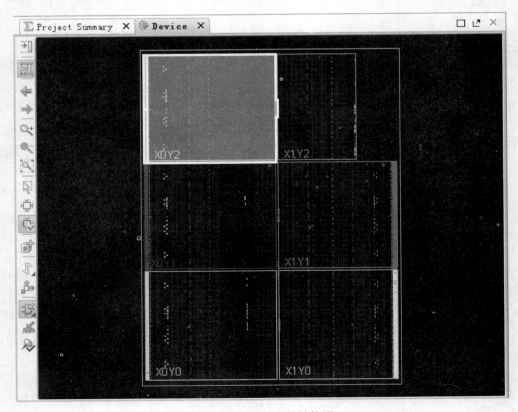

图 10.23 器件内部结构图

单击上图中左侧竖行工具栏内的放大镜按钮，可以放大器件结构图查看器件内部结构，如图 10.24 所示。有方块的且方块在窗口中显示为橙色的引脚为使用中的引脚，打叉的以及非橙色方块的引脚表示为未使用的引脚。

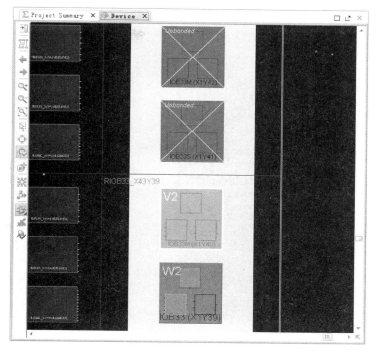

图 10.24　器件中使用引脚和未使用引脚示意图

单击上图中左侧工具栏中的 ▦（显示布线资源）按钮和放大器按钮，调整视图位置，查看器件的布线，如图 10.25 所示。在下图中显示了该设计的布线，在图中绿色的线（粗线）表示设计中使用的互连线资源。

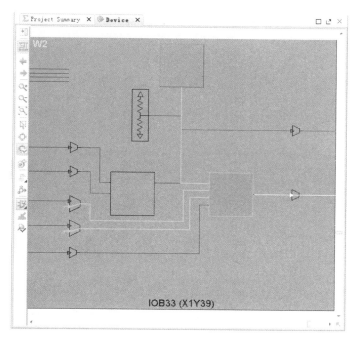

图 10.25　器件内部的布线情况

当然，设计者也可以通过器件原理图左侧的"Netlist"窗口快速的查找各个元素，如图10.26所示。

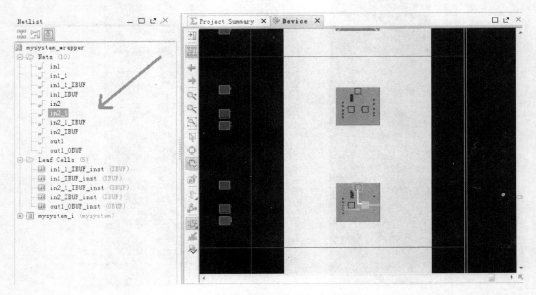

图 10.26　通过 Netlist 窗口查找元素位置

4. 查看实现后的报告

在实现界面的最下方，单击"Report"标签页，可以查看当前实现后生成的一些报告，如图10.27所示。同时，设计者也可以单击"Flow Navigator"窗口中"Implementation"选项卡中"Open Implementation Design"选项下的各项报告进行查看和分析。

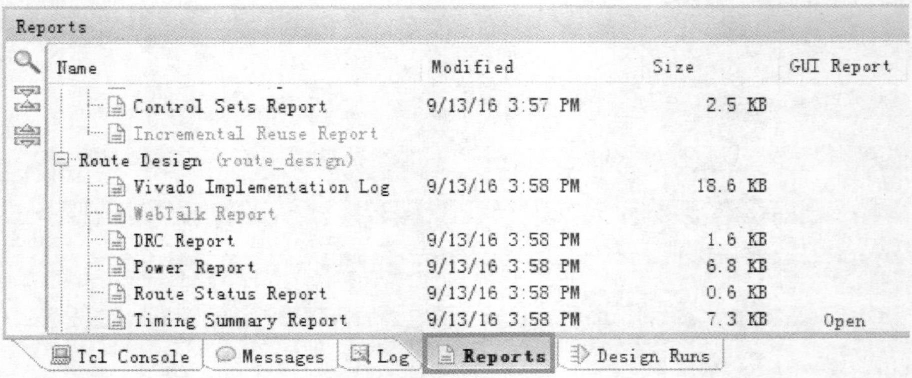

图 10.27　实现后的报告查看

（1）"Post Optimization DRC Report"（优化后 DRC 报告）：列出已完成的 I/O DRC 检查。

（2）"Post Power Optimization DRC Report"（功耗优化后的 DRC 报告）：列出已经完成的功耗 DRC 检查。

（3）"Place and Route Log"（布局布线日志）：描述实现过程，以及遇到的任何问题。

（4）"IO Report"（IO 报告）：列出用于设计的最终引脚分配。该报告提供了一个表格，列出了每个信号、信号的属性以及它在 FPGA 芯片的最终位置。

（5）"Clock Utilization Report"（时钟利用率报告）：描述使用的时钟资源，以及基于区域到区域的时钟利用率资源。

（6）"Utilization Report"（利用率报告）：以文本格式显示使用的 FPGA 资源。

（7）"Control Sets Report"（控制集报告）：描述如何对控制信号进行分组。该报告描述了设计中控制集的个数（该值越小越好）。

10.9　静态时序分析

通过"Flow Navigator"窗口中的"Implementation"选项卡下的"Report Timing Summary"选项查看静态时序分析报告，如图 10.28 所示。

图 10.28　时序分析报告

1. Setup（建立）

（1）Worst Negative Slack（WNS）（最坏负松弛）　所有时序路径上的最坏松弛，用于分析最大延迟。WNS 可以是正数也可以是负数。当 WNS 值为正数时，表示没有冲突。

（2）Total Negatigve Slack（TNS）（总的负松弛）　当只考虑每个时序路径端点最坏的冲突时，所有 WNS 的总和。当满足所有的时序约束时为 0ns。如果存在冲突，该值为负数。

（3）Number of Failing Endpoints（失败端点的个数）：有冲突（WNS < 0ns）端点总的个数。

2. Hold（保持）

Worst Hold Slack（WHS）（最坏保持松弛）：对应于所有时序路径上的最坏松弛，用于分析最小延迟。WHS 可以是正数或者是负数，当该值为正数时，表示没有冲突。

3. Pulse Width（脉冲宽度）

Worst Pulse Width Slack（WPWS）（最坏脉冲宽度松弛）：当使用最小和最大延迟时，对应于以上所列出的所有时序检查的最坏的松弛。

Slack 的本意是松弛，在静态时序分析中，该值的取值对于判定时序关系非常重要：

（1）当建立时间/保持时间的 Slack 值为正数时，表示当前时序关系满足建立/保持时间的要求，并且还有充裕的时间裕度。

（2）当建立时间/保持时间的 Slack 值为负数时，表示当前的时序关系不满足建立/保持时间的要求，并且给出的时间裕度明显不够。

建立松弛时间 = 数据所要求的建立时间 - 数据到达的时间。

保持松弛时间 = 撤除数据的时间 - 数据所要求的保持时间。

静态时序路径如图 10.29 所示的红色路线。开始于一个时钟控制元素，经过任意个组合元素组成的集合，结束于另一个时钟控制元素。

建立时间：时钟的有效沿来到之前数据必须提前稳定的时间。

保持时间：时钟有效沿来到之后数据必须保持稳定的时间。

建立检查：检查在一个时钟控制元素的变化需要传播到另一个时钟控制元素所需要的时间，也就是下图中曲线路径所需要的时间，该时间必须比一个时钟周期小，如果该值比一个时钟周期还要大的话，那么，在时钟周期已经来临的时候，数据传输还没有完成，这样会引发错误。

保持检查：在相同的事件到达目的元件前，检查该元件的当前传输数据是否能够趋于稳定。

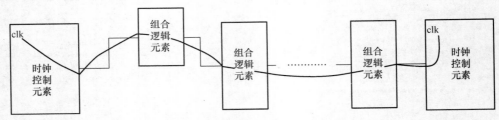

图 10.29　静态时序路径

10.10　设计时序仿真

本节将对系统设计进行时序仿真。步骤如下：

第一步：在"Source"窗口中的"Design Sources"文件夹下，选择 VHDL 源文件。

第二步：在"Flow Navigator"窗口中的"Simulation"选项卡下的"Run Simulation"选项中选择"Run Post - Implementation Timing Simulation"选项执行后时序仿真。

第三步：查看执行仿真后的波形窗口以及其他信息对系统进行分析。

10.11　生成编程文件并下载到目标芯片

在"Flow Navigator"窗口下，选择"Program and Debug"选项卡，单击"Bitstream Settings"选项，打开比特流设置窗口，如图 10.30 所示。

在默认情况下，Vivado 集成开发环境会生成一个二进制的比特流（.bit）文件。设计者也可以通过比特流设置窗口进行设置。

1. "- raw_bitfile"

该选项产生原始比特文件，该文件包含和二进制比特流相同的信息，但是它是 ASCII 格式的文件，文件的输出名字为"文件名.rbt"。

图 10.30　比特流设置选项

2.　"－mask_file"

该选项用于产生一个掩码文件，该文件中有掩码数据，其配置数据在比特流文件中。该文件定义了比特流文件中哪一个位应该和回读数据进行比较，用于验证目的。如果掩码为 0，则需要验证比特流中的该位，如果掩码为 1，就不需要验证。输出文件的名字为"文件名.mask"。

3.　"－no_binary_bitfile"

选择该选项后不产生二进制比特流文件。当想生成 ASCII 比特流或者掩码文件时，使用该选项。

4.　"－bin_file"

创建一个二进制文件（.bin），只包含所使用器件的编程数据，而没有标准比特流文件中的头部信息。

5.　"－logic_location_file"

创建一个 ASCII 逻辑定位文件（.ll），该文件给出了锁存器、LUT、BRAM 以及 I/O 块输入和输出的比特流位置，帧参考比特和位置文件中的比特数，帮助设计者观察 FPGA 寄存器的内容。

接下来将介绍编程文件的生成以及使用编程文件对 FPGA 芯片进行配置。

首先生成编程文件。经过前面的一系列操作后，已经成功地完成了系统设计的建立以及验证，下面通过"Flow Navigator"窗口下的"Program and Debug"选项卡中的"Generte Bitstream"选项生成本系统设计的编程文件。生成完毕后会弹出一个新的窗口。该窗口有三个选项，这里直接选择"Open Hardware Manager"选项，打开硬件管理器。

编程文件生成完毕后，可以通过计算机与 Basys3 开发板之间的 JTAG 通道，将编程文件下载到目标开发板中，具体操作如下：

第一步：将 Basys3 开发板和计算机连接好，等待驱动安装完成。

第二步：单击"Flow Navigator"窗口下的"Program and Debug"选项卡下的"Open Hardware Manager"选项中的"Open Target"选项打开器件选择向导。

第三步：单击【Next】按钮进入下一步选择器件界面，这里选择本地器件，也就是 Basys3 开发板。之后不断选择【Next】按钮，完成向导选择器件向导。

第四步：右击"Hardware"窗口中刚刚添加的 Basys3 开发板的芯片，选择"Program Device"选项将之前生成的比特流文件导入到芯片中。之后会弹出一个选择比特流文件的窗口，这里选择"Program"选项直接将此前生成的比特流文件导入到芯片中。

完成上述所有操作后，就完成了基于 IP 的硬件系统设计的基本设计实现流程。

● 本章小结

本章介绍了在 Vivado 集成开发环境下基于 IP 的简单系统的设计实现流程。

基于 IP 的系统设计实现主要步骤包括：创建一个新的设计工程、创建基于 IP 的系统、行为级仿真、设计综合、建立约束、设计实现与分析、静态时序分析、设计时序仿真以及生成编程文件并下载到芯片。

● 习　题

请使用上一章课后习题 9.1 中封装的两个 IP，半加器 IP 和或门 IP 利用系统设计的思想实现全加器系统。其中的加数、被加数和进位输入由 Basys3 开发板左下的 3 个拨码开关输入，和以及进位输出由右下的两个 LED 显示。

第 11 章

键控流水灯实验设计

11.1 设计要求

利用 Vivado 设计套件和 Basys3 开发板完成键控流水灯的设计与实现。具体要求如下：使用 Basys3 开发板上的 16 个 LED 灯实现流水灯功能，开发板上的 16 个 LED 灯按照顺序依次被点亮，每两个 LED 灯点亮之间的时间间隔为 0.5s，下一个 LED 灯被点亮后，前一个 LED 灯就会被熄灭。每当按下一次控制按键后，流水灯执行的方向就会翻转一次。

11.2 功能描述

键控流水灯就是一组在控制系统的控制下按照设定的执行顺序和时间被点亮或熄灭的 LED 灯。在本实验中，流水灯效果由 Basys3 开发板上的 16 个 LED 灯显示，控制功能由开发板上的按键实现，复位功能由开发板上的拨码开关控制，时钟源选择 Basys3 开发板默认的 100MHz 的系统时钟。流水灯显示过程中，16 个 LED 灯每隔 0.5s 的时间依次按照从左至右或者从右至左的顺序被点亮，当下一个 LED 灯被点亮后，前一个 LED 灯就会被熄灭，当 16 个 LED 灯全部被点亮一次后，再从最初的 LED 灯开始重新点亮。控制系统的控制过程中，每按下一次按键，流水灯执行的方向就会翻转一次。例如，程序刚开始执行时，流水灯向右执行，16 个 LED 灯从左至右依次被点亮，这时，按下控制按键后，流水灯执行的方向就会变更为向左执行，16 个 LED 灯从右至左依次被点亮，当再次按下控制按键后，流水灯执行的方向就会再次变更，变更为向右执行，16 个 LED 灯从左至右依次被点亮。

11.3 键控流水灯的层次化设计方案

为了完成上述功能，本实验将键控流水灯设计分成三个模块，分别是分频模块、流水灯显示模块以及按键控制模块，如图 11.1 所示。

分频模块的功能是对 Basys3 开发板的 100MHz 默认系统时钟进行分频操作，产生用于流水灯显示执行的 2Hz 时钟，保证相邻两个 LED 灯的点亮时间间隔为 0.5s；流水灯显示模块的功能是将具有一定规则的流水灯功能显示在 Basys3 开发板上，该模块有两种执行模式，根据输入控制信号的不同，该模块会选择不同的执行模式进行流水灯的显示操作，比如，向左执行，流水灯从右至左按照顺序依次被点亮；向右执行，流水灯从左至右按照顺序依次被点亮。该模块的输入时钟信号为分频模块分频后的 2Hz 时钟信号；按键控制模块的功能是通过控制按键按钮的相关操作控制流水灯显示模块的执行功能，由于流水灯显示模块有两种执行模式，需要两种不同的控制输入，因此该模块需要输出两种不同的控制输出，这里通过判断按下次数的奇偶特点来输出不同的控制输出。当奇数次按下控制按键时，输出其中一种控制输出，当偶数次按下控制按键时，输出另外一种控制输出，从而达到通过控制按键按钮控制流水灯显示模块执行模式的功能。

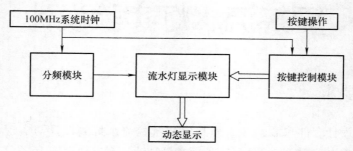

图 11.1　键控流水灯结构框图

11.3.1　分频模块

分频模块的功能是对 Basys3 开发板的 100MHz 默认系统时钟进行分频操作，产生用于流水灯显示执行的 2Hz 时钟，保证相邻两个 LED 灯的点亮时间间隔为 0.5s。分频的基本思想是将较高频率的信号转换成较低频率的信号，本实验中的分频模块需要将 100MHz 系统时钟转换成 2Hz 的时钟信号。这里采用传统的计数分频方法实现。100MHz 系统时钟在 1s 中会产生 10^8 个矩形方波，而 2Hz 的时钟信号在 1s 中会产生两个矩形方波。矩形方波是由高低电平的变化产生的，为了获取 2Hz 的时钟信号，1s 中需要翻转 4 次电平，而 100MHz 的系统时钟在 1s 中会翻转 2×10^8 次电平。因此，只要当 100MHz 默认系统时钟的电平每翻转 5×10^7 次时翻转一次输出信号的电平就可以获得 2Hz 的所需时钟。转换成时钟上升沿后，每当 100MHz 默认系统时钟上升沿来临 2.5×10^7 个时，翻转一次输出信号的电平就可以获得 2Hz 的所需输出信号。计数采用每来临一个时钟上升沿，相应的计数参数自加一的方式实现，分频模块的 VHDL 代码如下：

```
library IEEE;
use IEEE. STD_LOGIC_1164. ALL;
use IEEE. STD_LOGIC_ARITH. ALL;
use IEEE. STD_LOGIC_UNSIGNED. ALL;

entity baud is
port(
    clk ,reset: IN std_logic;              --100MHz 时钟信号,复位信号
    myclk:OUTstd_logic                     --2Hz 输出时钟信号
);
end baud;

architecture Behavioral of baud is
begin
```

```
process( clk , reset )
constant count0 : integer : = 25000000 ;              --计数参数
variablecountt : integer range 0 to 50000000 : = 0 ;
begin
if reset = ' 1 ' then                                 --复位操作
countt : = 0 ;
elsif ( clk ' event and clk = ' 1 ' ) then            --时钟上升沿来临
countt : = countt + 1 ;                               --计数参数自加一
if( countt = 50000000 ) then
countt : = 0 ;
end if ;
    if ( countt <= count0 ) then                      --每来临 2.5 * 10⁷ 个时钟上升沿时,
myclk <= ' 1 ' ;                                      --翻转一次输出信号
else
myclk <= ' 0 ' ;
end if ;
end if ;
end process ;
end Behavioral ;
```

11. 3. 2 流水灯显示模块

流水灯显示模块的功能是将具有一定规则的流水灯功能显示在 Basys3 开发板上。该模块的输入时钟为经过分频模块分频后的 2Hz 时钟信号, 控制输入信号 en11 和 en22 由按键控制模块的控制输出信号 en1 和 en2 提供, 输出显示信号直接作用于 Basys3 开发板的 16 个 LED 灯。当给 Basys3 开发板上的 LED 灯高电平时, 即逻辑 ' 1 ', 该 LED 灯会被点亮, 当给予低电平时, 即逻辑 ' 0 ', 该 LED 灯会被熄灭。

该模块有两种执行模式, 向左执行和向右执行, 根据输入控制信号的不同, 该模块会选择不同的执行模式进行流水灯的显示操作。为了实现该模块的选择模式功能, 需要对输入信号 en11 和 en22 进行判断, 从而选择当前流水灯的执行模式。当 en11 值为 ' 1 ' 且 en22 值为 ' 0 ' 时, 流水灯选择向左执行模式, 16 个 LED 灯从右至左按照顺序依次被点亮; 当 en11 值为 ' 0 ' 且 en22 值为 ' 1 ' 时, 流水灯选择向右执行模式, 16 个 LED 灯从左至右按照顺序依次被点亮; 当输入信号与上述两种输入种类不同时, 16 个 LED 灯全部熄灭, 不执行流水灯显示操作。

流水灯显示过程中, 16 个 LED 灯每隔 0.5s 的时间依次按照从左至右或者从右至左的顺序被点亮, 当下一个 LED 灯被点亮后, 前一个 LED 灯就会被熄灭, 当 16 个 LED 灯全部被点亮一次后, 再从最初的 LED 灯开始重新点亮。为了完成上述功能, 可以采用直接赋值的方式控制 16 个 LED 灯的亮灭状态。以 16 个时钟上升沿为一个周期, 时钟上升沿每来临一次, 就点亮其中一个 LED 灯, 为该位置的 LED 灯控制信号赋值为 ' 1 ', 其余位置的 LED 灯控制信号赋值为 ' 0 ', 当下一个时钟上升沿来临时, 为下一个位置的 LED 灯控制信号赋值为 ' 1 ', 其余位置的 LED 灯控制信号赋值为 ' 0 ', 点亮下一个 LED 灯, 以此类推。每一个时钟上升沿来临后都会按照顺序点亮不同的 LED 灯。流水灯显示过程可以通过设置一个范围为 0

到 16 的变量对上升沿进行计数，然后采用 case 语句对该变量的取值进行判断，从而对 16 个 LED 灯进行赋值操作实现。

流水灯显示模块的 VHDL 代码如下：

```vhdl
library IEEE;
use IEEE. STD_LOGIC_1164. ALL;
use IEEE. STD_LOGIC_ARITH. ALL;
use IEEE. STD_LOGIC_UNSIGNED. ALL;

entity lrgoled is
port(
    en11：instd_logic；                          --控制输入信号
    en22： instd_logic；                         --控制输入信号
    myclk： in std_logic；                       --2Hz 时钟输入
    myled：outstd_logic_vector( 15 downto 0)     --流水灯显示输出
)；
end lrgoled；

architecture Behavioral of lrgoled is
signal templed1 ：std_logic_vector( 15 downto 0)；    --向左执行模式的输出信号
signal templed2 ：std_logic_vector( 15 downto 0)；    --向右执行模式的输出信号
begin
process( myclk，en11，en22)
variable count1 ：integer range 0 to 16：=0；          --向左执行模式的参考变量
variable count2 ：integer range 0 to 16：=0；          --向右执行模式的参考变量
begin
if myclk 'event and myclk = '1 ' then
    if en11 = '1 ' and en22 = '0 ' then               --流水灯向左执行
        count1 ：= count1 +1；                         --每来临一个时钟上升沿后，该变量自加 1
case count1 is
when 1     => templed1 <= "0000000000000001"；
when 2     => templed1 <= "0000000000000010"；
when 3     => templed1 <= "0000000000000100"；
when 4     => templed1 <= "0000000000001000"；
when 5     => templed1 <= "0000000000010000"；
when 6     => templed1 <= "0000000000100000"；
when 7     => templed1 <= "0000000001000000"；
when 8     => templed1 <= "0000000010000000"；
when 9     => templed1 <= "0000000100000000"；
when 10    => templed1 <= "0000001000000000"；
when 11    => templed1 <= "0000010000000000"；
when 12    => templed1 <= "0000100000000000"；
when 13    => templed1 <= "0001000000000000"；
```

```
when 14    => templed1 <= "0010000000000000";
when 15    => templed1 <= "0100000000000000";
when others => templed1 <= "1000000000000000";
end case;
if count1 = 16 then
        count1 := 0;
end if;
myled <= templed1;
elsif en11 = '0' and en22 = '1' then              --流水灯向右执行
        count2 := count2 + 1;                     --每来临一个时钟上升沿后,该变量自加1
case count2 is
when 1     => templed2 <= "1000000000000000";
when 2     => templed2 <= "0100000000000000";
when 3     => templed2 <= "0010000000000000";
when 4     => templed2 <= "0001000000000000";
when 5     => templed2 <= "0000100000000000";
when 6     => templed2 <= "0000010000000000";
when 7     => templed2 <= "0000001000000000";
when 8     => templed2 <= "0000000100000000";
when 9     => templed2 <= "0000000010000000";
when 10    => templed2 <= "0000000001000000";
when 11    => templed2 <= "0000000000100000";
when 12    => templed2 <= "0000000000010000";
when 13    => templed2 <= "0000000000001000";
when 14    => templed2 <= "0000000000000100";
when 15    => templed2 <= "0000000000000010";
when others => templed2 <= "0000000000000001";
end case;
if count2 = 16 then
            count2 := 0;
end if;
myled <= templed2;
else
myled <= "0000000000000000";                      --停止状态
end if;
end if;
end process;
end Behavioral;
```

11.3.3 按键控制模块

按键控制模块的功能是通过控制按键按钮的相关操作控制流水灯显示模块的执行功能。该模块的输入时钟为 100MHz 的系统默认时钟,控制输入信号 keyctrl 由控制按键按钮提供,输出控制信号 en1 和 en2 作为流水灯显示模块的控制输入控制流水灯的执行模式。

由于流水灯显示模块需要两种不同的控制输入，因此该模块需要输出两种不同的控制输出，这里采用判断当前按键是奇数次按下还是偶数次按下来选择对应的控制输出。首先设置一个整数类型的参数，该参数用于统计按下按键的次数，每按下一次按键，该参数值加一。然后将该整数类型的参数转换成二进制型数据，判断末位值是否为 1，如果末位值为 1，表明当前是奇数次按下按键；如果末位值为 0，表明当前是偶数次按下按键。如果当前为奇数次按下按键，控制输出 en1 的输出值为'1'、en2 输出值为'0'，控制流水灯显示模块采用向左执行的模式执行，16 个 LED 灯从右至左依次按照顺序被点亮；如果当前为偶数次按下按键，控制输出 en1 输出值为'0'、en2 输出值为'1'，控制流水灯显示模块采用向右执行的模式执行，16 个 LED 灯从左至右依次按照顺序被点亮。

在使用按键时需要注意按键抖动问题。因为大多数的按键是一种机械弹性开关，当其机械触点断开或者闭合时，由于机械触点的弹性作用，该按键在闭合时不会马上稳定地进入接通状态，在断开时也不会立刻进入断开状态，如图 11.2 所示。在按键闭合和断开的瞬间经常伴随一连串的抖动现象，这种现象会使闭合以及断开操作执行很多次，为了不产生这种现象就需要进行按键去抖操作。

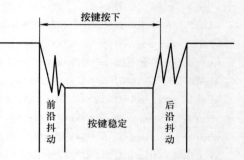

图 11.2　按键抖动示意图

按键去抖可以采用硬件去抖方法或者软件去抖方法。按键的硬件去抖通常采用 RS 触发器来去除按键的抖动问题；按键的软件去抖通常采用延时的方法获得稳定的按键输入信号。本实验采用软件去抖的方法去除按键的抖动问题。

按键抖动时间的长短由按键的机械特性决定，一般为 5～10ms。软件去抖的方法就是在按键控制相关操作后对按键输入信号进行一定时间的延迟操作，等待按键输入信号稳定后再读取按键输入信号进行后续操作，在本实验中，对按键信号延迟 5ms 以去除按键抖动现象。由于该模块采用 100MHz 的默认系统时钟，1s 中会产生 10^8 个时钟上升沿。同前面一样，这里采取计数延时的方法对按键控制输入信号进行延时去抖操作。根据计算，该系统时钟产生 5×10^5 个时钟上升沿的时间大致为 5ms，因此，设置一个变量 count1 用于对时钟上升沿进行计数，当按键按下后，等该值累计到 5×10^5 时才认为是一次稳定的按键控制输入产生，正常进行后续的控制操作；如果该值没有累计到 5×10^5，表明当前的输入是由按键的抖动现象产生的，不进行后续的控制操作。

相应的 VHDL 代码如下：

```
library IEEE;
use IEEE. STD_LOGIC_1164. ALL;
use IEEE. STD_LOGIC_ARITH. ALL;
use IEEE. STD_LOGIC_UNSIGNED. ALL;

entity keycontrol is
```

```
    port(
        clk:instd_logic;                        --100MHz 系统默认时钟输入
        keyctrl:instd_logic;                    --按键控制输入
        en1,en2:outstd_logic                    --控制输出信号
    );
    end keycontrol;


    architecture Behavioral of keycontrol is
    signal key_out:std_logic;                   --同步信号
    signal ttt:std_logic_vector(7 downto 0);    --奇偶判断信号
    begin
    process(clk,keyctrl)                        --按键加消抖,延时5ms
    variable count1 :integer range 0 to 500000:=0;
    begin
    if clk'event and clk = '1' then
        if keyctrl = '1' then
            if count1 = 500000 then
                count1 := count1;
        else
            count1 := count1 + 1;
            end if;
            if count1 = 499999 then
                key_out <= '1';
            else
                key_out <= '0';
            end if;
        else
            count1 := 0;
        end if;
    end if;
    end process ;
    process(clk,key_out)                        --按键控制进程
    variable temp:integer range 0 to 255:=0;
    begin
    if clk'event and clk = '1' then
        if key_out = '1' then                   --按键被按下后
            temp:= temp + 1;                    --按键按下次数计数值加1
            if(temp = 255) then
            temp:= 1;
    end if;
        ttt <= CONV_STD_LOGIC_VECTOR(temp,8) and "00000001";
    if ( ttt = "00000001") then                 --奇数次按下按键
        en1 <= '1';
```

```
        en2 <= '0';
else                                        --偶数次按下按键
en1 <= '0';
en2 <= '1';
end if;
end if;
end if;
end process;
end Behavioral;
```

11.3.4　键控流水灯的设计

根据图 11.1 的结构框图将分频模块、流水灯显示模块和按键控制模块进行连接实现按键流水灯功能。键控流水灯顶层设计的 VHDL 代码如下：

```
library IEEE;
use IEEE. STD_LOGIC_1164. ALL;
use IEEE. STD_LOGIC_ARITH. ALL;
use IEEE. STD_LOGIC_UNSIGNED. ALL;

entity top is
port(
    clk:instd_logic;                        --100MHz 系统默认时钟
    reset:instd_logic;                      -- 复位信号
    keyctrl:instd_logic;                    -- 按键控制信号
    myled:outstd_logic_vector(15 downto 0)  --流水灯输出显示控制信号
);
end top;

architecture Behavioral of top is
component baud                    -- 分频元件
Port(
clk,reset: IN std_logic;
myclk:OUTstd_logic
);
end component;
component keycontrol             -- 键盘控制
Port(
clk:instd_logic;
keyctrl:instd_logic;
en1,en2:outstd_logic
);
end component;
component lrgoled                -- 分频元件
```

```
Port(
en11:instd_logic;
en22: instd_logic;
myclk: in std_logic;
myled:outstd_logic_vector(15 downto 0)
);
end component;
signal myclks :STD_LOGIC;
signal en1s :STD_LOGIC;
signal en2s :STD_LOGIC;
begin
u1:
baud port map(
clk  => clk,
reset => reset,
myclk => myclks
);
u2:
keycontrol port map(
clk  => clk,
keyctrl => keyctrl,
en1  => en1s,
en2  => en2s
);
u3:
lrgoled port map(
en11  => en1s,
en22  => en2s,
myclk => myclks,
myled => myled
);
end Behavioral;
```

启动 Vivado 2014.4 集成开发环境，参照前面 Vivado 集成开发环境相关章节创建一个基于 Basys3 开发板的新的设计工程，名字为"mykeycontrolled"。将分频模块、流水灯显示模块、按键控制模块以及键控流水灯顶层设计的源代码添加到新建的工程中。单击 Vivado 集成开发环境左侧"Flow Navigator"窗口中"Synthesis"选项卡下的"Run Synthesis"选项进行综合操作。综合完成后可以查看该设计相应的原理图和报告。

11.3.5 引脚约束

为了实现键控流水灯的功能，本实验将 Basys3 开发板上 16 个 LED 灯用于流水灯的显示，输入由键控流水灯设计的输出控制信号提供，最右侧的拨码开关用于复位控制，最右侧的按键用于控制流水灯执行的模式，时钟输入选择 Basys3 默认的 100MHz 时钟，如图 11.3 所示。

控制按键

流水灯显示

复位

图 11.3　键控流水灯端口选择

　　选定好硬件引脚后，参照前面 Vivado 集成开发环境相关章节，在综合完成后的 Vivado 设计窗口的菜单栏中找到"Default Layout"下拉菜单，选中"I/O Planning"打开引脚绑定窗口。将时钟输入端口绑定到 Basys3 开发板上默认的时钟端口"W5"，将控制按键输入端口绑定到最右侧的按键端口"T17"，将复位端口绑定到最右侧的拨码开关端口"V17"，将控制输出端口的每一位输出端口分别绑定到 16 个 LED 灯端口"L1""P1""N3""P3""U3""W3""V3""V13""V14""U14""U15""W18""V19""U19""E19"和"U16"，最终绑定结果如图 11.4 所示。绑定完成后右击"I/O Ports"窗口任意位置，在弹出的悬浮菜单栏中选择"Export I/O Ports..."选项导出引脚约束文件。

	Name	Di...	...	Site	Fixed	Bank	I/O Std	Vcco	Driv...	Slew Type	Pul...	Off-Chip I...	
	⊟ ☑ All ports (19)												
	⊟ ☑ myled (16)	OUT			☑	(Multiple)	LVCMOS33*	3.300	12	SLOW	NONE	FP_VTT_50	
	☑ myled[15]	OUT		L1	☑	35	LVCMOS33*	3.300	12	SLOW	NONE	FP_VTT_50	
	☑ myled[14]	OUT		P1	☑	35	LVCMOS33*	3.300	12	SLOW	NONE	FP_VTT_50	
	☑ myled[13]	OUT		N3	☑	35	LVCMOS33*	3.300	12	SLOW	NONE	FP_VTT_50	
	☑ myled[12]	OUT		P3	☑	35	LVCMOS33*	3.300	12	SLOW	NONE	FP_VTT_50	
	☑ myled[11]	OUT		U3	☑	34	LVCMOS33*	3.300	12	SLOW	NONE	FP_VTT_50	
	☑ myled[10]	OUT		W3	☑	34	LVCMOS33*	3.300	12	SLOW	NONE	FP_VTT_50	
	☑ myled[9]	OUT		V3	☑	34	LVCMOS33*	3.300	12	SLOW	NONE	FP_VTT_50	
	☑ myled[8]	OUT		V13	☑	14	LVCMOS33*	3.300	12	SLOW	NONE	FP_VTT_50	
	☑ myled[7]	OUT		V14	☑	14	LVCMOS33*	3.300	12	SLOW	NONE	FP_VTT_50	
	☑ myled[6]	OUT		U14	☑	14	LVCMOS33*	3.300	12	SLOW	NONE	FP_VTT_50	
	☑ myled[5]	OUT		U15	☑	14	LVCMOS33*	3.300	12	SLOW	NONE	FP_VTT_50	
	☑ myled[4]	OUT		W18	☑	14	LVCMOS33*	3.300	12	SLOW	NONE	FP_VTT_50	
	☑ myled[3]	OUT		V19	☑	14	LVCMOS33*	3.300	12	SLOW	NONE	FP_VTT_50	
	☑ myled[2]	OUT		U19	☑	14	LVCMOS33*	3.300	12	SLOW	NONE	FP_VTT_50	
	☑ myled[1]	OUT		E19	☑	14	LVCMOS33*	3.300	12	SLOW	NONE	FP_VTT_50	
	☑ myled[0]	OUT		U16	☑	14	LVCMOS33*	3.300	12	SLOW	NONE	FP_VTT_50	
	⊟ ☑ Scalar ports (3)												
	☑ clk	IN		W5	☑	34	LVCMOS33*	3.300			NONE	NONE	
	☑ keyctrl	IN		T17	☑	14	LVCMOS33*	3.300			NONE	NONE	
	☑ reset	IN		V17	☑	14	LVCMOS33*	3.300			NONE	NONE	

图 11.4　键控流水灯引脚约束

接下来，单击 Vivado 集成开发环境左侧 "Flow Navigator" 窗口中 "Implementation" 选项卡下的 "Run Implementation" 选项进行实现操作。实现完成后可以查看该设计相应的原理图和报告。

11.3.6 硬件测试

首先将 Basys3 开发板与 PC 相连，等待相关驱动安装完成。然后参照前面 Vivado 集成开发环境相关章节将键控流水灯设计进行生成比特流文件操作，单击 Vivado 集成开发环境左侧 "Flow Navigator" 窗口中 "Program and Debug" 选项卡下的 "Generate Bitstream" 选项进行生成比特流操作。比特流生成完毕后，单击该选项卡下的 "Open Hardware Manager" 选项打开硬件管理器，选中与 PC 相连的本地芯片，即 Basys3 开发板，将比特流文件下载到芯片中。

比特流文件下载完成后，代码就会在 Basys3 开发板上自动执行。Basys3 开发板上的 16 个 LED 灯按照从左至右的顺序每隔 0.5s 依次被点亮，当 16 个 LED 灯都被点亮过一次后再重新按照从左至右的顺序每隔 0.5s 依次被点亮。这时，当按下最右侧的控制按键按钮后，流水灯的执行方向就会翻转，16 个 LED 灯按照从右至左的顺序每隔 0.5s 依次被点亮，当 16 个 LED 灯都被点亮过依次后再重新按照从左至右的顺序每隔 0.5s 依次被点亮。当再次按下控制按键按钮后，流水灯的执行方向会再次翻转，16 个 LED 灯按照从左至右的顺序每隔 0.5s 依次被点亮，当 16 个 LED 灯都被点亮过一次后再重新按照从左至右的顺序每隔 0.5s 依次被点亮。

● **本章小结**

本章介绍了如何使用 Vivado 集成开发环境和 Basys3 开发板设计实现键控流水灯设计。首先介绍了键控流水灯的设计要求和功能，其次介绍了键控流水灯的层次化设计方案，主要包括三部分内容，分别是分频模块、流水灯显示模块和按键控制模块，最后对键控流水灯设计进行了硬件测试。

第 12 章

抢答器实验设计

12.1 设计要求

本次设计将在 Vivado 开发系统中使用可编程逻辑器件，在 Basys3 开发板上完成三人抢答器的 EDA 设计，其中数字钟的功能如下：

（1）上一轮抢答结束后，主持人按下清零按钮，系统初始化，此时除了禁止抢答灯外，所有灯灭，而禁止抢答灯亮。

（2）主持人按下允许抢答按钮，允许抢答灯亮，模块开始计时。

（3）参赛选手在允许抢答的时间内按下自己的抢答按钮，谁第一个按下，他的抢答成功灯亮，其他选手抢答无效。

（4）选手在禁止抢答的时间段按下抢答的按钮，他的犯规灯亮，多个选手犯规，他们的犯规灯都亮。

12.2 功能描述

在此次抢答器的设计中，主持人负责对抢答器进行清零和实现对抢答器允许抢答的控制。在主持人完成清零后，倒计时显示为 16，所有选手的犯规指示灯和抢答成功灯都熄灭，此时禁止抢答灯亮起，允许抢答灯灭。在此期间，如果有抢答者提前抢答，该选手的犯规指示灯会亮起。当主持人关闭清零开关并打开允许抢答开关时，此时倒计时开始计时，如果选手在允许时间内抢答成功，则抢答者的抢答成功指示灯亮起，否则当倒计时结束，抢答者将不再允许抢答。如图 12.1 所示为三人抢答器的结构框图。

1. 输入

clk：本设计是在 Basys3 开发板上进行硬件电路的实现，故本设计接入外部时钟对应 Basys3 开发板的 W5 接口，此接口输出频率为 100MHz 的基准时钟，本设计将会对其进行分频得到频率为 1Hz 的时钟和用于数码管动态扫描的时钟。

clr：清零开关。当主持人打开此开关后，抢答器将会恢复到等待允许抢答开关信号的状态。此引脚接入 Basys3 开发板的 R2 接口，此接口对应 Basys3 开发板的 SW15 开关。

en：主持人控制按钮。当主持人打开此开关后，才允许选手抢答。此引脚接入 Basys3 开发板的 T1 接口，此接口对应 Basys3 开发板的 SW14 开关。

2. 输出

fbd_out：抢答禁止指示灯，此灯亮起时表示此时不允许抢答。此引脚接入 Basys3 开发板的 L1 接口，此接口对应 Basys3 开发板的 LD15 的 LED 灯。

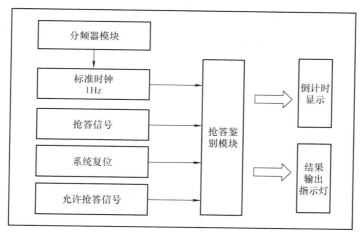

图 12.1 抢答器的结构框图

alw_out：抢答允许指示灯，此灯亮起时表示此时允许抢答。此引脚接入 Basys3 开发板的 P1 接口，此接口对应 Basys3 开发板的 LD14 的 LED 灯。

ill[2:0]：抢答犯规指示灯，此三位指示提前抢答造成的犯规。若有人提前抢答，此人所对应的犯规灯会亮起。三位引脚接入 Basys3 开发板的 V15、V19、E19 接口，分别对应 Basys3 开发板的 LD5、LD3、LD1 三位 LED 灯。

dsp[2:0]：抢答结果指示灯，当有人抢答成功，此人对应位的指示灯亮起。三位引脚接入 Basys3 开发板的 W18、U19、U16 接口，分别对应 Basys3 开发板的 LD4、LD2、LD0 三位 LED 灯。

seg[6:0]：用于输出需要进行显示的 7 段数码管信号，此输出连接到 Basys3 开发板的数码管的接口。

sel[3:0]：此输出接入 Basys3 开发板的数码管的段选位，通过循环选择段选位，确定每次输出的数码管的显示结果。

12.3 抢答器的层次化设计方案

依据抢答器的功能，可以把此次设计划分为：分频器模块（即标准秒钟的产生电路）、抢答鉴别模块和数码管显示模块。

12.3.1 分频器模块

由于本设计是在 Basys3 开发板上进行设计开发，所以本设计选择的时钟频率为 100 MHz 的接口 W5 作为输入的时钟。分频器模块为了产生标准的 1 Hz，需要对此时钟频率进行分频（即进行 100000000 分频）。此外，在此分频器模块中还对输入的时钟进行了 400000 分频，目的是产生一个对数码管段选位进行扫描的频率。

在此分频器模块中，为了实现对 CLK 的 100000000 分频，首先对其进行了 10000 分频

产生信号 SC，然后对 SC 再进行 10000 分频产生
SCLK（即 1 Hz 的标准秒钟），与此同时，还对 SC 进
行了 40 分频产生了 FRE 信号用于对数码管进行动
态扫描。此分频器模块的元件符号图如图 12.2
所示。

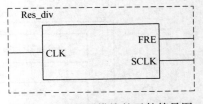

图 12.2　分频器模块的元件符号图

分频器模块 VHDL 源代码：

```vhdl
library IEEE;
use IEEE. STD_LOGIC_1164. ALL;
entity Res_div is
    Port ( CLK : in STD_LOGIC;          --100MHz 时钟信号
            SCLK : out STD_LOGIC;       --1Hz 时钟信号
            FRE : out STD_LOGIC);       --400000 分频信号
end Res_div;

architecture DIV of Res_div is

constant counter_len:integer: = 10000;
signal cnt:INTEGER range 0 to counter_len;
signal SC:STD_LOGIC;
signal cnt1:INTEGER range 0 to counter_len;
signal cnt2:INTEGER range 0 to counter_len;
begin
low:process(CLK)
    begin
    if( CLK' event and CLK = '1' ) then
    if ( cnt < 5000) then
            SC <= '1';
            cnt <= cnt + 1;
            elsif ( cnt < 10000) then
                SC <= '0';
                cnt <= cnt + 1;
                    else
                    cnt <= 0;
    end if;
    end if;
    end process;
high:process(SC)
        begin
        if( SC' event and SC = '1' ) then
        if ( cnt1 < 5000) then
            SCLK <= '1';
            cnt1 <= cnt1 + 1;
            elsif ( cnt1 < 10000) then
```

```
                    SCLK <= '0';
                    cnt1 <= cnt1 + 1;
                        else
                        cnt1 <= 0;
            end if;
        if ( cnt2  < 20 ) then
                    FRE <= '1';
                    cnt2 <= cnt2 + 1;
                    elsif ( cnt2 < 40 ) then
                        FRE <= '0';
                        cnt2 <= cnt2 + 1;
                            else
                            cnt2 <= 0;
            end if;
        end if;
        end process;
    end DIV;
```

12.3.2　抢答鉴别器模块的设计

抢答鉴别器模块主要负责实现对抢答的控制。在此模块中，通过对清零信号和控制允许信号以及三位抢答信号的判断实现对抢答结果的输出，并在允许抢答时对抢答时间进行计时。

当 CLR 为高电平时，鉴别器模块需要点亮抢答禁止指示灯，熄灭抢答犯规指示灯以及抢答结果指示灯，并重置计数器为 16。鉴别器清零后，若 ENABLE 为低电平，当有人抢答时，此时存在抢答犯规，需要点亮抢答犯规指示灯。若 ENABLE 为高电平，此时根据输入的 SECOND 信号开始计数，每出现一次脉冲对计数减 1，若有人抢答，则点亮抢答结果指示灯，否则当计数减到 0 时，抢答无效，抢答结果指示灯不允许点亮。

在此模块中，为了实现当有选手抢答后锁存电路使其他选手无法抢答的功能，设置了两个锁存信号 tmp1、tmp2。按下清零开关（CLR = 1），tmp1 = 0，tmp2 = 0，若主持人未开启允许抢答开关（ENABLE = 0），即抢答禁止指示灯亮（FBD_LED = 1）时，有人抢答，则 tmp2 = 1，关闭抢答电路，犯规选手的抢答犯规指示灯亮；若主持人开启允许抢答开关（ENABLE = 1）后，即允许抢答灯亮（ALW_LED = 1）时，有人抢答，则 tmp1 = 1，关闭抢答电路，抢答成功后抢答结果指示灯亮。此外，为实现有人抢答则暂停计时及 16 个时钟周期后停止计时的功能，设置暂停锁存信号 tmp3，开启清零开关（CLR = 1）后，tmp3 = 0，主持人开启允许抢答开关（ENABLE = 1）后，开始倒计时，若有人抢答，则 tmp3 = 1，暂停倒计时；若一直无人抢答，当 16 个时钟周期结束（COUNT = 0）时，则 tmp3 = 1，停止倒计时。此抢答鉴别器模块的元件符号图如图 12.3 所示。

抢答鉴别器模块 VHDL 源代码：

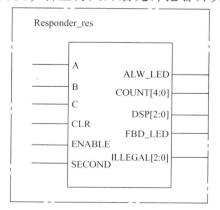

图 12.3　抢答鉴别器模块的元件符号图

```
library IEEE;
use IEEE. STD_LOGIC_1164. ALL;
entity Responder_res is
Port (SECOND:IN STD_LOGIC;--1Hz 时钟信号
      ENABLE:IN STD_LOGIC;--抢答允许信号
      CLR:IN STD_LOGIC;--清除信号
      A,B,C:IN STD_LOGIC;--三路抢答信号
      FBD_LED:OUT STD_LOGIC;--禁止指示灯输出信号
      ALW_LED:OUT STD_LOGIC;--允许指示灯输出信号
      ILLEGAL: OUT STD_LOGIC_VECTOR(2 DOWNTO 0);--犯规指示灯输出
      COUNT:OUT INTEGER RANGE 0 TO 16;--倒计时计数输出
      DSP:OUT  STD_LOGIC_VECTOR(2 DOWNTO 0) --抢答结果输出
         );
end Responder_res;

architecture RES of Responder_res is

signal FBD_LED1:STD_LOGIC;
signal ALW_LED1:STD_LOGIC;
signal tmp1:STD_LOGIC: = '1';
signal tmp2:STD_LOGIC: = '1';
signal tmp3:STD_LOGIC: = '1';
signal ILLEGAL1:STD_LOGIC_VECTOR(2 DOWNTO 0): = "000";
signal COUNT1:INTEGER RANGE 0 TO 16;
signal DSP1: STD_LOGIC_VECTOR(2 DOWNTO 0): = "000";

begin
process(CLR,ENABLE,A,B,C,tmp1,tmp2,tmp3)
begin
    if tmp3 = '1' then
    tmp1 <= '1';--tmp3 为1,关闭抢答电路
    end if;
    if CLR = '1' then
            tmp1 <= '0';--遇到清除信号,电路开启
            tmp2 <= '0';
            FBD_LED1 <= '1';--遇到清除信号,禁止指示灯亮
            ALW_LED1 <= '0';
            DSP1 <= "000";--遇到清除信号,指示灯归零
            ILLEGAL1 <= "000";
    elsif ENABLE = '1' then
            ALW_LED1 <= '1';--遇到允许信号,允许指示灯开启
            FBD_LED1 <= '0';
            if tmp1 = '0' then
                if A = '1' then
```

```vhdl
                    tmp1 <= '1';--关闭抢答电路
                    DSP1 <= "001";--设置抢答结果
                end if;
                if B = '1' then
                    tmp1 <= '1';
                    DSP1 <= "010";
                end if;
                if C = '1' then
                    tmp1 <= '1';
                    DSP1 <= "100";
                end if;
            end if;
        elsif ENABLE = '0' then
                ALW_LED1 <= '0';
                FBD_LED1 <= '1';
                if tmp2 = '0' then
                    if A = '1' then
                      tmp2 <= '1';--关闭违规抢答电路
                      ILLEGAL1 <= "001";--设置违规输出结果
                    end if;
                    if B = '1' then
                       tmp2 <= '1';
                       ILLEGAL1 <= "010";
                    end if;
                    if C = '1' then
                       tmp2 <= '1';
                       ILLEGAL1 <= "100";
                    end if;
                end if;
        end if;
    end if;
end process;

process( CLR,SECOND,tmp1,tmp3 )
begin
    if tmp1 = '1' then
        tmp3 <= '1';--将 tmp3 置 1,以此停止计时
    end if;
if ( SECOND'event and SECOND = '1' ) then
    if CLR = '1' then
        COUNT1 <=16;--遇到清除位,计数重置为 16
        tmp3 <= '0';--允许计数
    elsif ENABLE = '1' and tmp3 = '0' then
        if COUNT1 = 0 then
            tmp3 <= '1';--倒计时到 0 时,停止计数
```

```
        else
            COUNT1 <= COUNT1 - 1;
        end if;
      end if;
    end if;
end process;

FBD_LED <= FBD_LED1;
ALW_LED <= ALW_LED1;
ILLEGAL <= ILLEGAL1;
COUNT <= COUNT1;
DSP <= DSP1;

end RES;
```

12.3.3　数码管显示模块的设计

在本次设计中，倒计时显示采用的是 LED 数码管。LED 数码管用 7 段发光二极管（带小数点为 8 段）来显示数字，每一段都是一个发光二极管，一般把所有段的相同一端相连，连接到地（共阴极接法）或者是连接到电源（共阳极接法）。共阴极 LED 数码管的公共端连接到地，另一端分别接一个限流电阻后再接到控制电路的信号端，当信号端高电平时该段即被点亮，否则不亮。共阳极接法则相反，公共端连接到电源，另一端分别接一个限流电阻后再接到控制电路的信号端，只有信号端为低电平时才被点亮，否则不亮。由于本设计将在 basys3 开发板上进行试验，数码管的连接方式为共阳极接法。

本设计采用扫描方式来实现 LED 数码管的动态显示，对数码管进行循环显示，一个数码管显示之后另一个数码管马上显示，利用人眼的视觉暂留特性，可以得到多个数码管同时显示的效果。

由于在抢答器的设计当中，当主持按下开启允许抢答的开关后，数码管将显示倒计时，倒计时从 16 开始，故需要两位数码管分别显示倒计时的十位和个位。此模块将会依据鉴别器模块传来的倒计时数据，将计数对应的数码管的 7 段数据信号进行输出。与此同时，会对两位数码管进行循环显示，实现动态扫描。

在此模块中，包括输入端口 SEG_in 和 FRESH。其中 SGE_in 接入的是鉴别器模块传来的倒计时的计数结果，而 FRESH 接入的是分频器模块产生的分频 FRE。此模块需要依据鉴别器模块传来的计数结果，分别更改此模块内部的信号 sec_l_out 和 sec_h_out。这两个信号分别为鉴别器模块传来的倒计时的个位与十位的 7 段数据信号，用来输出给数码管。在模块中，每当 FRESH 产生上升沿时，将对 AN_OUT 的数据进行更改，实现对数码管片选的控制与扫描。数码管显示模块的元件符号图如图 12.4 所示。

数码管显示模块 VHDL 源代码：

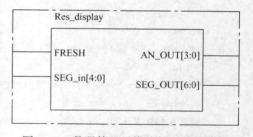

图 12.4　数码管显示模块的元件符号图

```vhdl
library IEEE;
use IEEE. STD_LOGIC_1164. ALL;
entity Res_display is
    Port (SEG_in : in INTEGER range 0 to 16;--倒计时结果输入
            FRESH : in STD_LOGIC;--扫描信号
            SEG_OUT : out STD_LOGIC_VECTOR (6downto 0);--7 段信号输出
            AN_OUT : out STD_LOGIC_VECTOR (3downto 0)--片选信号输出
            );
end Res_display;

architecture DISPLAY of Res_display is

signal sec_l_out: STD_LOGIC_VECTOR (6 downto 0): = "0000001";
signal sec_h_out: STD_LOGIC_VECTOR (6 downto 0): = "0000001";
signal anout: INTEGER RANGE 0 TO 3;
begin
saomaio:process(FRESH)
begin
if (FRESH' event and FRESH = '1') then
        if( anout = 3) then
        anout <= 0;
        else
         anout <= anout + 1;--遇到扫描信号则加 1
        end if;

        case anout is
            when 0   => AN_OUT <= "1110";SEG_OUT <= sec_l_out;--片选最低位时,将 sec_l_out 输出
            when 1   => AN_OUT <= "1101";SEG_OUT <= sec_h_out;
            when others => AN_OUT <= "1111";
        end case;
end if;
end process;

sec:process(SEG_in)
begin
case SEG_in is
    when 0|10       => sec_l_out <= "0000001";
    when 1|11       => sec_l_out <= "1001111";
    when 2|12       => sec_l_out <= "0010010";
    when 3|13       => sec_l_out <= "0000110";
    when 4|14       => sec_l_out <= "1001100";
    when 5|15       => sec_l_out <= "0100100";
    when 6|16       => sec_l_out <= "0100000";
```

```
        when 7            => sec_l_out <= "0001111";
        when 8            => sec_l_out <= "0000000";
        when 9            => sec_l_out <= "0000100";
        when others       => sec_l_out <= "1111111";
        end case;
        case    SEG_in is
            when 0|1|2|3|4|5|6|7|8|9              => sec_h_out <= "0000001";
            when 10|11|12|13|14|15|16             => sec_h_out <= "1001111";
            when others     => sec_h_out <= "1111111";
            end case;
    end process;
end DISPLAY;
```

12.3.4 抢答器的顶层设计

在成功地完成底层单元电路模块设计仿真后，可以根据三人抢答器的组成框图完成如图 12.5 所示的三人抢答器电路顶层原理图的设计文件。在该电路中 Res_div（分频器模块）、Responder_res（抢答鉴别器模块）、Res_display（数码管显示模块）为前面设计的底层单元电路模块。clk 为 Basys3 开发板自带的时钟信号，此时钟信号的频率为 100MHz；a、b、c 为三个抢答信号，这三位抢答信号需要高电平触发；clr 为抢答器的清除信号，此信号也为高电平触发；en 为抢答器的抢答允许信号，此信号需要高电平触发；fbd_out 和 alw_out 分别为抢答器的禁止输出信号和抢答器允许输出信号；ill[2:0] 和 dsp[2:0] 分别为抢答犯规输出信号和抢答结果输出信号；sel[3:0] 为数码管的片选段信号，用来完成对数码管的选择；seg[6:0] 为数码管进行显示的 7 段信号，用于存放数码管需要显示的数据。

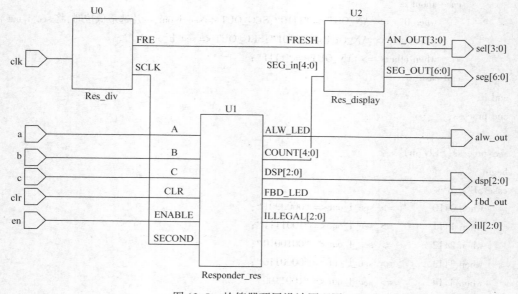

图 12.5 抢答器顶层设计原理图

抢答器的顶层设计 VHDL 源代码：

```
library IEEE;
use IEEE. STD_LOGIC_1164. ALL;
entity Responder_top is
    Port (clk: in STD_LOGIC;--100MHz 时钟信号
            en:  in STD_LOGIC;--允许抢答信号
            clr: in STD_LOGIC;--清除信号
            a,b,c: in STD_LOGIC;--三路抢答信号
            fbd_out: out STD_LOGIC;--禁止指示灯输出
            alw_out: out STD_LOGIC;--允许指示灯输出
            ill:OUT STD_LOGIC_VECTOR(2 DOWNTO 0);--抢答违规结果输出
            dsp:OUT STD_LOGIC_VECTOR(2 DOWNTO 0);--抢答结果输出
            seg : out STD_LOGIC_VECTOR (6 downto 0);--7 段片选信号输出
            sel : out STD_LOGIC_VECTOR (3 downto 0)--片选信号输出
        );
end Responder_top;

architecture TOP of Responder_top is

component Res_div
    Port( CLK : in STD_LOGIC;
            SCLK : out STD_LOGIC;
            FRE : out STD_LOGIC);
end component;

component Responder_res
Port (SECOND:IN STD_LOGIC;
        ENABLE:IN STD_LOGIC;
        CLR:IN STD_LOGIC;
        A,B,C:IN STD_LOGIC;
        FBD_LED:OUT STD_LOGIC;
        ALW_LED:OUT STD_LOGIC;
        ILLEGAL: OUT STD_LOGIC_VECTOR(2 DOWNTO 0);
        COUNT:OUT INTEGER RANGE 0 TO 16;
        DSP:OUT   STD_LOGIC_VECTOR(2 DOWNTO 0)
        );
end component;

component Res_display
    Port( SEG_in : in INTEGER range 0 to 16;
        FRESH : in STD_LOGIC;
        SEG_OUT : out STD_LOGIC_VECTOR (6 downto 0);
```

```
        AN_OUT : out STD_LOGIC_VECTOR (3 downto 0)
        );
end component;


signal fre1:STD_LOGIC;
signal sclk1: STD_LOGIC;
signal sec:integer range 0 to 16;
begin
U0:Res_div port map(clk,sclk1,fre1);
U1:Responder_res port map(sclk1,en,clr,a,b,c,fbd_out,alw_out,ill,sec,dsp);
U2:Res_display   port map(sec,fre1,seg,sel);
end TOP;
```

启动 Vivado 2014.4 集成开发环境，参照前面 Vivado 集成开发环境相关章节创建一个基于 Basys3 开发板的新的设计工程，将分频模块、抢答鉴别模块、数码管显示模块以及抢答器顶层设计的源代码添加到新建的工程中。单击 Vivado 集成开发环境左侧"Flow Navigator"窗口中"Synthesis"选项卡下的"Run Synthesis"选项进行综合操作。综合完成后可以查看该设计相应的原理图和报告。

12.3.5　引脚约束

为了能对所设计的抢答器进行硬件测试，应为设计添加引脚约束，使得其输入信号锁定到开发板的目标芯片的引脚上，然后进行设计实现，并生成二进制文件，最后对目标芯片进行编程下载，完成抢答器电路的最终开发。

本设计采用的 Basys3 开发板，使用的芯片为 xc7a35tcpg236-1。选定好硬件引脚后，参照前面 Vivado 集成开发环境相关章节，在综合完成后的 Vivado 设计窗口的菜单栏中找到"Default Layout"下拉菜单，选中"I/O Planning"打开引脚绑定窗口。clk 接入外部时钟对应 Basys3 开发板的 W5 接口，此接口输出频率为 100MHz 的基准时钟；clr 接入 Basys3 开发板的 T18 接口，此接口对应 Basys3 开发板的 BTNU 按键；clr 接入 Basys3 开发板的 R2 接口，此接口对应 Basys3 开发板的 SW15 拨码开关；en 接入 Basys3 开发板的 T1 接口，此接口对应 Basys3 开发板的 SW14 拨码开关；a、b、c 分别接入 Basys3 开发板的 V17、W16、W15 接口，分别对应 Basys3 开发板的 SW0、SW2、SW4 三位拨码开关；fbd_out 和 alw_out 分别接入 Basys3 开发板的 L1、P1 接口，分别对应 Basys3 开发板的 LD15 和 LD14 两位 LED 灯；ill[2:0] 接入 Basys3 开发板的 V15、V19、E19 接口，分别对应 Basys3 开发板的 LD5、LD3 和 LD1 三位 LED 灯；dsp[2:0] 接入 Basys3 开发板的 W18、U19、U16 接口，分别对应 Basys3 开发板的 LD4、LD2 和 LD0 三位 LED 灯；seg[6:0] 分别接入 W7、W6、U8、V8、U5、V5、U7，对应数码管的 7 段信号 CA、CB、CC、CD、CE、CF、CG；sel[3:0] 分别接入 W4、V4、U4、U2，对应数码管的四位片选位。绑定完成后右击"I/O Ports"窗口任意位置，在弹出的悬浮菜单栏中选择"Export I/O Ports..."选项导出引脚约束文件，如图 12.7 所示。

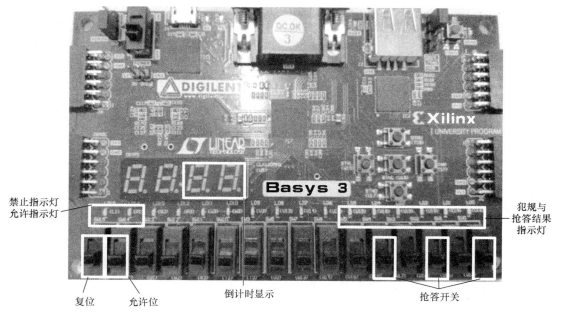

图 12.6 抢答器的端口选择

Name	Direction	Neg Diff...	Site	Fixed	Bank	I/O Std	Vcco	Vref	Drive Strength	Slew Type	Pull Type
□☑ All ports (25)											
□☑ dsp (3)	OUT			☑	14	LVCMOS33* ▼	3.300		12 ▼	SLOW ▼	NONE ▼ F
☑ dsp[2]	OUT		W18	▼	☑	14	LVCMOS33*	3.300	12	SLOW	NONE F
☑ dsp[1]	OUT		U19	▼	☑	14	LVCMOS33*	3.300	12	SLOW	NONE F
☑ dsp[0]	OUT		U16	▼	☑	14	LVCMOS33*	3.300	12	SLOW	NONE F
□☑ ill (3)	OUT			☑	14	LVCMOS33*	3.300		12	SLOW	NONE F
☑ ill[2]	OUT		U15	▼	☑	14	LVCMOS33*	3.300	12	SLOW	NONE F
☑ ill[1]	OUT		V19	▼	☑	14	LVCMOS33*	3.300	12	SLOW	NONE F
☑ ill[0]	OUT		E19	▼	☑	14	LVCMOS33*	3.300	12	SLOW	NONE F
□☑ seg (7)	OUT			☑	34	LVCMOS33*	3.300		12	SLOW	NONE F
☑ seg[6]	OUT		W7	▼	☑	34	LVCMOS33*	3.300	12	SLOW	NONE F
☑ seg[5]	OUT		W6	▼	☑	34	LVCMOS33*	3.300	12	SLOW	NONE F
☑ seg[4]	OUT		U8	▼	☑	34	LVCMOS33*	3.300	12	SLOW	NONE F
☑ seg[3]	OUT		V8	▼	☑	34	LVCMOS33*	3.300	12	SLOW	NONE F
☑ seg[2]	OUT		U5	▼	☑	34	LVCMOS33*	3.300	12	SLOW	NONE F
☑ seg[1]	OUT		V5	▼	☑	34	LVCMOS33*	3.300	12	SLOW	NONE F
☑ seg[0]	OUT		U7	▼	☑	34	LVCMOS33*	3.300	12	SLOW	NONE F
□☑ sel (4)	OUT			☑	34	LVCMOS33*	3.300		12	SLOW	NONE F
☑ sel[3]	OUT		W4	▼	☑	34	LVCMOS33*	3.300	12	SLOW	NONE F
☑ sel[2]	OUT		V4	▼	☑	34	LVCMOS33*	3.300	12	SLOW	NONE F
☑ sel[1]	OUT		U4	▼	☑	34	LVCMOS33*	3.300	12	SLOW	NONE F
☑ sel[0]	OUT		U2	▼	☑	34	LVCMOS33*	3.300	12	SLOW	NONE F
□☑ Scalar ports (8)											
☑ a	IN		V17	▼	☑	14	LVCMOS33*	3.300			NONE F
☑ alw_out	OUT		P1	▼	☑	35	LVCMOS33*	3.300	12	SLOW	NONE F
☑ b	IN		W16	▼	☑	14	LVCMOS33*	3.300			NONE F
☑ c	IN		W15	▼	☑	14	LVCMOS33*	3.300			NONE F
☑ clk	IN		W5	▼	☑	34	LVCMOS33*	3.300			NONE F
☑ clr	IN		R2	▼	☑	34	LVCMOS33*	3.300			NONE F
☑ en	IN		T1	▼	☑	34	LVCMOS33*	3.300			NONE F
☑ fbd_out	OUT		L1	▼	☑	35	LVCMOS33*	3.300	12	SLOW	NONE F

图 12.7 抢答器的引脚约束

12. 3. 6　硬件测试

完成引脚锁定工作后，对设计进行实现与分析，最后生成编程文件并对 FPGA 芯片进行配置。将 Basys3 开发板与计算机相连，连接好后，等驱动安装完毕。单击"Open Target"选项下的"Open New Target"选项，开启向导。单击"Flow Navigator"窗口中的"Program and Debug"选项下的"Generate Bitstream"生成比特流文件。然后在"Flow Navigator"窗口的"Program and Debug"选项下选择"Hardware Manager"来打开硬件管理器。右击"Hardware"窗口中刚刚添加的芯片，选择"Program Device"将之前生成的比特流导入到芯片中。

● 本章小结

本章主要介绍了一个抢答器的 EDA 设计。首先介绍了抢答器的设计要求和功能，其次介绍了三人抢答器的层次化设计方案，主要包括三部分内容，分别是分频器模块、抢答鉴别器模块和数码管显示模块，然后对抢答器的进行了顶层设计和仿真，最后对抢答器的设计进行了硬件测试。

第 13 章

数字钟实验设计

13.1　设计要求

本次设计将在 Vivado 开发系统中使用可编程逻辑器件，在 Basys3 开发板上完成简易数字钟的 EDA 设计，其中数字钟的功能如下：

（1）数字钟功能：数字钟的时间周期为 60 分钟；数字钟需要通过数码管显示分、秒。

（2）复位功能：用户可以通过按下复位键对数字钟进行清零操作。

13.2　功能描述

数字式电子钟将通过对标准的 1Hz 进行计数的计数电路，秒计数满 60 后向分计数器进位，分计数器满 60 后清零，计数后的结果送至数码管进行显示。此外，数字钟设有复位键，通过复位键可以实现对数字钟的归零操作。如图 13.1 所示为数字钟的结构框图。

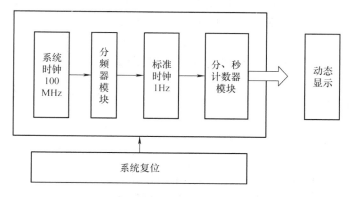

图 13.1　数字钟的结构框图

1. 输入

clk：本设计是在 Basys3 开发板上进行硬件电路的实现，故本设计接入外部时钟对应 Basys3 开发板的 W5 接口，此接口输出频率为 100MHz 的基准时钟，本设计将会对其进行分频得到频率为 1Hz 的时钟。

clr：复位按键。当按下此键后，数字钟将会自动清零。此引脚接入 Basys3 开发板的 T18 接口，此接口对应 Basys3 开发板的 BTNU 按键。

2. 输 出

seg[6:0]：用于输出需要进行显示的 7 段数码管信号，此输出连接到 Basys3 开发板的数码管的接口。

sel[3:0]：此输出接入 Basys3 开发板的数码管的段选位，通过循环选择段选位，确定每次输出的数码管的显示结果。

13.3　数字钟的层次化设计方案

依据简易数字钟的功能，可以把此次设计划分为：分频器模块（即标准秒钟的产生电路）、秒计数模块、分计数模块和数码管显示模块。

13.3.1　分频器模块

由于本设计是在 Basys3 开发板上进行设计开发，所以本设计选择的时钟频率为 100MHz 的接口 W5 作为输入的时钟。分频器模块为了产生标准的 1Hz，需要对此时钟频率进行分频（即进行 100000000 分频）。此外，在此分频器模块中还对输入的时钟进行了 400000 分频，目的是产生一个对数码管段选位进行扫描的频率，对数码管的段选位进行动态扫描并送出相应位的数据，轮流点亮数码管的扫描过程中，每位数码管的点亮时间极为短暂。但由于人的视觉暂留现象及发光二极管的余辉，给人的印象就是一组稳定的显示数。对 100MHz 进行 400000 分频，分频后的频率足以满足人眼的视觉暂留特性，让人看到四位数码管同时点亮。

在此分频器模块中，为了实现对 CLK 的 100000000 分频，首先对其进行了 10000 分频产生信号 SC，然后对 SC 在进行 10000 分频产生 SCLK（即 1Hz 的标准秒钟），与此同时，还对 SC 进行了 40 分频产生了 FRE 信号用于对数码管进行动态扫描。此分频器模块的元件符号图如图 13.2 所示。

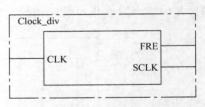

图 13.2　分频器模块的元件符号图

分频器模块 VHDL 源代码：

```
library IEEE;
use IEEE. STD_LOGIC_1164. ALL;
entity Clock_div is
    Port ( CLK : in STD_LOGIC;          --100MHz 时钟信号
           FRE : out STD_LOGIC;          --400000 分频信号
           SCLK : out STD_LOGIC);        --1Hz 时钟信号
end Clock_div;
architecture DIV of Clock_div is
constant counter_len:integer: = 10000;
signal cnt:INTEGER range 0 to counter_len;
signal SC:STD_LOGIC;
signal cnt1:INTEGER range 0 tocounter_len;
signal cnt2:INTEGER range 0 tocounter_len;
```

```
            begin
low:process( CLK)    --先进行 10000 分频,分频后输出信号 SC
            begin
        if( CLK ' event and CLK = '1 ' ) then
        if ( cnt < 5000) then
            SC <= '1 ';
        cnt <= cnt +1;
            elsif ( cnt < 10000) then
                SC <= '0 ';
            cnt <= cnt +1;
                else
                cnt <= 0;
        end if;
        end if;
        end process;
high:process( SC)    --对 SC 进行 10000 分频,分频后输出信号 FRE 和 SCLK
            begin
        if( SC ' event and SC = '1 ' ) then
        if ( cnt1 < 5000) then
            SCLK <= '1 ';
        cnt1 <= cnt1 +1;
            elsif ( cnt1 < 10000) then
                SCLK <= '0 ';
            cnt1 <= cnt1 +1;
                else
                cnt1 <= 0;
        end if;
        if ( cnt2 < 20) then
                FRE <= '1 ';
            cnt2 <= cnt2 +1;
                elsif ( cnt2 < 40) then
                    FRE <= '0 ';
                cnt2 <= cnt2 +1;
                    else
                    cnt2 <= 0;
            end if;
        end if;
        end process;
end DIV;
```

13. 3. 2　计数模块的设计

计数模块由秒计数器和分计数器两部分构成。其中,秒计数器对 1Hz 的计数脉冲进行计数，计数满60后产生进位脉冲，与此同时，分计数器对进位脉冲进行计数，产生所需要的分钟数。

在本次设计中，计数模块主要包括秒计数模块和分计数模块两部分。秒计数模块输入端口包括 carry 和 rst，carry 接入分频器模块产生的1Hz脉冲，rst 为此模块的复位，输出端口包括 times 和 full，秒计数器计数后的结果由 times 输出，计数溢出后由 full 输出。秒计数模块的元件符号图如图13.3所示。

分计数模块输入端口包括 carry 和 rst，carry 接入秒计数模块的产生的进位，rst 为此模块的复位，输出端口为 times。分计数器计数后产生的结果由 times 输出。分计数模块的元件符号图如图13.4所示。

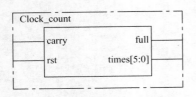

图13.3　秒计数模块的元件符号图

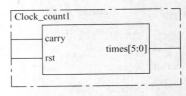

图13.4　分计数模块的元件符号图

秒计数模块 VHDL 源代码：

```
library IEEE;
use IEEE. STD_LOGIC_1164. ALL;
entity Clock_count is
    Port (    carry : in std_logic; --1Hz 输入信号
        rst    :  in std_logic; --复位信号
        times : out integer range 0 to 59; --计数输出
        full   : out std_logic ); --进位信号
end Clock_count;
architecture COUNT of Clock_count is
signal time_s : integer range 0 to 59;
begin
process(rst,carry)
begin
    ifrst = '1' then
                    time_s <=0; --复位后计数归零
                    full <= '0'; --复位后进位归零
    elsif rising_edge(carry) then
        if time_s = 59 then
                    time_s <=0;
                    full <= '1';--计数满59,进位置一
        else
                    time_s <= time_s +1;--遇到上升沿计数加一
                    full <= '0';
        end if;
    end if;
```

```
    end process;
    times <= time_s;


end COUNT;end COUNT;
```

分计数模块 VHDL 源代码：

```
library IEEE;
use IEEE. STD_LOGIC_1164. ALL;
entity Clock_count1 is
     Port (     carry : instd_logic; --1Hz 输入信号
          rst   :   in std_logic; -- 复位信号
          times : out integer range 0 to 59); --计数输出
end Clock_count1;

architecture COUNT1 of Clock_count1 is
signal time_s : integer range 0 to 59;
begin
  process(rst,carry)
  begin
    if rst = '1' then
                     time_s <=0;--复位后计数为零
        elsif rising_edge(carry) then
          if time_s =59 then
                     time_s <=0;--计数满59后归零
          else
                     time_s <= time_s +1; --遇上升沿加一
          end if;
      end if;
  end process;
  times <= time_s;


end COUNT1;
```

13.3.3　数码管显示模块的设计

在数码管显示模块中，将实现对数字钟秒和分显示。通过四位数码管分别对秒的个位、秒的十位、分的个位、分的十位进行显示。此模块依据计数器传来的结果更改对应为数码管的 7 段数据信号。与此同时，会对四位数码管进行循环显示，实现动态扫描。

在此模块中，包括输入端口 SEG_sec、SEG_min 和 FRESH。其中 SEG_sec 接入的秒计数模块的计数结果，SEG_min 接入的分计数模块的计数结果，而 FRESH 接入的是分频器模块产生的分频 FRE。此模块需要依据秒计数器模块和分计数模块传来的计数结果，分别更改此模块内部的信号 sec_l_out、sec_h_out、min_l_out 和 min_h_out。这四个信号分别对应秒计数个位的 7 段数据信号、秒计数十位的 7 段数据信号、分计数个位的 7 段数据信号和分十位的 7 段数据信号，用来输出给数码管。在模块中，每当 FRESH 产生上升沿时，将对 AN_

OUT 的数据进行更改，实现对数码管片选的控制与扫描。数码管显示模块的元件符号图如图 13.5 所示。

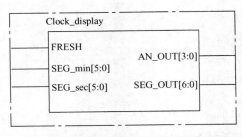

图 13.5 数码管显示模块的元件符号图

数码管显示模块 VHDL 源代码：

```vhdl
library IEEE;
use IEEE. STD_LOGIC_1164. ALL;
entity Clock_display is
    Port (SEG_sec : in INTEGER range 0 to 59;--秒计数输入
          SEG_min : in INTEGER range 0 to 59; --分计数信号
          FRESH: in STD_LOGIC; --扫描信号
          SEG_OUT:out STD_LOGIC_VECTOR (6 downto 0);--7 段信号输出
          AN_OUT:out STD_LOGIC_VECTOR (3 downto 0)--数码管片选段
    );
end Clock_display;
architecture DISPLAY of Clock_display is

signal sec_l_out: STD_LOGIC_VECTOR (6 downto 0): = "0000001";
signal sec_h_out: STD_LOGIC_VECTOR (6 downto 0): = "0000001";
signal min_l_out: STD_LOGIC_VECTOR (6 downto 0): = "0000001";
signal min_h_out: STD_LOGIC_VECTOR (6 downto 0): = "0000001";
signal anout: INTEGER RANGE 0 TO 3;

begin
saomaio:process(FRESH)
begin
if (FRESH' event and FRESH = '1') then

        if( anout = 3) then
        anout <= 0;
        else
          anout <= anout + 1;--遇到扫描信号上升沿,此信号加一
        end if;

        case anout is
            when 0    => AN_OUT <= "1110";SEG_OUT <= sec_l_out;--片选最低数码管,并输出结果
```

```
                        when 1     => AN_OUT <= "1101";SEG_OUT <= sec_h_out;
                        when 2     => AN_OUT <= "1011";SEG_OUT <= min_l_out;
                        when 3     => AN_OUT <= "0111";SEG_OUT <= min_h_out;
                        when others => AN_OUT <= "1111";
                    end case;
            end if;
            end process;


    sec:process(SEG_sec)
    begin
    case SEG_sec is
        when 0|10|20|30|40|50            => sec_l_out <= "0000001";--秒个位输出7段信号
        when 1|11|21|31|41|51            => sec_l_out <= "1001111";
        when 2|12|22|32|42|52            => sec_l_out <= "0010010";
        when 3|13|23|33|43|53            => sec_l_out <= "0000110";
        when 4|14|24|34|44|54            => sec_l_out <= "1001100";
        when 5|15|25|35|45|55            => sec_l_out <= "0100100";
        when 6|16|26|36|46|56            => sec_l_out <= "0100000";
        when 7|17|27|37|47|57            => sec_l_out <= "0001111";
        when 8|18|28|38|48|58            => sec_l_out <= "0000000";
        when 9|19|29|39|49|59            => sec_l_out <= "0000100";
        when others          => sec_l_out <= "1111111";
        end case;
        case SEG_sec is
        when 0|1|2|3|4|5|6|7|8|9                => sec_h_out <= "0000001";--秒十位输出7段信号
        when 10|11|12|13|14|15|16|17|18|19      => sec_h_out <= "1001111";
        when 20|21|22|23|24|25|26|27|28|29      => sec_h_out <= "0010010";
        when 30|31|32|33|34|35|36|37|38|39      => sec_h_out <= "0000110";
        when 40|41|42|43|44|45|46|47|48|49      => sec_h_out <= "1001100";
        when 50|51|52|53|54|55|56|57|58|59      => sec_h_out <= "0100100";
        when others          => sec_h_out <= "1111111";
        end case;
    end process;


    min:process(SEG_min)
    begin
    case   SEG_min is
        when 0|10|20|30|40|50            => min_l_out <= "0000001";--分个位输出7段信号
        when 1|11|21|31|41|51            => min_l_out <= "1001111";
        when 2|12|22|32|42|52            => min_l_out <= "0010010";
        when 3|13|23|33|43|53            => min_l_out <= "0000110";
        when 4|14|24|34|44|54            => min_l_out <= "1001100";
        when 5|15|25|35|45|55            => min_l_out <= "0100100";
```

```
        when 6|16|26|36|46|56            => min_l_out <= "0100000";
        when 7|17|27|37|47|57            => min_l_out <= "0001111";
        when 8|18|28|38|48|58            => min_l_out <= "0000000";
        when 9|19|29|39|49|59            => min_l_out <= "0000100";
        when others                      => min_l_out <= "1111111";
        end case;
        case SEG_min is
            when 0|1|2|3|4|5|6|7|8|9                     => min_h_out <= "0000001";--分十位输出7段信号
            when 10|11|12|13|14|15|16|17|18|19           => min_h_out <= "1001111";
            when 20|21|22|23|24|25|26|27|28|29           => min_h_out <= "0010010";
            when 30|31|32|33|34|35|36|37|38|39           => min_h_out <= "0000110";
            when 40|41|42|43|44|45|46|47|48|49           => min_h_out <= "1001100";
            when 50|51|52|53|54|55|56|57|58|59           => min_h_out <= "0100100";
            when others                                  => min_h_out <= "1111111";
            end case;
    end process;
end display;
```

13.3.4 数字钟的顶层设计

在成功地完成底层单元电路模块设计仿真后，可以根据数字钟电子系统组成框图完成如图13.6所示的数字钟电路顶层原理图的设计文件。该电路中 Clock_div（分频器模块）、Clock_count（秒计数模块）、Clock_count1（分计数模块）、Clock_display（数码管显示模块）为前面设计的底层单元电路模块。clk 为 Basys3 开发板自带的时钟信号，此时钟信号的频率为 100MHz；clr 为数字钟的清零信号，此位负责对数字钟进行清零；sel［3:0］为数码管的片选段信号，用来完成对数码管的选择；seg［6:0］为数码管显示的 7 段信号，用于存放数码管需要显示的数据。

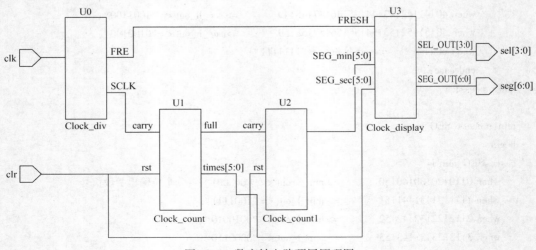

图 13.6 数字钟电路顶层原理图

数字钟的顶层设计的 VHDL 源代码：

```
library IEEE；
use IEEE. STD_LOGIC_1164. ALL；
entity Clock_digital is
 Port（clk ：in STD_LOGIC；--100Mhz 输入信号
       clr ：in STD_LOGIC；--清零信号
       seg ：out STD_LOGIC_VECTOR（6 downto 0）；--7 段输出信号
       sel ：out STD_LOGIC_VECTOR（3 downto 0））；--片选信号
end Clock_digital；

architecture DIGITAL of Clock_digital is

component Clock_div
     Port（CLK：IN STD_LOGIC；
     FRE：OUT STD_LOGIC；
     SCLK：OUT STD_LOGIC）；
end component；
component Clock_count
   Port （     carry ：instd_logic；
               rst   ：  in std_logic；
               times ：out integer range 0 to 59；
               full  ： out std_logic ）；
end component；
component Clock_count1
   Port （     carry ：in std_logic；
               rst   ：  in std_logic；
               times ：out integer range 0 to 59）；
end component；
component Clock_display
     Port （SEG_sec ：in INTEGER range 0 to 59；
           SEG_min ：in INTEGER range 0 to 59；
           FRESH：in STD_LOGIC；
           SEG_OUT：out STD_LOGIC_VECTOR（6 downto 0）；
           AN_OUT：out STD_LOGIC_VECTOR（3 downto 0）
   ）；
end component；
signal fre1：STD_LOGIC；
signal sclk1：STD_LOGIC；
signal sec：integer range 0 to 59；
signal min：integer range 0 to 59；
signal cin：STD_LOGIC；

begin
```

U0:Clock_div port map(clk,fre1,sclk1);

U1:Clock_count port map(sclk1,clr,sec,cin);

U2:Clock_count1 port map(cin,clr,min);

U3:Clock_display port map(sec,min,fre1,seg,sel);

end DIGITAL;

启动 Vivado 2014.4 集成开发环境，参照前面 Vivado 集成开发环境相关章节创建一个基于 Basys3 开发板的新的设计工程，将分频模块、秒计数模块、分计数模块、数码管显示模块以及数字钟顶层设计的源代码添加到新建的工程中。单击 Vivado 集成开发环境左侧 "Flow Navigator" 窗口中 "Synthesis" 选项卡下的 "Run Synthesis" 选项进行综合操作。综合完成后可以查看该设计相应的原理图和报告。

13.3.5 引脚约束

为了能对所设计的数字钟进行硬件测试，应为设计添加引脚约束，使得其输入信号锁定到开发板的目标芯片的引脚上，然后进行设计实现，并生成二进制文件，最后对目标芯片进行编程下载，完成数字钟电路的最终开发。

本设计采用的 Basys3 开发板，使用的芯片为 xc7a35tcpg236-1。选定好硬件引脚后，参照前面 Vivado 集成开发环境相关章节，在综合完成后的 Vivado 设计窗口的菜单栏中找到 "Default Layout" 下拉菜单，选中 "I/O Planning" 打开引脚绑定窗口。clk 接入外部时钟对应 Basys3 开发板的 W5 接口，此接口输出频率为 100MHz 的基准时钟；clr 接入 Basys3 开发板的 T18 接口，此接口对应 Basys3 开发板的 BTNU 按键；seg[6:0] 分别接入 W7、W6、U8、V8、U5、V5、U7，对应数码管的 7 段信号 CA、CB、CC、CD、CE、CF、CG；sel[3:0] 分别接入 W4、V4、U4、U2，对应数码管的四位片选位，以此来添加引脚约束。绑定完成后右击 "I/O Ports" 窗口任意位置，在弹出的悬浮菜单栏中选择 "Export I/O Ports..." 选项导出引脚约束文件，如图 13.8 所示。

图 13.7　数字钟的端口选择

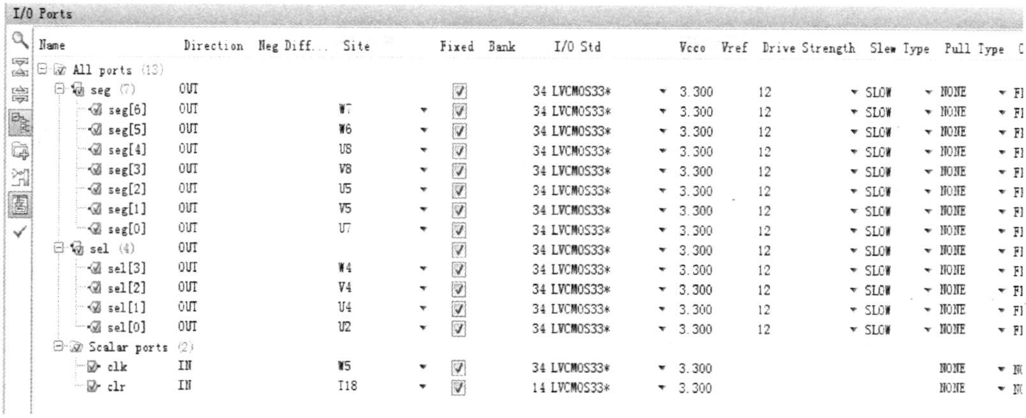

图 13.8 数字钟引脚约束

13.3.6 硬件测试

完成引脚锁定工作后，对设计进行实现与分析，最后生成编程文件并对 FPGA 芯片进行配置。将 Basys3 开发板与计算机相连，连接好后，等驱动安装完毕。单击"Open Target"选项下的"Open New Target"选项，开启向导。单击"Flow Navigator"窗口中的"Program and Debug"选项下的"Generate Bitstream"生成比特流文件。然后在"Flow Navigator"窗口的"Program and Debug"选项下选择"Hardware Manager"来打开硬件管理器。右击"Hardware"窗口中刚刚添加的芯片，选择"Program Device"将之前生成的比特流导入到芯片中。

● **本章小结**

本章主要介绍了一个简单的数字钟的设计，首先介绍了数字钟的设计要求和功能，然后介绍了数字钟的层次化设计方案，主要包括三部分内容，分别是分频器模块、计数模块和数码管显示模块，之后对数字钟进行了顶层设计和仿真。最后对本次设计进行了硬件测试。

第 14 章
UART实验设计

14.1　设计要求

　　利用 Vivado 设计套件和 Basys3 开发板完成 UART 接收器和发送器的设计与实现。具体要求如下：对于接收器来说，它可以接收来自计算机的串口工具发送的 8 位信息，信息是否接收完毕可以通过 Basys3 开发板上的 1 个 LED 灯显示，当信息接收完毕后该 LED 灯被点亮；同时将接收到的 8 位信息通过开发板上其他 8 个 LED 灯显示，如果接收到的某一位信息为逻辑'1'，就将对应位置的 LED 灯点亮，如果接收到的某一位信息为逻辑'0'，就将对应位置的 LED 灯熄灭。对于发送器来说，它可以通过 Basys3 开发板上的 8 个拨码开关设置想要发送的 8 位信息，当拨码开关向上拨动时，表示将要发送的当前信息位为逻辑'1'，当拨码开关向下拨动时，表示将要发送的当前信息位为逻辑'0'；通过另外一个拨码开关控制是否发送信息，当拨码开关向下拨动时表示处于设置将要发送信息的状态，当拨码开关向上拨动时表示处于发送信息的状态；信息是否发送完毕可以通过 Basys3 开发板上的 1 个 LED 灯显示，当信息发送完毕后该 LED 灯被点亮。

14.2　原理描述

　　数据通信的基本方式可以分为串行通信和并行通信两种。

　　串行通信：利用一条传输线将数据一位一位地顺序传输，特点是通信线路简单，成本较低，适用于远距离通信，但是传输速率相对较慢。

　　并行通信：利用多条数据传输线将数据同时传输，特点是传输速率快，适用于短距离通信。

　　在计算机的数据通信中，外设一般不能与计算机直接进行连接，它们之间的信息交换主要存在以下 3 个问题：首先，速度不匹配，外设的工作速度和计算机的工作速度通常来说是不一样的，不同外设之间的工作速度也存在差异；其次，数据格式不匹配，不同的外设在进行信息存储和处理时的数据格式可能不同；最后，信息类型不匹配，不同的外设可能采用不同类型的信息。为了解决外设和计算机之间的信息交换问题，就需要一个信息交换的中转站——接口。接口的基本功能是为系统总线和 I/O 设备之间传输信号过程提供缓冲，以满足接口两边的时序要求，如图 14.1 所示。UART 控制器是最常用的接口之一。

　　通用异步收发传输器（Universal Asynchronous Receiver/Transmitter, UART）是一种应用广泛、协议简单、易于调试的串行传输接口，主要用于短距离、低速率、低成本的数据的计算机和外设之间的交流。工作原理是将数据按照传输协议一位接一位地进行传输。UART 可

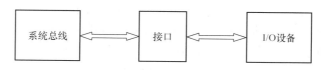

图 14.1 接口功能示意图

以实现通信中数据的串并转换，且能进行奇偶校验，将计算机内部传送过来的并行数据转换为串行数据流加入奇偶校验位后输出，或者将计算机外部来的串行数据奇偶校验后转换为字节，供计算机内部使用并行数据的器件使用。

基本的 UART 通信只需要两条信号线（一根线用于接收数据，一根线用于发送数据）就可以完成数据的全双工通信任务。TxD 是 UART 的发送端口，RxD 是 UART 的接收端口。UART 的信号线上有两种状态，分别用逻辑 '1' 和逻辑 '0' 区分。在发送器空闲时，数据线应保持在逻辑高电平状态。发送器通过发送起始位开始数据的传送，起始位使数据线处于逻辑 '0' 状态，提示接收器数据传输即将开始。数据位一般是 5~8 位，低位在前，高位在后。校验位用来判断接收的数据位是否正确，一般采用奇偶校验。停止位在最后，用以标志 UART 的数据传输结束，它对应于逻辑 '1' 状态，可以为 1 位、1.5 位或者 2 位。UART 的帧格式由起始位（Start Bit）、5~8 位数据位（Data Bits）、校验位（Parity Bit）和停止位（Stop Bit）构成，如图 14.2 所示。

图 14.2 UART 通信帧格式

起始位：由于 UART 没有控制线，为了让接收器知道什么时候开始接收数据，需要在发送数据之前，先发送一个逻辑 '0' 的信号作为数据发送的起始标识，表示数据传输即将开始，接收器处于空闲状态时，当检测到有一个低电平出现后，就开始准备接收数据。

数据位：紧接着起始位之后是数据位，数据位的个数可以是 5 位、6 位、7 位或者 8 位。具体是几位数据需要在数据传输之前由接收方和发送方共同决定。通常数据位从最低位开始传送。

校验位：紧接着数据位之后是校验位，通常采用奇偶校验的校验方式，是可选位，目的是为了验证数据传输的正确性。接收方可以根据该位判断接收的数据是否正确。

停止位：它是帧的结束标志，可以是 1 位、1.5 位或者 2 位的高电平。由于数据是在传输线上定时传输的，并且每一个设备都有自己的时钟，很可能在通信中两台设备间出现一个小小的不同步。因此停止位不仅仅是表示数据的结束，也为设备间提供了校正时钟同步的机会。当停止位的位数越多时，不同时钟同步的容忍程度越大，但是数据传输速率会相对减慢。

空闲位：空闲状态表明当前 UART 总线上没有数据进行传输，总线处于逻辑 '1' 的状态。

由于 UART 没有同步时钟线，而接收方和发送方需要进行正确的数据传输，因此需要在接收方和发送方定义一个一致的位时钟，也就是 UART 总线上一个位所占用的时间，也就是波特率。波特率是串口通信时的速率，是衡量数据传送速率的指标，单位是 bit/s（baud per second），表示每秒钟传送的符号数。常用的波特率有 9600bit/s、19200bit/s、38400bit/s、57600bit/s 和 115200bit/s 等。当波特率选择 115200bit/s 时，如果 UART 定义传输帧由 1 位起始位、8 位数据位、无校验位和 1 位停止位构成，那么最大的数据传输率为 11520bit 每秒（115200bit/s/（1 + 8 + 1））。

为了使接收方和发送方能够进行同步检测，接收器通常采用比波特率更高频率的时钟来进行数据采用，以提高定位采样的分辨能力和抗干扰能力。这个频率的倍数被称作波特率因子，通常可以选取 16、32 或者 64。

UART 接收和发送数据的过程如下：发送数据时，将并行数据写入缓冲区中，通过 UART 按照上面提到的协议格式将数据串行发送出去。首先通过 TxD 端口发送起始位，然后发送数据位和奇偶数校验位，最后发送停止位，发送过程由发送状态机控制，每次只发送 1 位数据，经过若干个时钟周期完成发送操作；接收数据时，不断监视 RxD 端口的状态，当其检测到起始位后，开始启动数据的接收操作。数据接收过程由接收状态机控制，每次只接收 1 位数据，接收到的串行数据先存放在缓冲区中，经过若干个时钟周期完成数据的接收后再通过读取缓冲区获得接收到的并行数据。

14.3　接收器的层次化设计方案

UART 接收器由两个模块构成，一个是分频模块，另一个是接收器模块，如图 14.3 所示。

分频模块的功能是对 Basys3 开发板的 100MHz 默认系统时钟进行分频操作，产生用于接收器接收数据所需的时钟信号，保证接收器和发送器能够进行正确的数据传输，在本实验中接收器的波特率设置为 115200bit/s，传输过程中的数据位为 8 位，没有校验位，停止位为 1 位；接收器模块的功能是通过 RxD 端口接收由计算机上的串口工具发送过来的 8 位信息。接收器模块的输入时钟为分频模块对 100MHz 系统默认时钟分频后的时

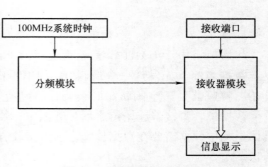

图 14.3　接收器结构框图

钟信号。接收器模块不断检测接收端口，当检测到开始位来临后，开始准备接收数据，接收数据的工作通过状态机完成，状态机有 5 个状态，分别是等待起始状态，在该状态下，状态机不断检测接收端口，判断是否有起始位来临；起始位确认状态，在该状态下，状态机判断是否当前来临的起始位是一个稳定的起始位，而不是由于信号波动等原因产生的；等待状态，为了使接收方和发送方能够进行同步检测，接收器通常采用比波特率更高频率的时钟来进行数据采样，以提高定位采样的分辨能力和抗干扰能力。在该状态下，状态机处于等待状态，为了后续精确采样做准备；采样检测状态，在该状态下，状态机开始对接收端口接收的数据进行采样操作，将采样得到的数据存放到缓冲区中；停止状态，在该状态下，状态机已

经完成了数据的接收工作，开始停止接收过程，等待下一次数据接收操作。在没有数据传输时，状态机处于等待起始状态，当检测到起始位来临后，状态机进入起始位确认状态，如果该起始位确实是一个稳定的起始位，就进入接收数据阶段，如果不是就返回等待起始状态。在接收数据阶段，为了精确采样，首先在等待状态下等待 16 个时钟周期，然后在第 16 个时钟周期通过采样检测状态对数据进行采样，并将数据存放到缓存区中，然后再进入等待状态。当所有数据全部接收完成后，进入停止状态，停止操作完成后，状态机再次返回到等待起始状态，等待下一次数据接收工作的开始。将由发送端发送过来的数据通过状态机接收完毕后，会通过 1 个 LED 灯显示接收是否已经完成，当该 LED 灯被点亮时表示接收工作已经完毕，同时，接收器模块会将接收到的 8 位数据通过开发板上的 8 个 LED 灯显示出来。

14.3.1 分频模块

分频模块的功能是对 Basys3 开发板的 100MHz 默认系统时钟进行分频操作，产生用于接收器接收数据所需的时钟信号，保证接收器和发送器能够进行正确的数据传输。

在本实验中接收器的波特率设置为 115200bit/s，传输过程中的数据位为 8 位，没有校验位，停止位为 1 位。为了满足上述性能指标，可以通过对 Basys3 开发板默认的 100MHz 系统时钟进行分频操作实现。在本实验中，为了对收发数据进行精确采样，波特率因子选取 16。因此该模块产生的时钟频率不是波特率的时钟频率，而是波特率时钟频率的 16 倍。根据给定的晶振时钟和要求的波特率，可以根据如下公式计算分频计数值。

$$分频计数值 = (int)(clk/(x*16))-1$$

其中：clk 为晶振时钟，x 为选取的波特率，int 表示取整操作。

通常情况下，使用 UART 传输 10bit 数据的时间误差应该小于 1.87%。所以在计算分频计数值的时候需要注意，取整的时候误差不能太大。如果出现误差较大的情况，可以选择使用频率更高的时钟或者降低波特率。

Basys3 开发板的默认时钟频率为 100MHz，为了获得 115200bit/s 的波特率，通过上面的公式计算可知，分频计数值为 53。通过计数分频的方法，每当系统时钟经过 53 个时钟上升沿时，翻转一次输出时钟信号，就可以获得本实验所需要的时钟信号。分频模块的 VHDL 代码如下：

```
library IEEE;
use IEEE. STD_LOGIC_1164. ALL;
use IEEE. STD_LOGIC_ARITH. ALL;
use IEEE. STD_LOGIC_UNSIGNED. ALL;

entity baud is
Port ( clk : in STD_LOGIC;          -- Basys3 开发板默认时钟频率
       reset : in STD_LOGIC;        --reset 为'1'时,进行复位操作
       clk1 : out STD_LOGIC         -- 分频后时钟
);
end baud;
```

```
architecture Behavioral of baud is
begin
process( clk, reset)
variable cnt: integer : = 0; --分频计数值为53,初始值为0
begin
if reset = '1' then        --复位操作
    cnt : = 0;
    clk1  <=  '0';
elsif clk'event and clk = '1' then --上升沿来临
    if cnt = 106 then--每当53个时钟上升沿来临后,翻转一次输出信号
        cnt : = 0;
    end if;
    if cnt < 53 then
        cnt : = cnt + 1;
        clk1  <=  '1';
    else
        cnt : = cnt + 1;
        clk1  <=  '0';
    end if;
end if;
end process;
end Behavioral;
```

14.3.2　接收器模块

接收器模块的功能是通过 RxD 端口接收由计算机上的串口工具发送过来的 8 位信息。该模块的输入时钟为分频模块对 100MHz 系统默认时钟分频后的时钟信号，数据通过接收端口 TxD 进行接收，由发送端发送，输出信号 receivem 作用于 Basys3 开发板的 8 个 LED 灯，显示接收到的 8 位数据，当 LED 灯被点亮时，表示接收到的对应位信息为逻辑'1'，当 LED 灯被熄灭时，表示接收到的对应位信息为逻辑'0'，输出信号 receiver 作用于开发板上另外 1 个 LED 灯，显示是否已经接收完毕，当该 LED 灯被点亮后表示数据接收完成。

接收器模块的接收过程主要通过接收状态机完成，该状态机有 5 个状态，状态图如图 14.4 所示。

R_START 状态（等待起始状态）：当接收器模块复位后，接收模块就处于该状态，在该状态下，状态机不断检测 RxD 端口，等待信号的电平跳转，从逻辑'1'转变为逻辑'0'，即起始位来临，意味着新的数据传输的开始。当检测到起始位后，状态机将跳转到 R_CENTER 状态判断是否当前起始位为一个稳定的起始位。

R_CENTER 状态（起始位确认状态）：判断是否当前来临的起始位是一个稳定的起始位，而不是由于信号波动等原因产生的，当确认当前电平跳转确实是起始位来临后跳转到 R_WAIT 状态开始接收过程，否则跳转到 R_START 状态继续等待起始位的来临。

R_WAIT 状态（等待状态）：为了使接收方和发送方能够进行同步检测，本实验采用 16 倍波特率频率的时钟进行数据采样，以提高采样的分辨能力和抗干扰能力。在该状态下，状态

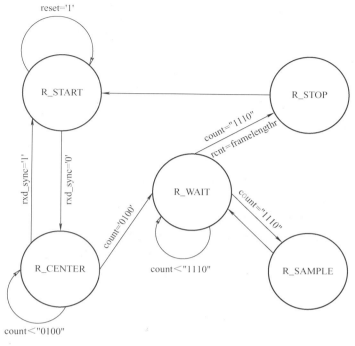

图 14.4 接收器模块接收功能简易状态图

机处于等待状态，等待 16 个时钟周期，为后续精确采样做准备。当第 16 个时钟周期时，进入 R_SAMPLE 状态开始进行数据位的采样检测，同时也判断采样数据的长度是否已经达到 8 位，如果已经达到，表明数据接收完毕，进入 R_STOP 状态。

R_SAMPLE 状态（采样检测状态）：进行数据位的采样检测，然后将采样得到的数据存放到缓冲区中，完成后无条件跳转到 R_WAIT 状态，等待下次采样操作。

R_STOP 状态（停止状态）：状态机完成了数据的接收工作，开始停止接收过程，令传输完成信号有效，之后跳转到 R_START 状态，等待下一次数据接收操作。

为了保证接收到的输入信号的稳定性，本实验采用建立同步信号的方法对 RxD 接收端口的输入信号进行同步操作，同步后的信号为 rxd_sync。

接收状态机的工作流程如下：在没有数据传输时，状态机处于 R_START 状态，不断检测 rxd_sync 的信号值，当 rxd_sync 信号由逻辑'1'跳变到逻辑'0'时，进入 R_CENTER 状态判断当前起始位是否是一个稳定的起始位，当起始位信号保持了 4 个时钟周期时就认为该起始信号是一个稳定的起始位，如果该起始位不是一个稳定的起始位就跳转到 R_START 状态继续对接收端口信号进行监测；如果该起始位是一个稳定的起始位就跳转到 R_WAIT 状态，开始接收数据过程。接收数据过程主要由 R_WAIT 状态和 R_SAMPLE 状态构成，为了使接收方和发送方能够进行同步检测，本实验采用 16 倍波特率的频率的时钟进行数据采样，以提高采样的分辨能力和抗干扰能力。在 R_WAIT 状态时，状态机进行 16 个时钟周期的等待，并且判断是否已经接收了 8 位数据，如果没有接收够 8 位数据，就进入 R_SAMPLE 状态对接收信号进行采样操作，并将接收后的数据放到缓冲区中，然后再跳转回 R_WAIT 状态；如果已经接收了 8 位数据，就进入 R_STOP 状态，等待停止操作完成后，跳转到 R_START 状态，等待下一次数据接收工作的开始。

当接收状态机接收完数据后，会通过 1 个 LED 灯显示接收已经完成，同时，接收器模块会将接收到的 8 位数据通过开发板上的 8 个 LED 灯显示出来。接收器模块的 VHDL 代码如下：

```vhdl
library IEEE;
use IEEE. STD_LOGIC_1164. ALL;
use IEEE. STD_LOGIC_ARITH. ALL;
use IEEE. STD_LOGIC_UNSIGNED. ALL;

entity receiver is
generic( framelengthr: integer : = 8); --接收缓冲区大小,framelengthr 表示接收数据长度
Port ( clk : in STD_LOGIC; -- 时钟,波特率的 16 倍
       reset : in STD_LOGIC; -- 复位信号,为'1'时有效
       rxd : in STD_LOGIC; -- 接收数据,通过 RxD 端口接收
       receiver : out STD_LOGIC; -- 数据接收完毕信号,为'1'表示接收完毕
       receivem : out STD_LOGIC_VECTOR (7 downto 0) -- 数据接收缓存
);
end receiver;

architecture Behavioral of receiver is
type STATES is (R_START, R_CENTER, R_WAIT, R_SAMPLE, R_STOP);
                                        --接收器的五种状态
signal State: STATES : = R_START;   -- 初始状态为 R_START
signal rxd_sync: STD_LOGIC;   -- rxd 的同步信号
begin
process(rxd) --同步 rxd 信号
begin
if rxd = '0' then
    rxd_sync <= '0';
else
    rxd_sync <= '1';
end if;
end process;
process(clk, reset, rxd_sync)
variable count : STD_LOGIC_VECTOR (3 downto 0) : = "0000"; --计数器,用于记录
                                        --时钟周期个数,每 16 个时钟为一个周期
variable rcnt : INTEGER : = 0;      -- 接收缓冲区下标
variable rbufs: STD_LOGIC_VECTOR ( 7 downto 0) : = "00000000"; --接收缓冲区
begin
if reset = '1' then            -- 复位操作
    State <= R_START;       -- 复位后状态为 R_START
    count : = "0000";      -- 计数器清零
elsif clk'event and clk = '1'then
```

```
case State is
    when R_START => -- R_START 状态
        if rxd_sync = '0' then --电平从'1'变为'0',起始位来临
            State <= R_CENTER; -- 当检测到起始位时,进入 R_CENTER 状态,判断是否是一个
稳定的开始位
            receiver <= '0';
            rcnt : = 0;-- 数据缓冲区下标清零
        else State <= R_START; --如果没有接收到起始位,继续检测
            receiver <= '0';
        end if;
    when R_CENTER => --检测是否为稳定的起始位
        ifrxd_sync = '0' then
            if count = "0100" then      --如果起始位保持了 4 个时钟周期
                State <= R_WAIT;    -- 就确认该起始位是一个稳定的起始位
                count : = "0000";
            else count : = count + 1;
                State <= R_CENTER;
            end if;
        else
            State <= R_START;   --如果起始位没有保持 4 个时钟周期
        end if;                 --就确认该起始位不是一个稳定的起始位
    when R_WAIT =>
--R_WAIT 状态, 当状态机处于这一状态时, 等待计满 16 个时钟周期, 在第 16 个时钟周期
进入 R_SAMPLE 状态进行数据位的采样检测, 同时该状态下也会判断数据位长度是否已经
达到 8 位, 如果达到, 进入 R_STOP 状态
        if count >= "1110" then-- 第 15 个周期时,
            if rcnt = framelengthr then      -- 如果数据接收完毕,进入停止状态
                State <= R_ STOP;
            else State <= R_ SAMPLE;     -- 否则, 进入 R_ SAMPLE 状态
            end if;
            count : = "0000"; -- 下一个采样周期的开始
        else count : = count + 1; --未达到第 15 个周期, count + +
            State <= R_ WAIT;
        end if;
    when R_ SAMPLE =>
    --R_ SAMPLE 状态, 对数据进行采样, 将采样后的数据存放到缓冲区中, 完成后无条件
状态机转入 R_ WAIT 状态
        rbufs (rcnt) : = rxd_ sync; -- 进行数据采样
        rcnt : = rcnt + 1; --下标向高位移一位
        State <= R_ WAIT; -- 进入 R_ WAIT 状态
    when R_ STOP =>
    --R_ STOP 状态, 数据传输完毕, 输出接收完成信号, 转入 R_ START 状态
        receiver <= '1';
```

```
            receivem <= rbufs; -- 保存接收数据
            State <= R_ START;
        when others => STATE <= R_ START; --其他未知状态产生后跳转到 R_ START 状态
    end case;
end if;
end process;
end Behavioral;
```

14.3.3   接收器

根据图 14.3 的结构框图将分频模块和接收器模块进行连接实现接收器功能。接收器顶层设计的 VHDL 代码如下：

```
library IEEE;
use IEEE. STD_LOGIC_1164. ALL;
use IEEE. STD_LOGIC_ARITH. ALL;
use IEEE. STD_LOGIC_UNSIGNED. ALL;

entity TopReceive is
Port ( clk100mhz : in STD_LOGIC;          -- Basys3 的时钟
        reset : in STD_LOGIC;             -- reset = '1'时复位
        rxd : in STD_LOGIC;               --接收数据端口
        receiver : out STD_LOGIC; -- 数据接收完毕后该位置'1',表示接收完成
        receivem : out STD_LOGIC_VECTOR (7 downto 0)); --数据接收缓冲区
end TopReceive;

architecture Behavioral of TopReceive is
component baud      -- 分频模块
Port(
clk :in STD_LOGIC;
reset :in STD_LOGIC;
clk1 :out STD_LOGIC
);
end component;
component receiver   -- 接收器模块
Port(clk : in STD_LOGIC;
reset : in STD_LOGIC;
rxd : in STD_LOGIC;
receiver : out STD_LOGIC;
receivem : out STD_LOGIC_VECTOR (7 downto 0)
);
end component;
signal b:STD_LOGIC;
begin
```

```
u1 :
baud port map( clk  => clk100mhz,
reset  =>  reset,
clk1  =>  b
);
u2 :
receiver port map(
clk  =>  b,
reset  =>  reset,
rxd  => rxd,
receiver  => receiver,
receivem  => receivem
);
end Behavioral;
```

启动 Vivado 2014.4 集成开发环境，参照前面 Vivado 集成开发环境相关章节创建一个基于 Basys3 开发板的新的设计工程，名字为"myreceiver"。将分频模块、接收器模块以及接收器顶层设计的源代码添加到新建的工程中。单击 Vivado 集成开发环境左侧"Flow Navigator"窗口中"Synthesis"选项卡下的"Run Synthesis"选项进行综合操作。综合完成后可以查看该设计相应的原理图和报告。

14.3.4 引脚约束

为了实现接收器的功能，本实验将 Basys3 开发板上左侧 8 个 LED 灯用于接收信息的显示，输入由 RxD 端口提供，最右侧的 LED 用于显示接收是否完成，最右侧的拨码开关用于复位控制，时钟输入选择 Basys3 默认的 100MHz 时钟，如图 14.5 所示。

图 14.5　接收器端口选择

选定好硬件引脚后，参照前面 Vivado 集成开发环境相关章节，在综合完成后的 Vivado 设计窗口的菜单栏中找到"Default Layout"下拉菜单，选中"I/O Planning"打开引脚绑定窗口。将时钟输入端口绑定到 Basys3 开发板上默认的时钟端口"W5"，将接收器输入端口绑定 RxD 端口"B18"，将复位端口绑定到最右侧的拨码开关端口"V17"，将接收完成信号输出端口绑定到最右侧的 LED 灯端口"U16"，将接收信号输出端口的每一位输出端口分别绑定到 8 个 LED 灯端口"L1""P1""N3""P3""U3""W3""V3"和"V13"，最终绑定结果如图 14.6 所示。绑定完成后右击"I/O Ports"窗口任意位置，在弹出的悬浮菜单栏中选择"Export I/O Ports..."选项导出引脚约束文件。

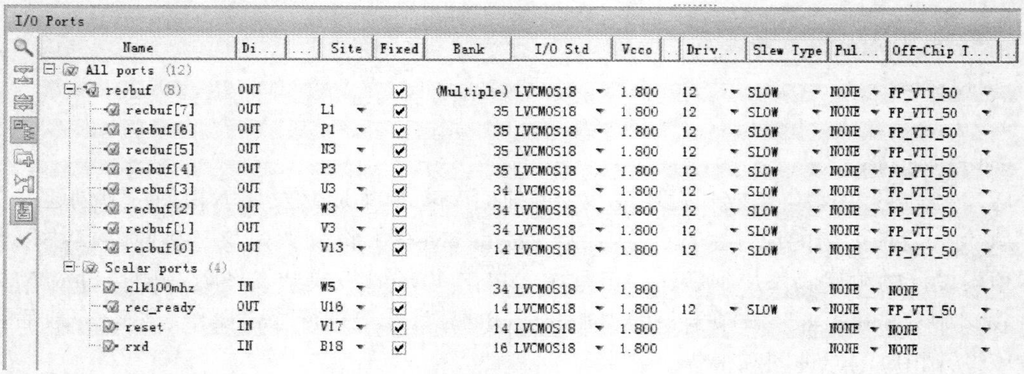

I/O Ports													
Name	Di...		Site	Fixed	Bank	I/O Std	Vcco	Driv...		Slew Type	Pul...	Off-Chip T...	
☑ All ports (12)													
☑ recbuf (8)	OUT			☑	(Multiple)	LVCMOS18	1.800	12	▼	SLOW	NONE ▼	FP_VTT_50	▼
☑ recbuf[7]	OUT		L1 ▼	☑	35	LVCMOS18	1.800	12	▼	SLOW	NONE ▼	FP_VTT_50	▼
☑ recbuf[6]	OUT		P1 ▼	☑	35	LVCMOS18	1.800	12	▼	SLOW	NONE ▼	FP_VTT_50	▼
☑ recbuf[5]	OUT		N3 ▼	☑	35	LVCMOS18	1.800	12	▼	SLOW	NONE ▼	FP_VTT_50	▼
☑ recbuf[4]	OUT		P3 ▼	☑	35	LVCMOS18	1.800	12	▼	SLOW	NONE ▼	FP_VTT_50	▼
☑ recbuf[3]	OUT		U3 ▼	☑	34	LVCMOS18	1.800	12	▼	SLOW	NONE ▼	FP_VTT_50	▼
☑ recbuf[2]	OUT		W3 ▼	☑	34	LVCMOS18	1.800	12	▼	SLOW	NONE ▼	FP_VTT_50	▼
☑ recbuf[1]	OUT		V3 ▼	☑	34	LVCMOS18	1.800	12	▼	SLOW	NONE ▼	FP_VTT_50	▼
☑ recbuf[0]	OUT		V13 ▼	☑	14	LVCMOS18	1.800	12	▼	SLOW	NONE ▼	FP_VTT_50	▼
☑ Scalar ports (4)													
☑ clk100mhz	IN		W5 ▼	☑	14	LVCMOS18	1.800				NONE ▼	NONE	▼
☑ rec_ready	OUT		U16 ▼	☑	14	LVCMOS18	1.800	12	▼	SLOW	NONE ▼	FP_VTT_50	▼
☑ reset	IN		V17 ▼	☑	14	LVCMOS18	1.800				NONE ▼	NONE	▼
☑ rxd	IN		B18 ▼	☑	16	LVCMOS18	1.800				NONE ▼	NONE	▼

图 14.6　接收器引脚约束

接下来，单击 Vivado 集成开发环境左侧"Flow Navigator"窗口中"Implementation"选项卡下的"Run Implementation"选项进行实现操作。实现完成后可以查看该设计相应的原理图和报告。

14.3.5　硬件测试

首先将 Basys3 开发板与计算机相连，等待相关驱动安装完成。然后参照前面 Vivado 集成开发环境相关章节将接收器设计进行生成比特流文件操作，单击 Vivado 集成开发环境左侧"Flow Navigator"窗口中"Program and Debug"选项卡下的"Generate Bitstream"选项进行生成比特流操作。比特流生成完毕后，单击该选项卡下的"Open Hardware Manager"选项打开硬件管理器，选中与计算机相连的本地芯片，即 Basys3 开发板，将比特流文件下载到芯片中。

比特流文件下载完成后，代码就会在 Basys3 开发板上执行，程序不断检测 RxD 端口的信号，判断是否有起始位来临。为了测试 UART 接收器的功能，首先打开任意一款串口调试工具（串口调试工具是一种简易的测试串口功能的工具，只要选择好端口，设置好传输属性就可以进行串口的收发数据测试），如图 14.7 所示。然后，设置串口调试工具的属性参数信息，在本实验中，选择串口端口为 COM10，不同计算机串口号可能会不同，将波特率设置为 115200，数据位设置为 8，校验位设置为 None，停止位设置为 1，发送设置和接收设置下传输信息的表示形式选择 Hex（16 进制表示）。最后，在图 14.7 右下窗口中输入要发送的 8 位数据信息"01000100"（其 16 进制表示为 44），单击【发送】按钮发送数据。之后

Basys3 开发板就会接收到由计算机上的串口调试工具发送的 8 位数据信息，接收完成后接收完成指示 LED 灯就会被点亮，并将接收到的 8 位数据信息通过 8 个 LED 灯显示出来。

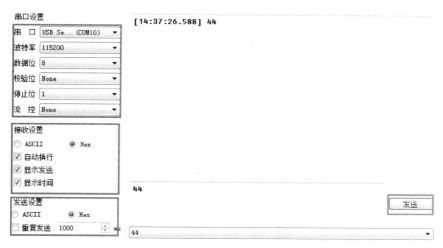

图 14.7　串口测试窗口

14.4　发送器的层次化设计方案

UART 发送器由两个模块构成，一个是分频模块，另一个是发送器模块，如图 14.8 所示。

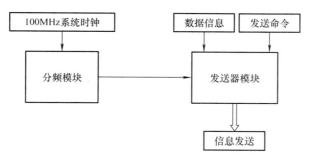

图 14.8　发送器结构框图

分频模块的功能是对 Basys3 开发板的 100MHz 默认系统时钟进行分频操作，产生用于发送器发送数据所需的时钟信号，保证发送器和接收器能够进行正确的数据传输，在本实验中发送器和接收器相同，波特率设置为 115200bit/s，传输过程中的数据位为 8 位，没有校验位，停止位为 1 位；发送器模块的功能是通过 TxD 端口发送 Basys3 开发板上设置的 8 位信息。发送器模块的输入时钟为分频模块对 100MHz 系统默认时钟分频后的时钟信号。发送之前，可以通过 Basys3 开发板上的 8 个拨码开关设置想要发送的 8 位信息，当拨码开关向上拨动时，表示将要发送的信息位为逻辑'1'；当拨码开关向下拨动时，表示将要发送的信息位为逻辑'0'。设置完成之后通过开发板上最右侧的拨码开关控制发送数据，当拨码开关向上拨动时，表示开始发送数据。数据发送完成后，开发板上最右侧的 LED 灯被点亮，表示 8 位数据已经发送完成。发送数据的工作通过状态机完成，状态机有 5 个状态，分别是空闲状态，在该状态下，状态机处于空闲，等待发送命令的到来；起始状态，在该状态下，状态机发送向 TxD 端口发送一位起始位，通知接收器准备接收数据；等待状态，为了使接收方和发送方能够进行同步检测，发送器通常采用比波特率更高的频率的时钟来进行数据的发送，以提高定位采样的分辨能力和抗干扰能力。在该状态下，状态机处于等待状态，为发送数据做准备；发送状态，在该状态下，状态机开始发送数据；停止状态，在该状态下，状态机已经完成了数据的发送工作，开始停止发送过程，等待下一次数据发送操作。在没有数据传输时，状态机处于空闲状态，当检测到发送命令来临后，状态机进入起始状态，向 TxD 端口发送一位起始位，通知接收器开始准备接收数据，紧接着状态机进入发送数据阶段。在发送数据阶段，为了保证数据被精确采样，首先在等待状态下等待 16 个时钟周期，然后在第 16 个时钟周期通过发送一位数据，然后再进入等待状态。当所有数据全部发送完成后，进入停止状态，停止操作完成后，状态机再次返回到空闲状态，等待下一次数据发送工作的开始。所有数据通过 TxD 发送端口发送完毕后，会通过 1 个 LED 灯显示发送已经完成。

14.4.1　分频模块

发送器使用的分频模块和接收器使用的分频模块相同。

14.4.2　发送器模块

发送器模块的功能是通过 TxD 端口发送 Basys3 开发板上设置的 8 位信息。该模块的输入时钟为分频模块对 100MHz 系统默认时钟分频后的时钟信号，数据通过发送端口 TxD 进行发送，由接收端接收，输入信号 txdbuf 由 Basys3 开发板左侧的 8 个拨码开关控制输入，设置将要发送到的 8 位数据，当拨码开关向上拨动时，表示发送的对应位信息为逻辑'1'，当拨码开关向下拨动时，表示发送的对应位信息为逻辑'0'，输入信号 transcom 由开发板上最右侧的 1 个拨码开关控制，表示是否要发送设置完成的 8 位信息，当该拨码开关向上拨动时表示发送数据，输出信号 txd_done 作用于开发板最右侧的 LED 灯，表示数据是否已经发送完毕，当 LED 灯被点亮时，表示 8 位数据已经发送完成。

发送器模块的发送过程主要通过发送状态机完成，该状态机有 5 个状态，状态图如图 14.9 所示。

X_IDLE 状态（空闲状态）：当发送器模块复位后，就处于该状态，在该状态下，状态机一直等待发送命令 transcom 的来临，当接收到该命令后，状态机将 busy 信号置'1'，表示该状态机脱离空闲状态，进入工作状态，同时跳转到 X_START 状态，准备发送起始位信号。

X_START 状态（起始状态）：在该状态下，发送起始位至 TxD 端口，通知接收器开始准备接收数据。为了使接收器能够进行精确采样，本实验采用 16 倍波特率的时钟发送数据，起始位发送完成后跳转到 X_SHIFT 状态开始发送过程。

X_WAIT 状态（等待状态）：为了使接收方和发送方能够进行同步检测，本实验采用 16 倍波特率频率的时钟进行数据采样，以提高采样的分辨能力和抗干扰能力。在该状态下，状态机处于等待状态，等待 16 个时钟周期，为后续发送数据做准备。当第 16 个时钟周期时，进入 X_SHIFT 状态开始进行数据位的发送操作，同时也判断已发送数据的长度是否已经达到 8 位，如果已经达到，表明数据发送完毕，进入 X_STOP 状态。

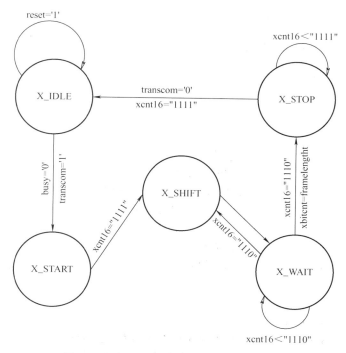

图 14.9　发送器模块发送功能简易状态图

X_SHIFT 状态（发送状态）：进行数据位的发送操作，完成后无条件跳转到 X_WAIT 状态，等待下次发送操作。

X_STOP 状态（停止状态）：状态机完成了数据的发送工作，停止发送过程，开始发送停止信号逻辑 '1'。之后令发送完成信号有效，当撤销发送命令后，跳转到 X_IDLE 状态，等待下一次数据发送操作。

发送状态机的工作流程如下：在没有发送命令时，状态机处于 X_IDLE 状态，等待发送命令的到来，当发送命令到来后，将状态机状态信号 busy 置 '1'，表示状态机脱离空闲状态，进入工作状态，同时跳转到 X_START 状态。在 X_START 状态下，状态机开始发送起始位，通知接收器开始准备接收数据。起始位发送完毕后，跳转到 X_SHIFT 状态，开始发送数据过程。发送数据过程主要由 X_WAIT 和 X_SHIFT 状态构成，为了接收方和发送方能够进行同步检测，本实验采用 16 倍波特率频率的时钟进行数据采样，以提高采样的分辨能力和抗干扰能力。在 X_SHIFT 状态下，当 1 位数据位发送完成后，无条件跳转到 X_WAIT 状态，进行等待操作，等待 16 个时钟周期，在第 16 个时钟周期时判断是否已经发送了 8 位数据，如果没有发送够 8 位数据，就跳转到 X_SHIFT 继续发送下一位数据，然后再跳回 X_WAIT 状态；如果已经发送了 8 位数据，就进入 X_STOP 状态。在 X_STOP 状态中，状态机开始发送停止位，停止位发送完成后，等待撤销发送命令。当发送命令被撤销后，将系统状态参数 busy 置为 '0'，表示状态机脱离工作状态，进入空闲状态，之后跳转到 X_IDLE 状态，等待下一次发送命令的到来。

当发送状态机发送完数据后，会通过 1 个 LED 灯显示发送已经完成。发送器模块的 VHDL 代码如下：

```
library IEEE;
use IEEE. STD_LOGIC_1164. ALL;
use IEEE. STD_LOGIC_ARITH. ALL;
use IEEE. STD_LOGIC_UNSIGNED. ALL;

entity transfer is
GENERIC(framelengtht: INTEGER : = 8);
Port ( clk : in STD_LOGIC;-- 时钟, 波特率的 16 倍
        reset : in STD_LOGIC;-- 复位信号
        transcom : in STD_LOGIC;-- 发送命令信号
        txdbuf : in STD_LOGIC_VECTOR (7 DOWNTO 0); --发送数据缓冲区
        busy : buffer std_logic;            --状态机系统参数,为'0'表示状态机空闲
                                            --为'1'表示状态机处于工作状态。
        txd : out STD_LOGIC;-- 发送数据端口
        txd_done : out STD_LOGIC);  -- 数据发送完毕信号,为'1'时表示发送完毕
end transfer;

architecture Behavioral of transfer is
TYPE STATES is (X_IDLE, X_START, X_WAIT, X_SHIFT, X_STOP);
SIGNAL STATE : STATES : = X_IDLE;  --起始状态为 X_IDLE 状态
--SIGNAL tcnt : INTEGER : = 0;  --发送周期计数器,每16 个周期发送 1 位数据
begin
process(clk, reset, transcom, txdbuf)
variable xcnt16: STD_LOGIC_VECTOR (3 DOWNTO 0) : = "0000"; --发送周期计数器
variable xbitcnt: INTEGER : = 0;  --发送缓冲区下标
variable txds : STD_LOGIC;--临时变量
begin
if reset = '1' then  --复位操作
    STATE <= X_IDLE;--复位后,进入 X_IDLE 状态
    txd_done <= '0';--发送完成标志清零
    txds : = '1';
elsif clk'event and clk = '1'  then
    case STATE is
        when X_IDLE =>
        --空闲状态时,状态机一直等待发送命令 transcom,当接收到发送命令后,状态机进入 X_START
    状态,准备发送起始位信号
            if transcom = '1' and busy = '0' then --发送命令信号有效
                STATE <= X_START;  --进入 X_START,准备发送起始位
                txd_done <= '0';  --清零发送完毕标志
                busy <= '1';                --busy 置1,表示进入工作状态
            else STATE <= X_IDLE;
                busy <= '0';                --状态机空闲时,busy 参数置0
            end if;
```

```
    when X_START =>
```
--X_START 状态,在该状态下,发送器发送起始位至 TxD 端口,紧接着进入 X_SHIFT 状态,发送第 1 位数据
```
        if xcnt16 >= "1111" then--经过 16 个时钟周期后
            STATE <= X_SHIFT;--开始位发送完毕,进入 X_SHIFT
            xbitcnt := 0;--状态发送第 1 位数据
            xcnt16 := "0000";
        else
            xcnt16 := xcnt16 + 1;  -- 循环计数 16 个时钟周期
            txds := '0';  -- 发送起始位
            STATE <= X_START;
        end if;
    when X_WAIT =>
```
--X_WAIT 状态,状态机处于这一状态时,等待计满 16 个时钟周期,在第 16 个时钟周期时进入 X_SHIFT 状态进行数据位的发送操作,如果已经发送完 8 位数据,就进入 X_STOP 状态,准备发送停止位。
```
        if xcnt16 >= "1110" then--当第 16 个周期时,
            if xbitcnt = framelengtht then -- 如果所有数据发送完毕,
                STATE <= X_STOP; --进入 X_STOP 状态
            else
                STATE <= X_SHIFT; --未发送完毕所有数据,则第 16 个时钟周期进入 X_SHIFT
```
状态发送下一位数据
```
            end if;
            xcnt16 := "0000";
        else xcnt16 := xcnt16 + 1;
            STATE <= X_WAIT;  --等待
        end if;
    when X_SHIFT =>
```
--实现待发送数据的并串转换,转换完成后发送数据,并等待下一次发送开始
```
        txds := txdbuf (xbitcnt); --发送当前位数据
        xbitcnt := xbitcnt +1;  --为发送下一位准备
        STATE <= X_WAIT;
    when X_STOP =>
```
--X_STOP 状态,发送停止位,发送完毕后,等待发送命令的撤销,之后进入 X_IDLE 状态,等待下一次发送命令的到来。
```
        if xcnt16 >= "1111" then--停止位发送结束
            if transcom = '0' then  --如果发送命令被撤销
                STATE <= X_IDLE;  --跳转到 X_IDLE 状态,等待下一次发送
                busy <= '0';  --状态机系统参数 busy 置 0
                xcnt16 := "0000";
            else
                xcnt16 := xcnt16;
                STATE <= X_STOP;  --继续保持停止状态
```

```
                        end if;
                        txd_ done <= '1'; --发送完成标志置1
                    else xcnt16 : = xcnt16 + 1; --等待第16个周期的到来
                        txds : = '1'; --发送停止位
                        STATE <= X_ STOP;
                    end if;
                when others => STATE <= X_ IDLE; --未知状态产生后，跳转到X_ IDLE状态
            end case;
    end if;
    txd <= txds;
    end process;
    end Behavioral;
```

14.4.3　发送器

根据图14.8的结构框图将分频模块和发送器模块进行连接实现发送器功能。发送器顶层设计的 VHDL 代码如下：

```
library IEEE;
use IEEE. STD_LOGIC_1164. ALL;
use IEEE. STD_LOGIC_ARITH. ALL;
use IEEE. STD_LOGIC_UNSIGNED. ALL;


entity TopTransfer is
Port ( clk100mhz : in STD_LOGIC; -- Basys3 开发板的 100MHz 默认时钟
        reset : in STD_LOGIC; -- reset = '1'时复位
        transcom : in STD_LOGIC; --传输命令为'1'时开始准备发送
        txdbuf_in : in STD_LOGIC_VECTOR (7 downto 0); --传输数据缓冲区
        txd : out STD_LOGIC;-- 发送数据端口
        txd_done : out STD_LOGIC);  -- 数据发送完毕信号，为'1'时表示发送完毕
end TopTransfer;


architecture Behavioral of TopTransfer is
component baud    -- 分频模块
Port(
clk ;in STD_LOGIC;
reset ;in STD_LOGIC;
clk1 ;out STD_LOGIC
);
end component;
component transfer   -- 发送器模块
Port(
clk : in STD_LOGIC;
reset : in STD_LOGIC;
```

```
transcom : in STD_LOGIC；,
txdbuf_in : in STD_LOGIC_VECTOR（7 downto 0）；
busy : buffer std_logic；
txd : out STD_LOGIC；
txd_done : out STD_LOGIC
）；
end component；
signal b : std_logic；
begin
u1 :
baud port map（ clk => clk100mhz,
reset => reset,
clk1 => b
）；
u3 :
transfer port map（
clk => b,
reset => reset,
transcom => transcom,
txdbuf_in => txdbuf_in,
txd => txd,
txd_done => txd_done
）；
end Behavioral；
```

启动 Vivado 2014.4 集成开发环境，参照前面 Vivado 集成开发环境相关章节创建一个基于 Basys3 开发板的新的设计工程，名字为"mytransfer"。将分频模块、接收器模块以及接收器顶层设计的源代码添加到新建的工程中。单击 Vivado 集成开发环境左侧"Flow Navigator"窗口中"Synthesis"选项卡下的"Run Synthesis"选项进行综合操作。综合完成后可以查看该设计相应的原理图和报告。

14.4.4 引脚约束

为了实现发送器的功能，本实验将 Basys3 开发板上左侧 8 个拨码开关用于发送信息的设置，输出端口为 TxD 端口，最右侧的 LED 用于显示发送是否完成，最右侧的拨码开关用于控制发送命令，右数第二个拨码开关用于复位操作，时钟输入选择 Basys3 默认的 100MHz 时钟，如图 14.10 所示。

选定好硬件引脚后，参照前面 Vivado 集成开发环境相关章节，在综合完成后的 Vivado 设计窗口的菜单栏中找到"Default Layout"下拉菜单，选中"I/O Planning"打开引脚绑定窗口。将时钟输入端口绑定到 Basys3 开发板上默认的时钟端口"W5"，将发送器输出端口绑定 TxD 端口"A18"，将复位端口绑定到右数第二个拨码开关端口"V16"，将发送命令控制输入端口绑定到最右侧的拨码开关端口"V17"，将发送完成信号输出端口绑定到最右侧的 LED 灯端口"U16"，将发送信号输入端口的每一位输入端口分别绑定到 8 个拨码开关端

图 14.10　发送器端口选择

口 "R2" "T1" "U1" "W2" "R3" "T2" "T3" 和 "V2"，最终绑定结果如图 14.11 所示。
绑定完成后右击 "I/O Ports" 窗口任意位置，在弹出的悬浮菜单栏中选择 "Export I/O
Ports..." 选项导出引脚约束文件。

Name	Di...		Site	Fixed	Bank	I/O Std	Vcco	Driv.	Slew Type	Pul...	Off-Chip I...	
☐ ☑ All ports (13)												
☐ ☑ txdbuf_in (8)	IN			☑	34	LVCMOS33*	3.300			NONE ▼	NONE	▼
☑ txdbuf_in[7]	IN	R2 ▼		☑	34	LVCMOS33*	3.300			NONE ▼	NONE	▼
☑ txdbuf_in[6]	IN	T1 ▼		☑	34	LVCMOS33*	3.300			NONE ▼	NONE	▼
☑ txdbuf_in[5]	IN	U1 ▼		☑	34	LVCMOS33*	3.300			NONE ▼	NONE	▼
☑ txdbuf_in[4]	IN	W2 ▼		☑	34	LVCMOS33*	3.300			NONE ▼	NONE	▼
☑ txdbuf_in[3]	IN	R3 ▼		☑	34	LVCMOS33*	3.300			NONE ▼	NONE	▼
☑ txdbuf_in[2]	IN	T2 ▼		☑	34	LVCMOS33*	3.300			NONE ▼	NONE	▼
☑ txdbuf_in[1]	IN	T3 ▼		☑	34	LVCMOS33*	3.300			NONE ▼	NONE	▼
☑ txdbuf_in[0]	IN	V2 ▼		☑	34	LVCMOS33*	3.300			NONE ▼	NONE	▼
☐ ☑ Scalar ports (5)												
☑ clk100mhz	IN	W5 ▼		☑	34	LVCMOS33*	3.300			NONE ▼	NONE	▼
☑ reset	IN	V16 ▼		☑	14	LVCMOS33*	3.300			NONE ▼	NONE	▼
☑ txd_done_out	OUT	U16 ▼		☑	14	LVCMOS33*	3.300	12	▼ SLOW ▼	NONE ▼	FP_VTT_50	▼
☑ txd_out	OUT	A18 ▼		☑	16	LVCMOS33*	3.300	12	▼ SLOW ▼	NONE ▼	FP_VTT_50	▼
☑ xmit_cmd_p	IN	V17 ▼		☑	14	LVCMOS33*	3.300			NONE ▼	NONE	▼

图 14.11　发送器引脚约束

接下来，单击 Vivado 集成开发环境左侧 "Flow Navigator" 窗口中 "Implementation" 选
项卡下的 "Run Implementation" 选项进行实现操作。实现完成后可以查看该设计相应的原
理图和报告。

14.4.5　硬件测试

首先将 Basys3 开发板与计算机相连，等待相关驱动安装完成。然后参照前面 Vivado 集
成开发环境相关章节将接收器设计进行生成比特流文件操作，单击 Vivado 集成开发环境左
侧 "Flow Navigator" 窗口中 "Program and Debug" 选项卡下的 "Generate Bitstream" 选项进

行生成比特流操作。比特流生成完毕后，单击该选项卡下的"Open Hardware Manager"选项打开硬件管理器，选中与计算机相连的本地芯片，即 Basys3 开发板，将比特流文件下载到芯片中。

比特流文件下载完成后，代码就会在 Basys3 开发板上执行，程序不断检测发送命令信号。为了测试 UART 发送器的功能，首先打开任意一款串口调试工具，如图 14.12 所示。然后，设置串口调试工具的属性参数信息，在本实验中，选择串口端口为 COM10，不同计算机串口号可能会不同，将波特率设置为 115200，数据位设置为 8，校验位设置为 None，停止位设置为 1，发送设置和接收设置下传输信息的表示形式选择 Hex（十六进制表示）。设置完成后，拨动 Basys3 开发板上的拨码开关，将发送数据设置为"11111111"（其十六进制表示为 FF），然后将控制发送命令的拨码开关向上拨动，开始发送 8 位数据信息。发送完成后发送完成指示 LED 灯就会被点亮。之后计算机上的串口工具就会接收到由 Basys3 开发板发送的 8 位数据信息。

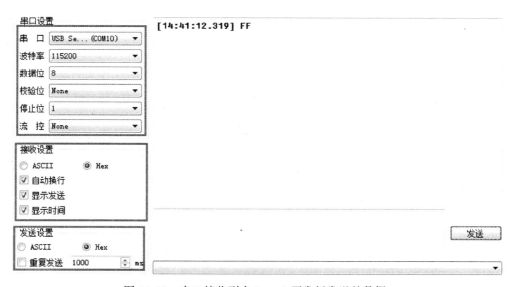

图 14.12 串口接收到由 Basys3 开发板发送的数据

● 本章小结

本章介绍如何使用 Vivado 集成开发环境和 Basys3 开发板进行简单的 UART 实验，实验分为两个部分，一部分是接收器的设计实现，另一部分是发送器的设计实现。在两个部分中分别介绍了接收器和发送器的层次化设计方案，并对其进行了硬件测试。

参 考 文 献

[1] 潘松，黄继业. EDA 技术实用教程 [M]. 北京：科学出版社，2005.

[2] 潘松，黄继业. EDA 技术与 VHDL [M]. 北京：清华大学出版社，2007.

[3] Douglas L Perry. VHDL Programming by Example [M]. 4th ed. New York：McGraw-Hill Companies，2002.

[4] 齐洪喜，陆颖. VHDL 电路设计实用教程 [M]. 北京：清华大学出版社，2004.

[5] 曾繁泰，侯亚宁，崔元明. 可编程器件应用导论 [M]. 北京：清华大学出版社，2001.

[6] 潘松，王芳，张筱云. EDA 技术及其应用 [M]. 北京：科学出版社，2011.

[7] 蒋破，藏春华. 数字系统设计与 pld 应用技术 [M]. 北京：电子工业出版社，2001.

[8] 江思敏. VHDL 数字电路及系统设计 [M]. 北京：机械工业出版社，2006.

[9] 李景华，杜玉远. 可编程逻辑器件与 EDA 技术 [M]. 沈阳：东北大学出版社，2008.

[10] 何宾. EDA 原理及 VHDL 实现 [M]. 北京：清华大学出版社，2011.

[11] 黄正瑾，徐坚，等. CPLD 系统设计技术入门与应用 [M]. 北京：电子工业出版社，2002.

[12] 顾斌，赵明忠. 数字电路 EDA 设计 [M]. 西安：西安电子科技大学出版社，2004.

[13] 孟宪元. 可编程 ASIC 集成数字系统 [M]. 北京：电子工业出版社，1998.

[14] 宋万杰，罗丰，吴顺君. CPLD 技术及其应用 [M]. 西安：西安电子科技大学出版社，2000.

[15] 徐志军，徐光辉. CPLD/FPGA 的开发与应用 [M]. 北京：电子工业出版社，2002.

[16] 江国强. EDA 技术与应用 [M]. 北京：电子工业出版社，2006.

[17] 亿特科技. CPLD/FPGA 应用系统设计与产品开发 [M]. 北京：人民邮电出版社，2005.

[18] 徐光辉，程东旭，黄如，等. 基于 FPGA 的嵌入式开发与应用 [M]. 北京：电子工业出版社，2006.

[19] 周立功. EDA 实验与实践 [M]. 北京：北京航空航天大学出版社，2007.

[20] 李国洪. EDA 技术与实践 [M]. 北京：机械工业出版社，2009.

[21] 高歌. 电子技术 EDA 仿真设计 [M]. 北京：中国电力出版社，2007.

[22] 刘皖，何道君. FPGA 设计与应用 [M]. 北京：清华大学出版社，2006.

[23] 詹仙宁，田耕. VHDL 开放精解与实例剖析 [M]. 北京：清华大学出版社，2011.

[24] 朱明程. XILINX 数字系统现场集成技术 [M]. 南京：东南大学出版社，2001.

[25] Xilinx Inc. Data Book 2015 [G]. Xilinx，2015.

[26] 孟宪元，陈彰林，等. Xilinx 新一代 FPGA 设计套件 Vivado 应用指南 [M]. 北京：清华大学出版社，2014.

[27] 何宾. Xilinx FPGA 权威设计指南：Vivado 2014 集成开发环境 [M]. 北京：电子工业出版社，2015.

[28] 廉玉欣，等. 基于 Xilinx Vivado 的数字逻辑实验教程 [M]. 北京：电子工业出版社，2016.

[29] 康桂霞，FPGA 应用技术教程 [M]. 北京：人民邮电出版社，2013.

[30] 王杰，王诚，谢龙汉. Xilinx FPGA/CPLD 设计手册 [M]. 北京：人民邮电出版社，2011.